绿色农药
与生物安全

Green Pesticides
and Biosafety

宋宝安　宋润江　张钰萍
卢　平　吴　剑　郝格非

编　著

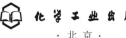
化学工业出版社
·北京·

内容简介

本书系统介绍了绿色农药对生物安全的作用及影响，主要包括绿色农药定义、发展绿色农药的作用意义，绿色农药登记、生产与使用现状，绿色农药对环境和生态安全状况的影响，绿色农药与健康风险安全状况，绿色农药与膳食风险安全状况等内容。此外，结合农药膳食风险评估的差异对食品安全的影响及挑战，对国内外农药毒理学试验、环境影响试验的差异及挑战进行了分析与展望，还对当前国际上绿色农药与生物安全研究的最新成果做了简要介绍。

本书适合从事农药科研与生产管理、农技推广及农资经营等工作的人员参考，也可供大专院校农药学、植物保护、环境、卫生类等相关专业师生阅读。

图书在版编目（CIP）数据

绿色农药与生物安全 / 宋宝安等编著. -- 北京：化学工业出版社，2024. 10. -- ISBN 978-7-122-46034 -9

Ⅰ. S482

中国国家版本馆 CIP 数据核字第 20249AX566 号

责任编辑：刘　军　孙高洁　　　　文字编辑：李娇娇
责任校对：田睿涵　　　　　　　　装帧设计：王晓宇

出版发行：化学工业出版社
　　　　　（北京市东城区青年湖南街 13 号　邮政编码 100011）
印　　装：大厂回族自治县聚鑫印刷有限责任公司
710mm×1000mm　1/16　印张 17¼　字数 292 千字
2024 年 10 月北京第 1 版第 1 次印刷

购书咨询：010-64518888　　　　　售后服务：010-64518899
网　　址：http://www.cip.com.cn
凡购买本书，如有缺损质量问题，本社销售中心负责调换。

定　　价：98.00 元
版权所有　违者必究

前言

　　农药是农业生产、农业经济发展中不可或缺的重要组成部分，也是关系到全球粮食安全、食品安全、生态安全的重大战略物资。其在保障农产品产量和质量，防治各种农作物病虫草害的频繁发生，保障粮食安全方面具有不可磨灭的作用。据统计，农药使用每年可挽回世界农作物总产 30%～40% 的损失，农药被公认为是保障和提高粮食单产的重要手段。此外，农药产业已成为全球稳定增长的巨大产业，2001 年以来，全球农药销售额以年均 4.2% 的速度稳步增长，2021 年全球农药销售额超过 734.2 亿美元（含非农用市场），同比增长 5.1%。2022 年全球农药销售额超过 877 亿美元（含非农用市场），同比增长 9.2%。预计 2025 年超过 900 亿美元。

　　近年来，我国农药行业快速发展，农药生产和出口均居于世界第一位，我国的农药创制和全球产业链的生产加工及登记试验等能力和建设都有了显著提升。我国农药登记的管理从 1963 年成立农药检定所开始，不断加快法制化进程，充分借鉴国际组织和发达国家先进的管理经验，我国相关主管单位陆续出台文件加强农药的质量和效果管理。1997 年《农药管理条例》及配套规章出台，2017 年颁布新修订《农药管理条例》并出台了《农药登记管理办法》《农药经营管理办法》《农药试验管理办法》等一系列配套规章；2022 年 1 月 7 日，农业农村部公布了重新修订的《农药登记试验管理办法》和《农药登记管理办法》，进一步规范了农药登记管理办法，对环境影响和风险评估提出更高要求，增加了农药登记难度。这些与时俱进的举措都凸显中国农药"安全、有效"的管理理念。当前，安全性评估试验作为农药登记过程中的一个重要环节，它有助于评估新农药对人类健康和生态环境的安全性。我国在构建更为有效的农药管理法律框架同时，引入农药风险评估理念与技术加强农药科学管理，目前已经建立了较为完备的技术标准体系。在农药登记毒理学和健康风险评估方面，我国已经发布了农药登记毒理学试验方法、施药人员健康风险评估、居民健康风险评估等技术标准 40 余项，涵盖了大田用农药和卫生用农药，基本满足当前各类农药登记的实际需要。2022 年 11 月 11 日，农业农村部发布第 618 号公告，其中 30 项农药环境影响相关标准经专家审定通过，并成为农业行业标准，实施这些标准后对规范农药登记环境影响试验及风险评估工作，提升农药登记试验数据和风险评估结论的可靠性具有十分重要的意义。

在上述相关政策和标准的指导下，近年来，我国一方面批准登记的微毒/低毒农药产品的数量呈现递增趋势，特别是大田使用的微毒/低毒级别农药产品占比不断提高。仅2023年，微毒/低毒农药已占到本年度新增数量的96.7%。另一方面，由于开发周期、登记费用以及安全性评估日益规范严格等因素，我国新增化学农药的数量处于低位，如2023年我国批准的10个新农药（即新有效成分）中，生物农药产品就达到9个，仅有先正达作物保护有限公司开发的杀线虫/杀菌剂——三氟吡啶胺（cyclobutifuram）取得登记。而2024年5月30公布的12个新农药中，仅有吡唑喹草酯、氟草啶、氟砜草胺三种化学除草剂。而这些产品都是经历了非常严格的安全性评估才获得登记，可见针对农产品的质量安全、人类健康、生态环境，在确保农药有效性的同时，需要更加注重农药的安全性，对农药进行更为全面的评价与安全性的把关。

绿色农药是我国现代农业发展的重要方向和世界农业发展的主流。我国在绿色农药的创制、研发、产业化及其应用等方面取得了很大进步，但与发达国家相比，农药残留效应与环境生态风险评估技术发展仍相对滞后。现代化的农药残留效应与环境生态风险评估是农药行业服务健康中国的基本保障。目前，我国农药残留限量标准数量超过1万项，但标准质量仍需提升，目前标准主要针对母体化合物，很少涉及代谢物。我国农药风险评估基本沿用传统模型，过度依靠试验动物开展评估，缺乏新型高效风险评价技术。因此，亟需结合人工智能、计算毒理学和替代毒理学等相关学科技术，开发适合我国耕作制度的农药暴露风险预测模型和代谢物评估技术。

农药产业健康发展以及农药产品的高效化使用与安全使用关系到我国农业可持续发展和生态环境安全，是推动我国现代农业绿色可持续发展的战略武器。绿色农药的安全不是绝对的，关键是评估安全风险是否可接受，在获益与风险之间达到平衡。目前包括欧美等发达国家或地区，以及我国都把安全性评估放在首位，凡是通过农药登记评审的农药品种，在科学使用的前提下，其安全风险是可以接受的，是完全可以放心的。因此，发展绿色农药，掌握农药行业创新、发展以及高效化利用过程中关键"卡脖子"技术，对于助推我国现代农业的可持续发展、农药行业的健康可持续发展以及产业转型升级有重大战略意义。

日本学者梅津宪治编著了《农药与食品安全》，2018年傅正伟教授与钱旭红院士译成中文出版。目前国内仍缺乏对绿色农药安全性系统阐述的书籍。虽然绿色农药对人畜的安全性要远优于传统农药，但农药对食品安全和环境生态安全的影响，一直是世界各国普遍关注的重点。在农业现代化发展速度不断加快的背景下，对农产品质量安全进行全面评价，有必要从农业投入品的使用情况着手。本书首先针对绿色农药的定义和意义进行简要概述，之后归纳了中、美、欧盟绿色农药的创制、登记、生产与使用现状，并深入分析了现阶段世界上新上市绿色农药的环境生态安全风险，最后重点分析了绿色农药与健康风险、绿色农药与膳食风险，对绿色农药与食品安全所面临的未来挑战进行了展望。我们希望通过科学可靠的翔实数据，帮助农业生产者科学认知和使用绿色农药，促进绿色农药的创新发展，从而推进农产品质量和食品安全的全面提升，保障人类和环境生态的安全。这里还需特别强调的是，人们对绿色农药的认识还需不断深化，本书选择的绿色农药品种主要聚焦在近十年使用量较大的代表性品种。需要特别强调的是，书中涉及农药品种既有近几年上市的新药，也有一些老品种，其毒性数据参考引文主要来自FAO相关资料。由于新药评价涉及到众多的技术问题和领域，专业问题还有很多模糊的问题尚需不断攻关去破解。由此个别药物数据还不够经典，不同的文献结论也存在差异，本书不是做药物的准确评估，也不是给它们做定性分类，敬请读者以官方评估为准。

本书出版得到了国家重点研发计划项目-生态友好无公害杀菌剂和抗病毒剂创制与产业化（2022YFD1700300）和贵州省科技合作人才平台项目-生态农药的分子设计与作用机制（2017-5788-1）的资助。在本书定稿和审校校正期间，华中师范大学杨光富教授、沈阳化工研究院有限公司邢立国、蔡磊明教授级高级工程师、中国农业科学院植物保护研究所董丰收研究员、浙江省农业科学院陈列忠研究员提出宝贵意见与修改建议，贵州大学张建博士在本书的修改中也做了大量的工作，在此一并表示衷心的感谢。

限于作者的水平能力，加之时间仓促，书中难免存在不当与疏漏之处，敬请广大读者批评指正。

宋宝安

2024 年 5 月 28 日

4 绿色农药与健康风险 150

5　绿色农药与膳食风险 215

6　展望 260

1 绪 论

1.1 绿色农药定义

一提到农药，很多人首先想到的关联词是"有毒"，并视其为影响农产品质量安全的罪魁祸首，唯恐避之不及，希望不用最好。但农药真有那么可怕吗？现在我国使用的农药都是什么样的？未来我国农药发展会有哪些趋势？对农药的利弊分析、创新思考及未来发展方向等应该有一个客观、科学的见解。

公众对农药的误解太多。近年来，因为一些农产品质量安全事件，农药经常被"妖魔化"。对此，通过多年安全性试验，深知农药的毒性远低于我们身边经常可能接触到的化学物质的毒性。公众对农药有太多的误解，许多癌症是食品中的天然毒素造成的，如玉米、小麦、豆类、花生中的黄曲霉毒素会导致肝肿瘤、肝硬化；而农药并非引起癌症的主要因素。

"没有农药，粮食安全无从谈起。"已知危害农作物的病、虫、草、鼠有2300多种，这些农作物病虫草害严重危害农业生产，每年造成严重的产量损失。如果没有农药作为武器，人类会在与害虫争抢粮食的战役中大败。如果不使用农药，粮食供应会更趋紧张。除了农作物病虫害，卫生害虫（如蟑螂、疟蚊等）也严重影响人的身体健康，假如没有农药会引起"天下大乱"。能保障人类健康的，不仅仅是医药，从源头或者传播媒介上消除"病源"，也是保障人们免于疾病的重要手段之一，而农药则一直扮演着这样重要的角色。

近年来，随着高毒高风险农药相继被禁限用，我国农业生产上使用的高毒农药剩下磷化铝和氯化苦两种，农业农村部在充分风险评估的基础上，经全国农药登记评审委员会审议，针对磷化铝、氯化苦等两种高毒农药采取严格的管控措施。农药产品结构更趋合理，相继创制出一批高效、安全、环境友好型农药新品种和新制剂；同时，农业部从2015年起在全国全面推进实施农药使用量零增长行动，大力推进农药减量控害和绿色防控，取得显著成效。随着 2022 年新修订的《农药管理条例》的颁布实施，对农药的生产、管理、应用等各方面的监管更加严苛，农产品质量安全也更有保障。

科学应用农药就能趋利避害。农药既能促进作物生长和保障粮食安全，也是影响农产品质量安全的主要风险因子，如何才能趋利避害，将风险降到最低，农药的科学合理使用就成为关键。对待农药，作者总结了十六字箴言："正确认识，严格管理，规范使用，科学发展。"新《农药管理条例》使农药的登记更为严格，使用更加安全，并且加强了农业部门的监管和对违法行为的惩处力度，为农药的合理使用打下了坚实的法治基础。

大力推广绿色防控技术。在策略层面，树立以"生态为根、农艺为本、生物农药和化学农药防控为辅"的植保新理念；在政策层面，制定绿色防控技术推广应用的激励政策，大胆探索基于作物全程健康、基于区域专业化的病虫害防控政策，跳出"单病单虫"的防治政策；在研究开发层面，开展科研、生产、流通、推广多行业协作，研发更高效、更环保、更安全的绿色农药和生态农药，加快绿色防控投入品的推广应用；在技术层面，建立以农艺、生物或物理防治等非化学防治措施为主要内容的作物病虫害绿色防控体系，维系可持续发展的作物农田生态系统。

加强科普宣传。科普是让公众了解农药、懂农药的关键。一方面，用农药的人不了解农药是导致农药残留超标、药害及中毒的主要原因。另一方面，公众不了解农药，导致谈"药"色变。本文编著者宋宝安院士联合华中师范大学杨光富教授共同主编的《话说农药：魔鬼还是天使？》一书以问答的形式，通俗易懂地回答了人们身边的一些与农药相关的知识与热点问题，打破人们对"农药有害"的常规认识，破除人们以往的误解和偏见，提高了社会大众对农药的科学认知[1]。此外，还需加强基层农药使用者合理使用农药的相关培训，进而使全社会形成合力，大力推进农药减量控害，积极探索出高效安全、资源节约、环境友好的现代农业发展之路。

紧盯前沿技术，加快绿色创新。当前我国农业以绿色兴农、高质量兴农为发展目标，在化肥、农药"双减"政策下，我国农药行业今后将朝着哪些方向发展？当前行业的热点主要集中在环保核查、农药集中配送、农药企业信息化、农药管理新政策、作物解决方案、生态农药、兼并重组等方面。在农药创制上，国家"十三五"期间农药绿色创新重点包括了加强品种绿色工艺创新研究，加强骨干品种绿色制剂创新研究，推动专利过期品种国产化进程，加快免疫诱抗剂、性诱剂及调节剂产业化及应用技术研发，推进绿色农药全程植保技术和体系建设等方面，取得可喜成绩[2,3]。

对于"十四五"期间的农药创新，根据国家重大需求，瞄准国际前沿，针对制约我国绿色农药创制与产业化的关键问题，通过基础研究、关键共性技术、产品创制、产业化四类关键问题的整合和联合创新，在绿色药物新靶标和分子设计、生物农药合成生物学、RNAi新农药创制等重大产品创制与产业化等前沿核心技术进行突破。结合当今国际新农药创制研究的趋势和特点，比如以功能基因组学、蛋白质组学以及结构生物学、化学生物学、生物信息学为代表的生命科学前沿技术，尤其是以基因编辑为代表的颠覆性技术与新农药创制研究的结合日益紧密。多学科发展的推进是不可逆转的趋势，世界农药科技的发展已经进入一个新时代，多学科之间的协同与渗透、新技术之间的交叉与集成、不同行业之间的跨界与整合已经成为新一轮农药科技创新浪潮的鲜明特征[4]。

绿色农药（环境无公害农药或环境友好农药）是指具有高效防治病菌、除去田里的杂草、杀灭害虫能力的药物，同时对人畜、害虫天敌以及农作物自身安全，在自然环境和微生物的作用下能快速分解，在农产品中残留低甚至无残留的农药。绿色农药的发展是绿色化学进步的表现。绿色农药是根据绿色化学理念，采用环境友好的绿色原料，生产开发的更安全的农药。

绿色农药的本身及其生产过程有着以下特点：①绿色农药具有非常高的生物活性，而且控制农业有害生物药效很高，单位面积使用量很小；②绿色农药的选择性高，而对农业有害生物的自然天敌却很友好，对其而言是没有毒性或者毒性非常小；③绿色农药的品种特性，必须是纯天然无公害的或者是生物发酵的，或容易被人类、家畜和自然环境接受并且易降解；④对农作物没有伤害；⑤绿色农药是加工剂型，挥发性有机含碳化合物的排放量少，不会造成环境污染；⑥在生产过程中尽量不使用对人类健康和环境有毒有害的物质；⑦绿色农药对人类健康和生态、环境的安全性高，低残留，对环境友好；⑧不易产生生物抗药性。

绿色农药是我国现代农业发展的重要方向和世界农业发展的主流。近年来，中国涌现了40余个新颖的绿色农药和一批新先导及候选品种；发现了如马达蛋白、HrBP1、几丁质降解酶等一批潜在作用靶标，提出了靶标导向的农药创制思路，创制出毒氟磷、氰烯菌酯、喹草酮和环吡氟草酮等绿色农药品种，在绿色农药筛选模型、农药分子合理设计、免疫诱抗剂研发和应用等方面取得了长足进步。中国已成为具有农药创制能力的国家，但在原创性结构、原创性靶标及核心竞争力方面仍受制于国际农药知名公司。国际上近些年新上市的农药中，不乏新机制和新靶标产品，也有一批潜在新靶标被陆续报道，特别是人工智能、新生物技术引领、生物信息技术应用以及多学科推进已逐步融合到绿色农药创新中，已经成为新一轮农药科技创新浪潮的鲜明特征。因此，基于作物病虫草害的关键靶酶、致病蛋白和调控蛋白等的发现，有助于布局绿色农药分子创新研究，构建基于天然产物结构及潜在靶标的农药分子合理设计、仿生合成和分子靶标挖掘、发现与验证等技术于一体的绿色农药创新技术体系，从而引领农药基础前沿研究，提升农药原始创新能力[5]。

1.2　发展绿色农药的作用和意义

害虫、杂草、真菌、细菌及病毒病害是影响和制约农业可持续发展的最主要因素，而绿色农药是控制农田生物灾害最普遍、最直接和最有效的手段。但由于长期、大量使用相对有限的传统农药，致使抗药性害虫、杂草、真菌细菌及病毒病害迅猛发展，呈现出分布广、种类多、种群演替快、抗药性水平高和危害重的特点，有害生物抗药性治理与重大生物灾害防控已成为全球农业生产的巨大挑战。开展主要粮食经济作物中具有自主知识产权的高选择性、低抗性风险绿色农药品种的创制及产业化，可有效解决绿色高效品种缺乏问题，产业需求大，市场推广应用前景广阔。

绿色农药的创制及产业化是提升农业绿色发展水平的核心，是破解绿色发展难题的关键。我国是世界上农药最大生产国和使用国。每年农药使用量为145万吨，占世界使用总量的6.62%。然而，传统农药的长期不当使用严重影响农业增效、农产品质量安全、农业生态环境安全和农产品国际竞争力，甚至威胁人民健康和公共卫生安全，已引起社会舆论的关注。因此，发展绿色农药是适应农业现代化生产的必由之路和战略选择[6]。

诺贝尔奖获得者N.K.Borlang说过"没有农药，人类将面临饥饿的危险"。实践证明，农药的使用可挽回全世界农作物总产值30%～40%的损失。我国作为一个农业大国，对农药的需求毋庸置疑。2023年中央一号文件为农药行业的发展提供了新机遇，也带来了新挑战。新发展形势下，稳定粮食产量，确保粮食安全、发展特色产业都离不开绿色农药，发展农业需要绿色农药做基础。绿色农药具有以下特点：

（1）绿色农药是解决中国"三农"问题和确保粮食战略安全之重要举措。中央一号文件连续二十一年关注聚焦"三农"，这为农药行业的发展带来新机遇的同时也带来了新挑战。在适应农药零增长和农业供给侧结构性改革的要求上还有许多痛点，不同程度地制约着农药行业的健康发展。因此，党的十九大报告中明确提出要坚持生态优先、绿色发展，二十大报告提出推动绿色发展，促进人与自然和谐共生。未来中国和世界农业将继续围绕食品安全和生态安全的重大需求，在国家农药负增长的驱动下，研发新型、高效、稳定、低毒和环境友好型的农药显得尤为迫切！

（2）绿色农药是农业可持续发展的需要。转基因作物快速发展、种植业结构调整和种植方式的转变、外来入侵有害生物的增加以及抗药性产生、世界农业有害生物种群的变化及新病虫草害的出现，要求世界农药研发及有害生物绿色防控体系应不断创新。

（3）绿色农药是农药产业振兴发展之要求。目前我国农药发展面临农药产品结构不合理、自主开发的专利品种少、绿色生态农药匮乏以及高效"三废"处理技术落后等问题，开发绿色农药，才能为中国农药行业高毒、高残留农药的替代提供候选品种和技术支撑，从而加快产业结构调整，促进产品技术升级，提升产业技术创新能力和水平。

（4）绿色农药是构筑食品安全体系和解决农药残留问题之需要。农药的使用环境是一个开放体系，农药通过生物富积及渗透到食物链中各个环节，可能会对食品安全与人类健康产生影响。只有研究开发和科学使用高效、低毒、低残留、环境友好的绿色农药，才能避免出现高毒、高残留农药带来的食品安全问题，避免出现由于农药残留超标导致的农产品污染问题。

（5）绿色农药是减少农业生产过程中农药面源污染之需要。在农业生产过程中，农药使用直接面向土壤、水、大气等开放环境体系，容易造成面源污染。解决农药面源污染的根本途径是研究开发和使用环境友好的绿色农药，通过研究开发高效、高选择性、低毒、环境友好、生态和谐的绿色农药品种以及绿色防控体系，可以有效降低农业生产过程中的农药面源污染，减少对水资源的污染，有利于节约和保护有限的水资源和促进生态系统安全。

近年来，中国和世界农作物病虫草害呈多发、频发、重发等特点，防治难度进一步加大，农业生态安全、农产品生产和质量安全面临更大的挑战。本书系统介绍近十年来国际知名农药公司研发和投入市场应用绿色农药新产品对环境和生态的安全情况、健康风险与膳食风险安全状况，探讨绿色农药在农业生态系统中的环境行为（降解、吸附、径流、淋溶和作物吸收）和生态风险，以及对粮食安全和公共卫生的影响程度，明确绿色农药施用后对土壤、水体和大气环境和生态安全的影响，为控制和降低环境污染水平、科学合理使用农药提供有效途径与技术支撑[7]。

1.3　绿色农药未来发展重点

随着农业现代化进程的加快和人们环境保护意识的提升，农药的创新发展已经成为当前农药行业的核心使命。其发展重点在于推动农药产业的高质量发展，这需要农药行业各领域之间的协同进步和创新，推进并加快适应农药新质生产力的转型升级。这不仅涉及绿色农药的科技创新、重大品种与应用的突破，还需要跨学科的合作以及政策和市场的支持，从而实现农药行业的可持续发展。

（1）基于比较基因组学的原创性绿色农药靶标发现　通过功能基因组学、转录组学、蛋白质组学、代谢组学等多组学技术，RNA干扰和基因编辑及表观遗传等靶向调控技术，采用 m^6A-seq 高通量测序技术对病虫草害灾变的 m^6A 甲基谱进行分析，初步揭示作物病虫草害胁迫中的 m^6A 修饰特征，以及鉴定存在显著差异性 m^6A 修饰的相关基因。利用生物信息学和人工智能算法建立潜在靶标数据库，揭示其调控作物抗虫抗病的作用机制与分子靶标。基于人工智能的关键基因数据库（NCBI、Ensembl、KEGG、BioGRID等）搜寻技术，构建针对调控农业有害生物生长发育的关键蛋白及代谢信号通路中的关键蛋白，开展潜在分子靶标挖掘与验证共性技术研究。借助 AlphaFold 2、X-射线晶体衍射、核磁共振、冷冻电镜等蛋白质晶体结构解析技术，以及表面等离子共振、微量热泳动、等温微量热滴定等分子互作技术，构建基因、蛋白和表型三个层次的分子靶标成靶性评价体系，实现农药原创性分子靶标的三维结构快速解析与成靶性评价。

（2）基于人工智能和高性能计算的原创分子骨架发现　整合药效团连接碎片筛选、片段虚拟生长、分子骨架设计等技术，构建快速、智能、精准的绿色农药分子设计技术体系，显著提升农药活性分子设计的效率。整合化学信息学、分子表征、多任务图网络等技术，建立原创性农药分子设计与骨架发现技术体系。综合采用智能化学、天然产物发现与结构改造、合成生物学等农药分子的绿色精准合成技术，构建农药成药性评价体系，提高登记和生产效率，提升产品质量。

（3）手性农药创制及产业化　利用手性农药合成技术，构建温和高效的协同催化体系，发展不对称催化、酶催化、微通道反应等手性农药合成新技术。设计合成高效、新型的非金属手性催化剂，提高催化活性和产物对映体选择性，减少重金属残留，开发新型手性农药的绿色合成与创制技术。创新不对称催化氧化等合成方法，开发高效、安全的手性合成环保新工艺。突破生物合成关键酶的筛选改造、酶催化机制的解析、光学纯手性中间体合成途径的构建等瓶颈问题，发展手性农药的绿色生物合成技术。建立手性农药活性分子的绿色高效手性合成技术和低碳生产体系，以及"新手性农药先导发现-高效及清洁制备-手性农药与靶标互作途径"相互关联的研究体系，提高手性农药合成效率，优化生产工艺。

（4）防控重大病虫草害的绿色农药的创制及产业化　我国在绿色农药（杀菌剂、除草剂和杀虫剂等）创制及产业化方面仍面临原创性分子结构、原创性靶标及重磅绿色农药品种的缺乏等问题。因此，亟需加强原创性靶标的研究、探索新作用机制，以及推动产业化应用。新机制高活性绿色农药的分子设计、产品创制、作用机理研究以及田间应用技术的深入探索，旨在实现我国农药创制的全创新链构建与重大产品的产业化，以应对日益严重的病虫草害抗药性问题，并保障农业生产的可持续性。

（5）农药清洁生产技术创新　利用流式化学等技术，开发无害化、安全化和可循环利用的环保新工艺，构建绿色高效的协同催化体系，发展化学催化、仿生催化、微通道反应等农药制备新技术。针对天然农药的化学合成难度大、成本高等实际问题，发展农药合成生物学技术。利用生物信息学、基因编辑、化学生物学、合成生物学等，发现微生物源、植物源等天然农药生物合成所需的合成途径及关键酶；通过人工智能、定向进化等技术对关键酶进行底物拓展并提升催化效率；运用高效突变酶，开发适配性强的底盘细胞，重构目标农药的快速、清洁生物合成途径和工艺路线。

（6）RNA生物农药创制及产业化　RNA农药利用RNA分子特异性地抑制害虫或病原体中关键基因的表达，其中设计高度特异且有效的RNAi活性成分是关键，这对RNA分子结构和制剂工艺要求极高。这就需要研究人员利用人工智能、自动化感知算法等设计高度针对性且有效的基于RNAi的活性成分，建立农业病虫害RNAi靶标基因的智能化筛选系统和小核酸低成本规模化生产和纯化工艺，研制新型环保且稳定高效的dsRNA递送系统。针对RNA生物农药，建立从靶标筛选、递送系统、成本控制到中试生产等RNA生物农药全链条研发体系，打通从产品研发到市场化应用的多个关键环节，实现低成本、高效率、高纯度的dsRNA生产管线，获得简便易用的标准化制剂制备体系，最终实现RNA生物农药的产业化。

（7）农药制剂纳米化技术的创新及应用　利用农药制剂纳米化技术将农药有效成分制成纳米级颗粒或是借助于纳米制备技术形成纳米载药体系，以增强药效、提高农药利用率、减少农药用量，并减轻对环境的影响。这一技术的发展和应用，可以极大地提高病虫草害的防控效果，对推动农业可持续发展具有重要意义。

（8）残留效应与环境生态风险评估　利用人工智能及替代毒理学等技术，开发高通量农药分析、农药原位快速检测方法，构建农药残留效应风险、农药残留毒理学评估新模型，研究农药和代谢物对作物、非靶标生物和环境生态毒性效应及其机制，加快形成和发展农药新质生产力。

（9）智慧农业与精准植保发展　利用物联网、大数据分析、人工智能、5G技术与自动化机械等现代信息技术改进农业生产方式，提高农业生产效率，大力发展智慧农业，促进农业可持续发展。利用农业分子影像学技术在分子水平上研究农作物的生理状态和病虫害发生、发展情况，为精准植保提供科学依据。利用农药大数据技术整合和分析农药行业的各类数据资源，以支持农药产业的决策制定、监督管理、市场研究、创新发展、生产流通和精准用药等，以便进行更加科学的风险管理和决策制定。

新质生产力是当前新时代背景下，通过科技创新和产业升级，形成的具有高科技、高效能、高质量特征的先进生产力。农药是防控有害生物最经济有效的手段，每年可挽回粮食损失1400亿公斤。农药行业在建设农业强国过程中地位重要，责任重大。围绕我国全面乡村振兴和农业强国建设的战略需求，农药行业必须聚焦于新质生产力发展，加强农药科技创新、产业创新和机制创新，积极促进产业高端化、智能化、绿色化，打通新质生产力堵点，实现高质量的快速发展。农药行业适应新质生产力的转型是一个千载难逢的机遇，需要多学科的紧密结合和交叉融合，共同推动我国农药行业在高效、绿色、精准、智能等层面的科技创新和大变革，成为引领世界农药创制研究的科技强国，为我国的粮食安全和经济发展作出应有的贡献。围绕二十大提出的"建设现代化产业体系"的战略目标，农药行业必须牢牢抓住科技创新这个核心要素，以农药新质生产力开辟发展新赛道、增强发展新动能、塑造发展新优势，实现社会主义现代化和中华民族伟大复兴。

参考文献

[1] 杨光富，宋宝安. 话说农药：魔鬼还是天使？北京：化学工业出版社，2022.

[2] 李忠，邵旭升. 中国农药研究与应用全书：农药创新. 北京：化学工业出版社，2019.

[3] 王腾飞，颜旭.瞄准绿色引领农药创新——访中国工程院院士、贵州大学校长宋宝安. 中国农

药，2019,(4)：35-37.

［4］吴剑，宋宝安.绿色农药创新及靶标研究现状与思考.中国科学基金，2020,(4)：486-494.

［5］宋宝安,吴剑,李向阳.我国农药创新研究回顾及思考.农药科学与管理，2019，40(2)：1-10.

［6］Song B A，Seiber J N，Duke S O，et al. Green plant protection innovation：challenges and perspectives. Engineering，2020，6：483-484.

［7］Song R J，Zhang Y P，Lu P，et al. Status and perspective on green pesticide utilizations and food security. The Annual Review of Food Science and Technology，2024，15：473-493.

2 绿色农药的创制、登记、生产和使用情况

2.1 中国和美国、欧盟绿色农药创制发展情况

随着多学科交叉与渗透、新技术交互与集成、不同行业间跨界与整合已经成为新一轮农业合成药物创新浪潮的鲜明特征。而安全、低毒和低抗性的绿色农药创制是新农药发展的必然趋势。近年来,中国和美国、欧盟等地区分别创制了不同品种的绿色农药。凭借深入的基础研究、持续大量的研发投入、重大关键技术的突破及高效的科技成果转化,发达国家的绿色农业药物创新蓬勃发展,巴斯夫、拜耳、科迪华等农药巨头引领绿色农药的发展前沿,同时通过技术、资金、市场的优势,不断取得重要突破,强化了其领先优势和垄断效应。

贵州大学、华中师范大学、南开大学和华东理工大学等研究机构以及中国本土企业青岛清原集团也相继开发出了具有自身特色的绿色农药品种。近十多年来,欧美地区在全新作用机理的绿色农药开发上更加领先,而中国本土的研究机构在抗植物病毒剂、植物免疫激活剂和 HPPD 抑制剂类除草剂的开发上取得了更多的进展。未来绿色农药开发领域的竞争将进一步加剧。

2.1.1 杀菌剂创制情况

2.1.1.1 欧美国家的杀菌剂创制研究情况

琥珀酸脱氢酶(SDH)是杀菌剂的重要靶标,自从萎锈灵被成功开发以来,靶向琥珀酸脱氢酶杀菌剂一直是农药创新热点。2003 年,自从巴斯夫公司创制出史上第 1 个广谱性的 SDHIs(琥珀酸脱氢酶抑制剂)类杀菌剂噻呋酰胺以来,SDHIs 杀菌剂家族由此受到全球农药行业广泛关注,高效广谱性的 SDHIs 杀菌剂

不断涌现，国际上出现了如联苯吡菌胺、氟唑环菌胺、氟唑菌苯胺、氟吡菌酰胺、苯并烯氟菌唑、异丙噻菌胺、氟唑菌酰羟胺、联苯吡唑菌胺等新品种二十余个[1]。近年来，ISO 公布的一批英文通用名中，就包含了一批结构新颖的 SDHIs 杀菌剂，例如，意大利 Isagro 公司和美国富美实公司联合开发的氟茚唑菌胺[2]、拜耳作物科学开发的 isoflucypram[3]。先正达公司开发的 SDHIs 杀菌剂三氟吡啶胺[4]除了具有优异的杀菌活性之外，也用于黄瓜、番茄、玉米和甜菜等作物上线虫的防治。

2016 年，陶氏杜邦（现科迪华农业科技，Corteva Agriscience）基于天然产物 UK-2A 的结构，开发出了结构新颖杀菌剂吡啶菌酰胺（florylpicoxamid）[5]。其可用于防治白粉病、炭疽病、疮痂病以及由壳针孢菌、葡萄孢菌、链格孢菌、链核盘菌等病原菌引起的病害，并能提高作物产量和品质；研究发现吡啶菌酰胺通过抑制真菌复合体Ⅲ Qi 泛醌（即辅酶 Q）键合位点上的线粒体呼吸作用来发挥杀菌活性。吡啶菌酰胺[6]的结构与 metarylpicoxamid（图 2-1）十分类似，由吡啶菌酰胺衍生化创制而来的产品均属于线粒体呼吸作用抑制剂。

2015 年，拜耳开发出了 fluoxapiprolin[7]（图 2-1）。其结构与科迪华开发的杀菌剂氟噻唑吡乙酮十分相似，均为氧化固醇结合蛋白（OSBP）抑制剂，通过阻碍细胞内酯的合成、甾醇转运及信号传导而致病原菌死亡。其作用位点新颖，特别是对由卵菌纲病原菌引起的植物病害高效，尤其是对由致病疫霉引起的马铃薯晚疫病有特效，是卵菌病害防治的高效药剂。同年，巴斯夫公司研发出了噁二唑杀菌剂 flufenoxadiazam[8]，其对大豆锈病和玉米锈病具有良好的杀菌活性，且杀菌机制新颖。此外，美国维亚梅特制药公司发现的三唑类杀菌剂 fluoxytioconazole（图 2-1）[9]由科迪华公司商业化，其作用机制与丙硫菌唑相似，属于甾醇生物合成 C14 脱甲基抑制剂。fluoxytioconazole 具有较好的亲脂性，以 $1.56 \sim 100 \mathrm{g/hm^2}$ 处理小麦 3d 后，对叶枯病的预防和治疗效果不低于 80%，且预防效果优于治疗效果。此外，安道麦公司报道的 flumetylsulforim（图 2-1）含有磺酰基结构[10]，可用于小麦叶枯病以及由子囊菌亚门和担子菌亚门真菌引起的植物病害的防治，但其作用机制尚不十分清晰。巴斯夫公司于 2012 年开发了含异丙醇结构的三唑类杀菌剂氯氟醚菌唑（mefentrifluconazole）[11]。氯氟醚菌唑为 C14-脱甲基化抑制剂，通过阻止麦角甾醇的生物合成，抑制细胞生长，破坏菌体细胞膜功能。与其他三唑类杀菌剂不同的是，其分子中独特的异丙醇基团，使其能够非常灵活地从游离态自由旋转与靶标结合成为络合态，很好地抑制壳针孢菌的转移，减少病菌突变，延缓抗性的产生和发展。其对一系列较难防治的病害具有显著的生物活性，是巴斯夫具有划时代意义的新产品。氯氟醚菌唑已于 2019 年 12 月在中国登记，用于防治葡萄炭疽病、番茄早疫病和玉米大斑病等。

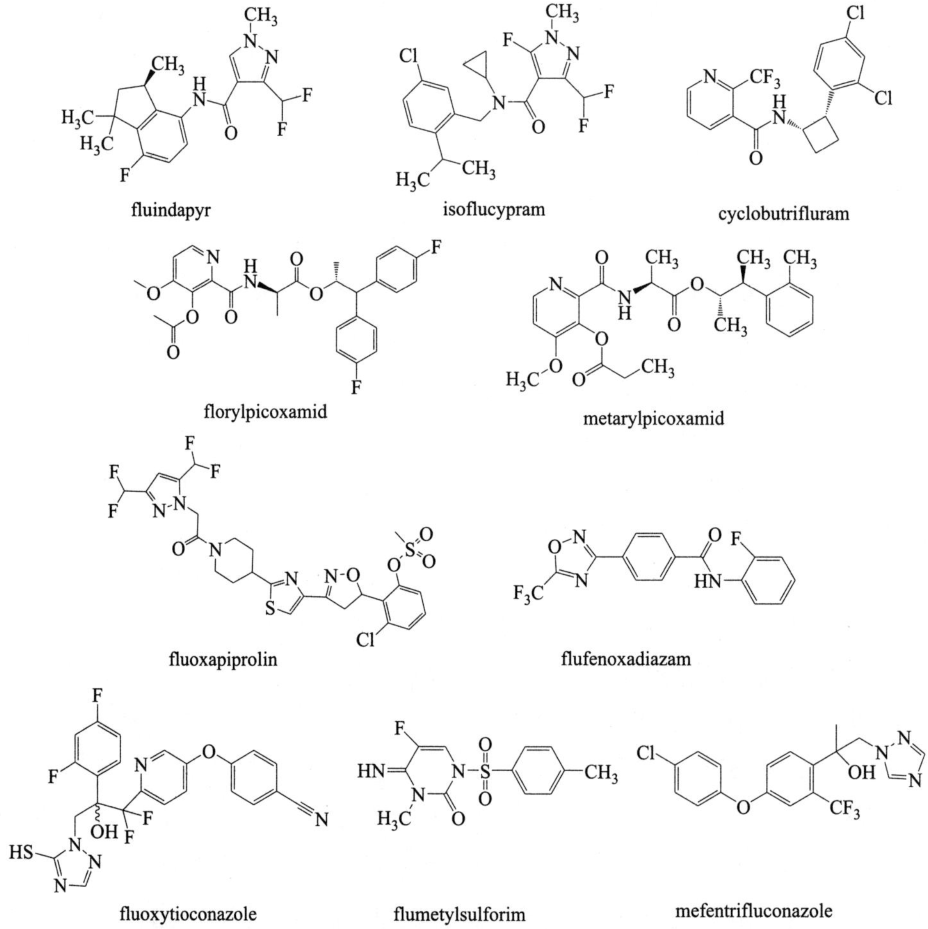

图 2-1　国外公司开发的部分代表性杀菌剂的化学结构

2.1.1.2　中国的杀菌剂创制研究情况

国内自主创新 20 余个杀菌剂品种，其中微生物农药及天然产物农药 6 个。在已经产业化的产品中，主要包括氰烯菌酯、苯醚菌酯、啶菌噁唑、氟醚菌酰胺、丁香菌酯等（图 2-2）[12]。尚有大量的基于天然产物结构的先导化合物及候选药物正在开发中。在 ISO 最近公布的杀菌剂通用名单中，有氟醚菌酰胺（fluopimomide）、氟苯醚酰胺（flubeneteram）、苯丙烯菌酮（isobavachalcone）、氯吲哚酰肼（chloroinconazide）、辛菌胺（seboctylamine）等品种。其中，氟醚菌酰胺（fluopimomide）[13]是由山东中农联合生物科技股份有限公司与山东农业大学合作，自主研发的琥珀酸脱氢酶抑制剂（SDHI）对于葡萄霜霉病、辣椒疫霉、马铃薯晚疫病、水稻纹枯病、棉花立枯病等多种真菌性病害都具有较高防效。华中师范大学创制的氟苯醚酰胺（flubeneteram）[14]也属于 SDHI 类杀菌剂，目前转让给北京燕化永乐生物科技股份有限公司进行产业化开发。氟苯醚酰胺对水稻纹枯病具有卓越防效，同时对白粉病、马铃薯晚疫病具有高效杀菌活性，具有内吸传导性好、耐雨水冲淋、用量低、成本低等特点。

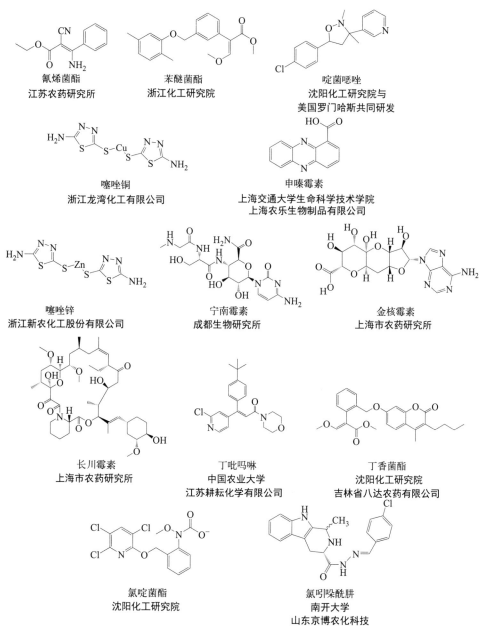

图 2-2

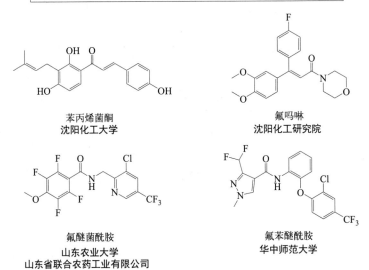

图 2-2 国内创制的部分代表性杀菌剂的化学结构

苯丙烯菌酮 (isobavachalcone) 是由沈阳化工大学从豆科植物补骨脂种子提取的杀菌活性成分[15]，由沈阳同祥生物农药有限公司对该产品进行登记，对水稻上的稻瘟病有优异预防和治疗作用，对苹果腐烂病、水稻稻瘟病、立枯病等立枯丝核菌引起的病害、早/晚疫病、炭疽病、荔枝霜疫霉病等防治效果显著。苯丙烯菌酮的作用机理是通过破坏植物病原菌的细胞壁、抑制细胞内糖代谢过程、核糖体代谢、信号转导途径等抑制菌丝的生长或降低其致病力。近年来，京博农化科技有限公司与南开大学基于四氢咔啉天然生物碱衍生物，创制出了结构新颖的杀菌抗病毒剂氯吲哚酰肼 (chloroinconazide)[16]，正在进行产业化开发。氯吲哚酰肼具有多重作用机制：一方面改变病毒粒子的形态结构和增加抗氧化酶的活性，使 TMV 在侵染作物时减少诱导的活性氧（ROS）产生；另一方面显著增强水杨酸应答基因表达，并通过该信号途径减少 TMV 的侵染。研究结果表明，氯吲哚酰肼（1S,3S)-对映体在 100mg/L 和 500mg/L 时，对烟草花叶病毒离体和活体钝化、治疗和保护的相对抑制率与宁南霉素大致相当；在 50mg/L 时，对苹果轮纹病、小麦纹枯病、油菜菌核病、水稻纹枯病、辣椒疫霉病和马铃薯晚疫病等的病原菌离体抑制率不低于 80%，同时对西瓜炭疽病、花生褐斑病、小麦赤霉病、玉米小斑病、水稻恶苗病、黄瓜枯萎病、黄瓜灰霉病和番茄早疫病等的病原菌也有不同程度的抑制作用，可作为多菌灵和百菌清的补充。辛菌胺（seboctylamine)[17]由山东省化工开发中心开发，具有高效、低毒、无残留的特点，可防治多种真菌、细菌和病毒引起的病害。辛菌胺可抑制菌丝生长及孢子萌发、破坏病菌的细胞膜。目前，主要防治苹果腐烂病、果锈病，棉花枯萎病，水稻稻瘟病、条纹叶枯病、细菌性条斑病、黑条矮缩病、白叶枯病，番茄病毒病，辣椒病毒病，烟草病毒病、黑胫病、猝倒病、花叶病毒病等。

2.1.2　除草剂创制情况

2.1.2.1　欧美国家的除草剂创制研究情况

近 20 年，国际上发现了包括氟氯吡啶酯（halauxifen-methyl）、氯丙嘧啶酸（aminocyclopyrachlor）、氟吡草酮（bicyclopyrone）、苯嘧磺草胺（saflufenacil）、异噁草酰胺（icafolin）、吲哚吡啶酸（indolauxipyr）、dimesulfazet、iptriazopyrid 等在内的新型除草剂 10 余个（图 2-3）[12]。

杜邦公司于 2015 年公开了新型苯胺类手性除草剂四氟咯草胺（tetflupyrolimet）（图 2-3）[18]，该产品最后由富美实公司进行商业开发。其主要作用机制是抑制二氢磷酸脱氢酶活性，可有效防除大豆、玉米、小麦和水稻等农作物田间的多种双子叶杂草。四氟咯草胺被归入新的作用模式分类，成为除草剂抗性行动委员会（HRAC）和美国杂草科学协会（WSSA）除草剂类别 Group 28 中的第一个有效成分，也是三十多年来植保行业中第一个具有新颖作用模式的新型除草剂。此外，富美实公司还研发出了异噁唑结构类除草剂二氯异噁草酮（bixlozone）[19]和 rimisoxafen（图 2-3）[20]。二氯异噁草酮杀草谱广，具有触杀作用，对重要的抗性杂草有效。其主要通过抑制 1-脱氧-D-木酮糖 5-磷酸合酶，破坏类胡萝卜素的合成而起到除草作用。而 rimisoxafen 作为含氟和嘧啶醚结构的新型异噁唑类除草剂，作用机制尚未知，其对猪殃殃、藜、苘麻、反枝苋和西部苋等杂草都具有高防除活性。dioxopyritrione（图 2-3）[21] 是先正达公司研究发现的芳酰基环己二酮类（或哒嗪酮类）除草剂，为 HPPD 抑制剂，对苘麻、反枝苋和稗草的防效达 100％，同时对大麦安全。

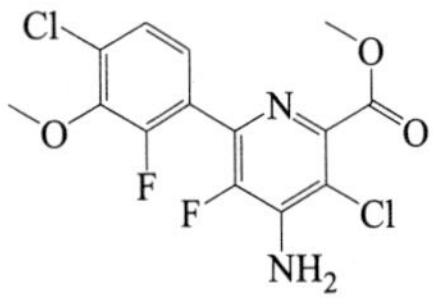

氟氯吡啶酯 halauxifen-methyl

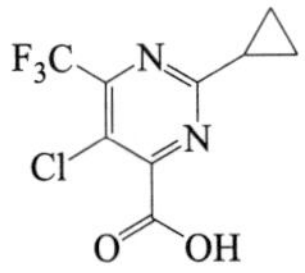

氯丙嘧啶酸 aminocyclopyrachlor

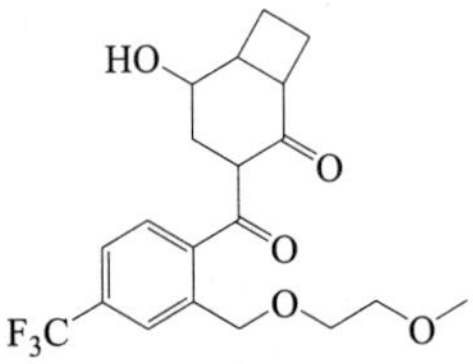

氟吡草酮 bicyclopyone

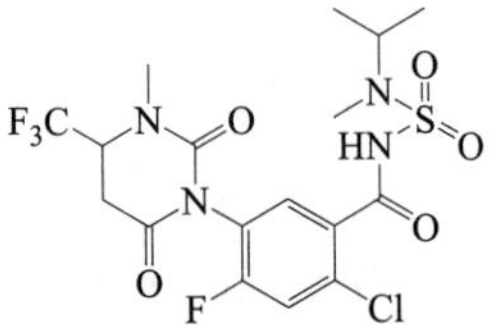

苯嘧磺草胺 saflufenacil

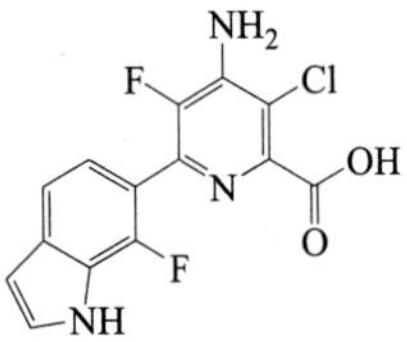

吲哚吡啶酸 indolauxipyr

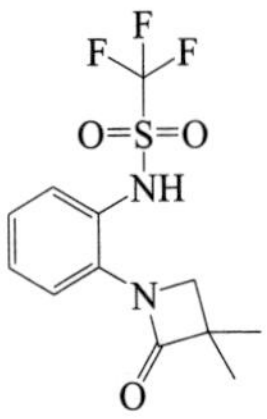

dimesulfazet

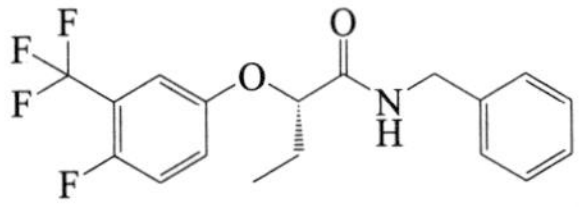

beflubutamid-M

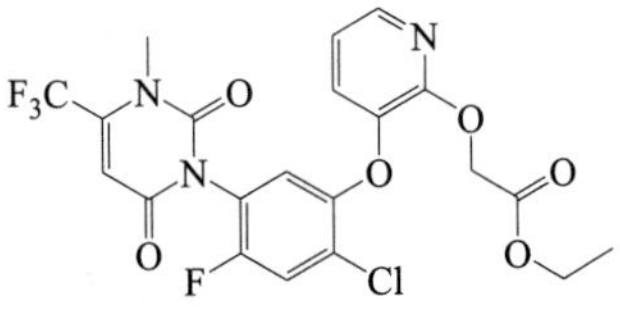

epyrifenacil

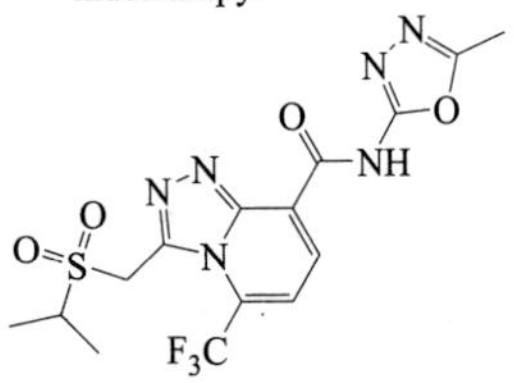

iptriazopyrid

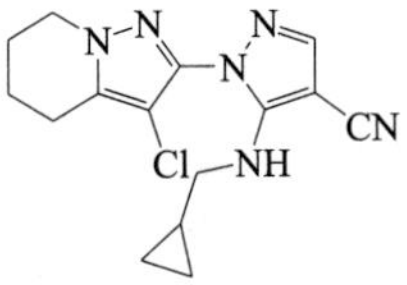

cyclopyranil

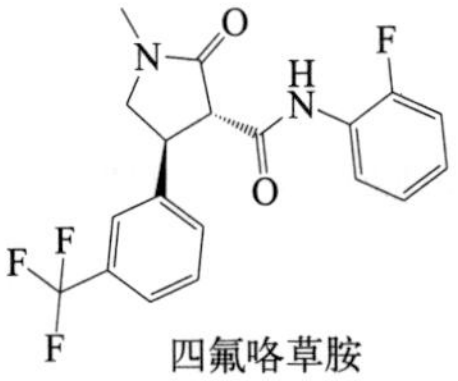

四氟咯草胺 tetfluprolimet

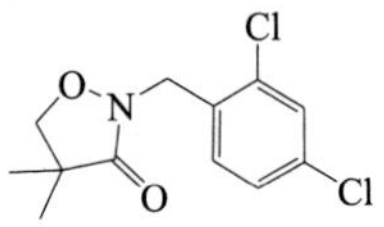

二氯异噁草酮 bixlozone

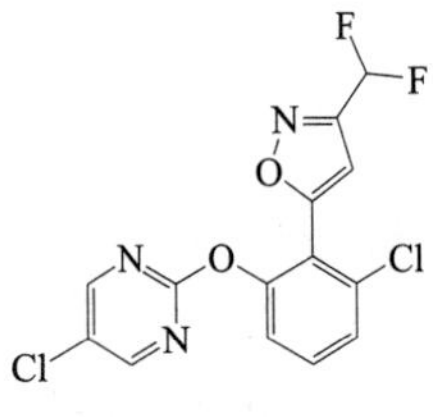

rimisoxafen

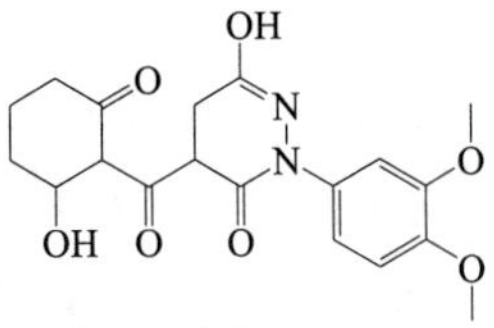

dioxopyritrione

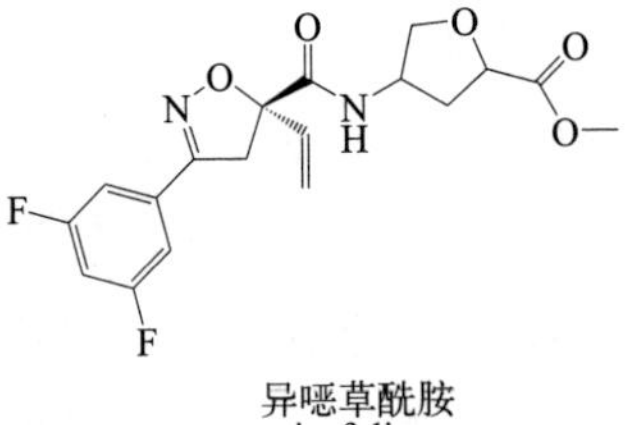

异噁草酰胺 icafolin

图 2-3　国外公司开发的部分代表性除草剂的化学结构

2.1.2.2　中国的除草剂创制研究情况

到目前为止，我国创制的除草剂近 20 个品种。"十三五"以前，我国除草剂的创制速度较慢，仅有二氯喹啉草酮、单嘧磺隆、单嘧磺酯、丙酯草醚、异丙酯草醚等（图 2-4）为数不多的品种[22]。随着我国水稻、小麦田间抗药性杂草种群发展迅速，稗草、千金子、看麦娘、日本看麦娘等已经对五氟磺草胺、甲基二磺隆和炔草酯等常用除草剂产生严重抗药性。抗性恶性杂草的防治，成为我国农业生产中亟待解决的重大难题。

2014 年，青岛清原集团自主研发了新型 HPPD 抑制剂双唑草酮（bipyrazone）[23]，其可用于防除冬小麦田中的一年生阔叶杂草，尤其对抗性和多抗性的播娘蒿、荠菜、野油菜、繁缕、牛繁缕、麦家公等阔叶杂草效果优异。"十三五"期间，贵州大学通过主持国家重点研发计划"高效低风险小分子农药和制剂研发与示范"项目，与青岛清原集团合作，创制出 3 个高效安全的 HPPD 抑制型除草

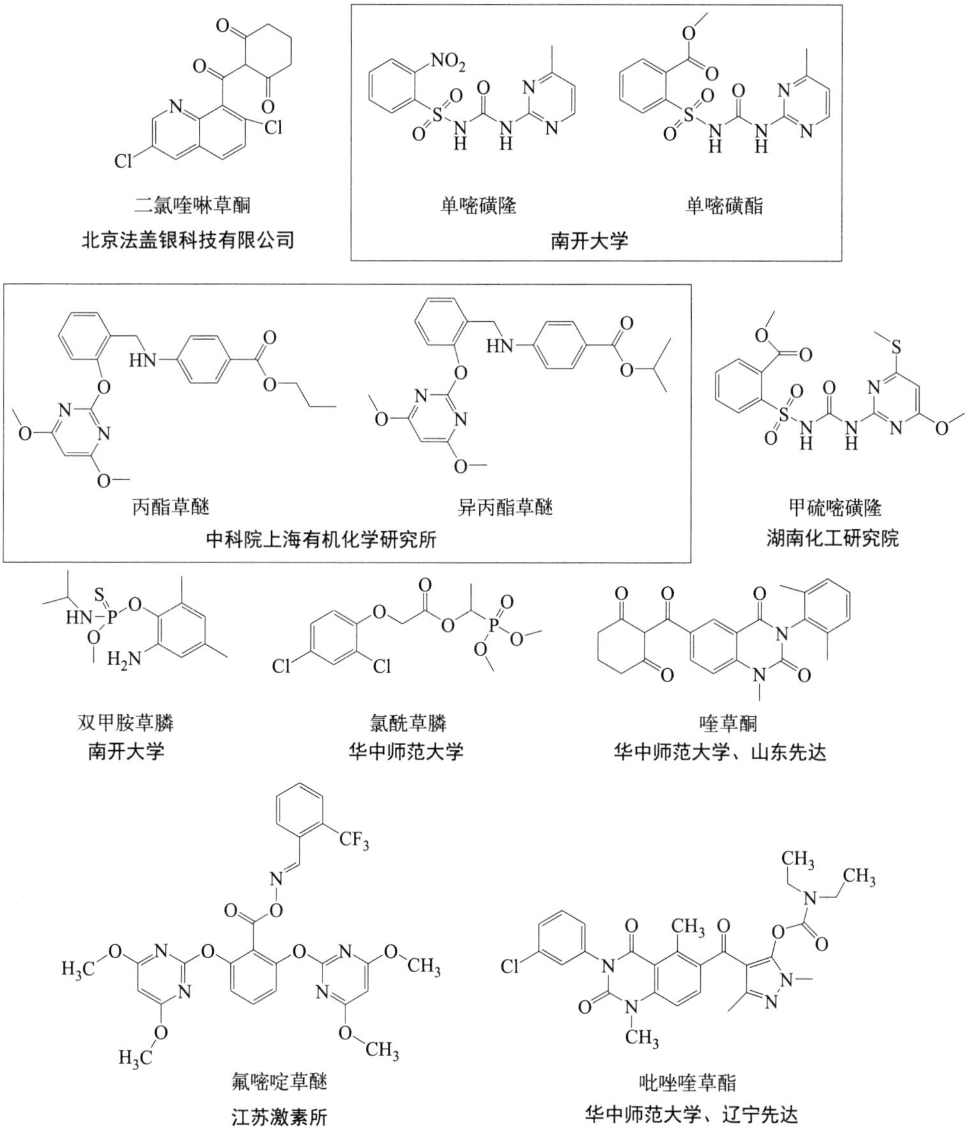

图 2-4

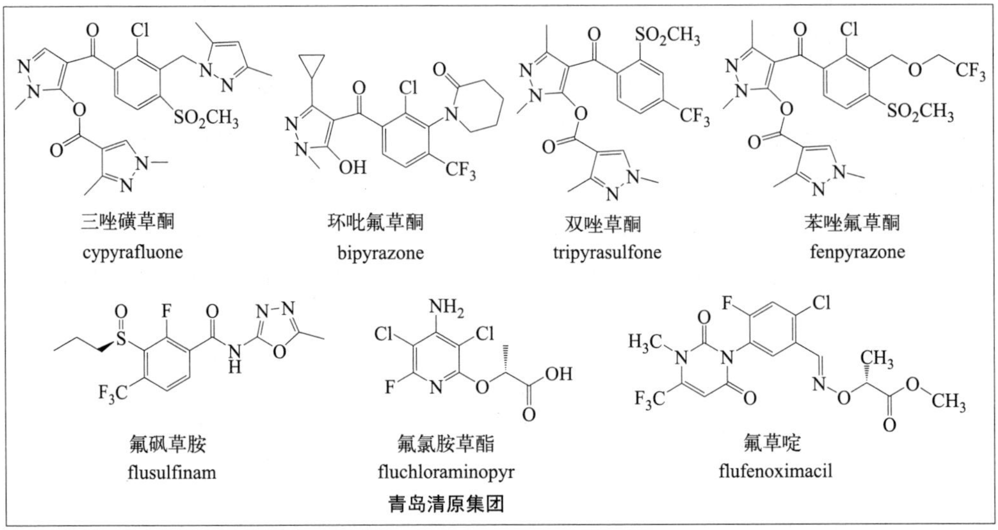

图 2-4 国内创制的部分代表性除草剂的化学结构

剂环吡氟草酮[24]、三唑磺草酮[25]、苯唑氟草酮[26]，并发展成为稻麦田除草剂主打品种。其中，环吡氟草酮可有效防除小麦田看麦娘、日本看麦娘、硬草、棒头草、早熟禾等一年生禾本科抗性杂草。三唑磺草酮对水稻田多抗性稗草、稻稗、长芒稗、稻李氏禾、江稗等具有优异的防除效果。而苯唑氟草酮对狗尾草、马唐和牛筋草等禾本科杂草有优异的防除效果，对抗烟嘧磺隆的杂草依然具有很高的活性，且对玉米作物及其后茬作物安全。近年来，青岛清原集团陆续公开了氟砜草胺、氟氯氨草酯、氟草啶等创新产品[27,28]。其中，氟砜草胺是其自主研发的最新一代 HPPD 抑制剂类水稻田除草剂，能有效防治稗草、马唐、千金子和部分阔叶类、莎草科杂草，兼具茎叶、土壤活性。而氟草啶具有优异的灭生性，有望作为草甘膦等传统灭生性除草剂的替代品种，2024 年 9 月 18 日，清原自主创制的两个专利化合物氟砜草胺（flusulfinam，FSM）、氟草啶（flufenoximacil，FFO）获得农业农村部正式登记，这些产品于 2024 年陆续上市。

喹草酮[29]是由华中师范大学创制、由辽宁先达农业科学有限公司产业化的 HPPD 抑制剂，是一个可以用于高粱、玉米、甘蔗和小麦田防除杂草，超安全、超高效、无交互抗性的具有全新分子骨架的专用除草剂。目前登记用于茎叶喷雾防除高粱田的一年生杂草，成为我国高粱田杂草防治的主要药剂，其他作物的扩展登记正在开展，预计 2025 年陆续取得登记。此外，江苏省农用激素工程技术研究中心有限公司创制的氟嘧啶草醚[30]对稗草、千金子、鳢肠、鸭舌草、丁香蓼、碎米莎草等杂草均具有杀草活性。近期，ISO公布了华中师范大学和辽宁先达农业科学有限公司联合创制的吡唑喹草酯（pyraquinate）[31]，吡唑喹草酯具有超强内吸传导作用，对大龄杂草也有出色的防效，可防除抗性千金子、稗草、蚊子草、乱草、稻李氏禾、江稗等杂草，特别是突破了HPPD抑制剂类除草剂不可以在籼稻田安全使用的难题。该药剂登记已获批准。

2.1.3 杀虫、杀螨剂创制情况

2.1.3.1 欧美国家的杀虫、杀螨剂创制情况

图2-5归纳了近年来国际上研发的新型杀虫剂及结构。其中溴虫氟苯双酰胺（broflanilide）[32]为日本三井农业化学株式会社和巴斯夫公司联合开发的具有新颖

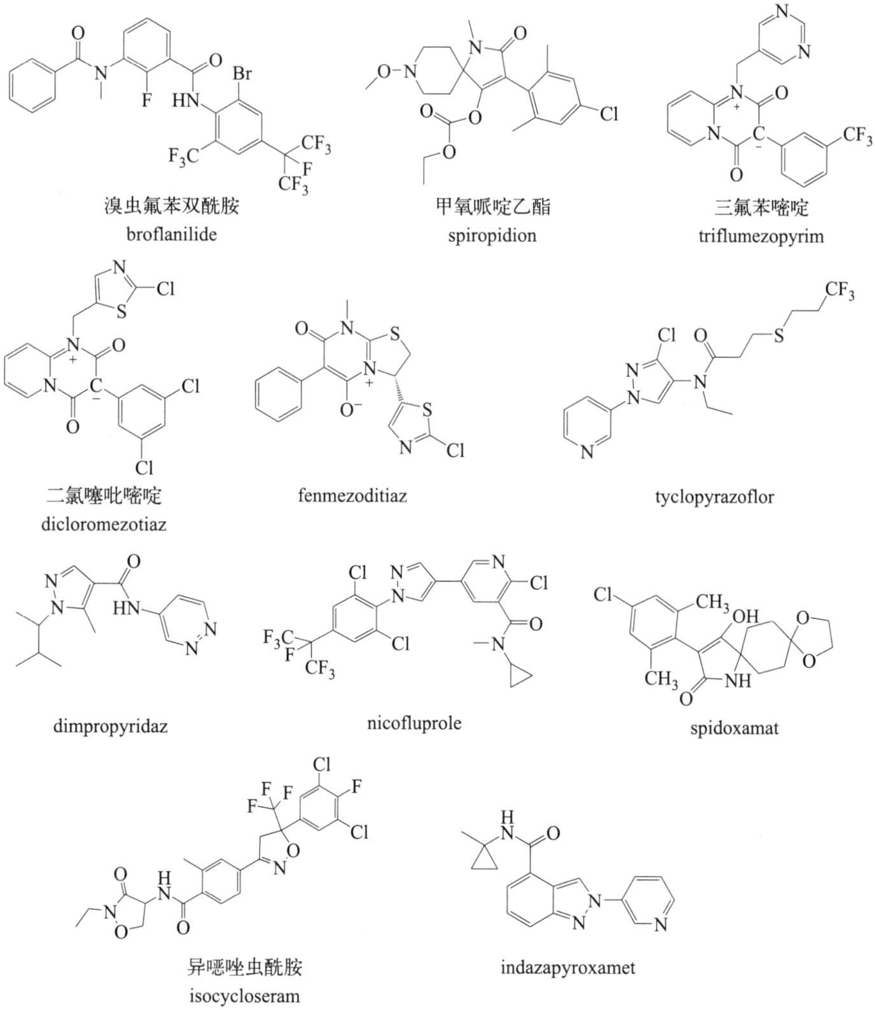

图 2-5　国外公司开发的部分代表性杀虫剂结构

作用机制的杀虫剂，为 GABA 门控氯离子通道非竞争性抑制剂，可抑制 GABA 激活的氯离子通道，引起昆虫过度兴奋和抽搐。主要用于防治鳞翅目害虫、鞘翅目害虫、蚁类、蜚蠊、蝇类等。溴虫氟苯双酰胺被归为 IRAC 作用机制第 30 组，也是目前此组中唯一的化合物。研究发现，溴虫氟苯双酰胺代谢产物为脱甲基-溴虫氟苯双酰胺，作用位点与氟虫腈等非竞争性拮抗剂不同，虽然与大环内酯类的作用位点有所重叠，但与大环内酯类农药的作用机制也有所不同[33]。甲氧哌啶乙酯（spiropidion）[34]是先正达公司开发的螺环季酮酸类杀虫剂，与螺虫乙酯等季酮酸类杀虫剂作用机理相同，spiropidion 为脂质生物合成抑制剂，可通过抑制害虫体内脂肪合成过程中 ACCase 的活性，破坏脂质的合成，从而阻断害虫正常的能量代谢，最终导致害虫死亡。

介离子类杀虫剂是近年来研发的热点。杜邦公司（现科迪华）开发出了三氟苯嘧啶（triflumezopyrim）[35]，其化学结构和作用机理新颖、高效、低毒、对环境友好，可有效防治各种抗性飞虱和叶蝉等害虫。三氟苯嘧啶是烟碱乙酰胆碱受体抑制剂，与烟碱乙酰胆碱受体竞争调节剂与受体的结合方式不同，三氟苯嘧啶能够有效防治对新烟碱类杀虫剂产生抗性的稻飞虱等害虫，因此国际杀虫剂抗性行动委员会将其归属于第 4E 亚组。此外，杜邦公司还开发了二氯噻吡嘧啶（dicloromezotiaz），而巴斯夫公司在三氟苯嘧啶和二氯噻吡嘧啶的结构基础上，通过修饰和改造，开发出了具有手性结构的介离子类杀虫剂 fenmezoditiaz。

氯吡唑虫胺（tyclopyrazoflor）[36]是陶氏益农公司开发的吡啶基吡唑类杀虫剂，可用于防治棉粉虱、棕榈象甲、桃蚜、甘薯粉虱等。此外，巴斯夫公司还研发了新型吡唑甲酰胺类杀虫剂嗪虫唑酰胺（dimpropyridaz）[37]。嗪虫唑酰胺作用于昆虫重要脊索器官，通过阻断 TRPV 通道上游信号传导抑制脊髓神经元的激活，干扰昆虫脊索器官的信号传导，昆虫因听力、平衡力、方向感、重力感知、运动能力等受影响无法进食，最终死亡。其活性广谱，对鳞翅目、缨翅目和半翅目的蚜虫、粉虱、蓟马、叶蝉和菜蛾均有较好的防治效果。

此外，拜耳公司研发的 nicofluprole[38]和二螺虫（spidoxamat）[39]同样结构新颖，活性广谱，预计未来 2～3 年内上市。异噁唑虫酰胺（isocycloseram）[40]是先正达公司开发的异噁唑类 GABA 受体抑制剂，对臭虫、螨虫、蓟马、毛虫、苍蝇和甲虫具有前所未有的防治效果。此外，杜邦公司新发现的含吡啶基和环丙烷基的吲哚酰胺类杀虫剂吲唑虫酰胺（indazapyroxamet）[41]具有新颖的骨架结构和全新的作用机制，对西花蓟马、银叶粉虱、棉蚜和叶蝉等害虫具有较高活性。

2.1.3.2 中国的杀虫、杀螨剂创制研究情况

在杀虫剂的创制中，近二十年来，国内创制的产品有戊吡虫胍、环氧虫啶、呋喃虫酰肼、哌虫啶、氯溴虫腈、硫氟肟醚、丁虫腈等近 20 个品种，但其中大部分未取得正式登记。图 2-6 列出了部分代表性创制产品的化学结构[22]。其中，哌虫啶[42]和环氧虫啶[43]是华东理工大学创制的顺硝基烯类新烟碱杀虫剂，分别由江苏克胜集团和上海生农生化制品有限公司进行产业化开发，哌虫啶主要作用于昆虫神经轴突触受体，阻断神经传导作用。而环氧虫啶为烟碱乙酰胆碱受体拮抗剂，抑制激动剂与烟碱乙酰胆碱受体（nAChR）的反应，进而使害虫麻痹、死亡。

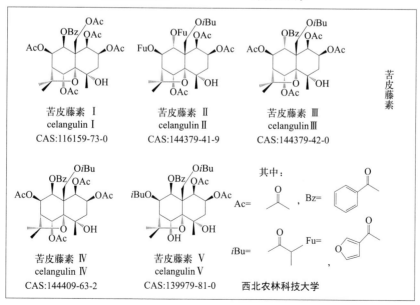

图 2-6

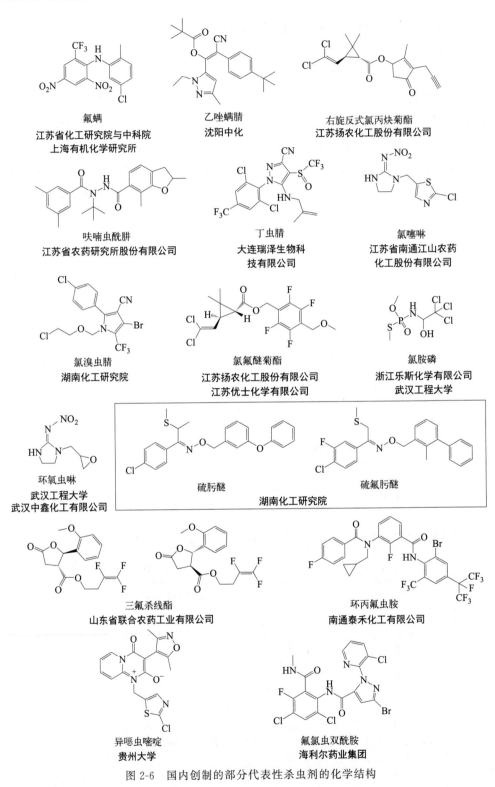

氟螨
江苏省化工研究院与中科院
上海有机化学研究所

乙唑螨腈
沈阳中化

右旋反式氯丙炔菊酯
江苏扬农化工股份有限公司

呋喃虫酰肼
江苏省农药研究所股份有限公司

丁虫腈
大连瑞泽生物科
技有限公司

氯噻啉
江苏省南通江山农药
化工股份有限公司

氯溴虫腈
湖南化工研究院

氯氟醚菊酯
江苏扬农化工股份有限公司
江苏优士化学有限公司

氯胺磷
浙江乐斯化学有限公司
武汉工程大学

环氧虫啉
武汉工程大学
武汉中鑫化工有限公司

硫肟醚

硫氟肟醚

湖南化工研究院

三氟杀线酯
山东省联合农药工业有限公司

环丙氟虫胺
南通泰禾化工有限公司

异噁虫嘧啶
贵州大学

氟氯虫双酰胺
海利尔药业集团

图 2-6　国内创制的部分代表性杀虫剂的化学结构

四氯虫酰胺（tetrachlorantraniliprole）[44]是沈阳化工研究院在杀虫剂氯虫苯甲酰胺结构基础上改造而得的产品，其作用机理与氯虫苯甲酰胺类似，属于邻甲酰氨基苯甲酰胺类鱼尼丁受体调节剂，对多种害虫均有防效，对鳞翅目具有超高活性、速效性好，持效期长，且对哺乳类动物低毒，可广泛用于水稻、玉米、蔬菜和果树等农作物。此外，海利尔药业集团研制的氟氯虫双酰胺[45]，最近其英文通用名 fluchlordiniliprole 被 ISO 公布，氟氯虫双酰胺作用机理独特，杀虫活性显著提升，与其他常规杀虫剂无交互抗性，对环境友好，对哺乳动物低毒，具有广阔的市场前景。经过连续 5 年的室内生测与田间药效试验验证，氟氯虫双酰胺对多种鳞翅目害虫高效，尤其对甘蓝小菜蛾、甜菜夜蛾、菜青虫，玉米二点委夜蛾、草地贪夜蛾、玉米螟，水稻二化螟、稻纵卷叶螟，棉花棉铃虫，瓜类瓜绢螟，花生棉铃虫、斜纹夜蛾，豆科作物豆荚螟，苹果树卷叶蛾、食心虫，荔枝蒂蛀虫等在低剂量使用下，均有较好的防治效果，田间试验活性显著高于氯虫苯甲酰胺、溴氰虫酰胺等化合物。另外，研究结果表明，氟氯虫双酰胺对缨翅目蓟马（如蓟马、兰花蓟马、烟蓟马、棕榈蓟马等）也有较高的防治活性。成为国内在作为该类杀虫剂创制中另一个代表，目前该公司正推进其产业化登记。

乙唑螨腈（cyetpyrafen）[46]是由沈阳中化创制的，主要用于棉花、苹果以及柑橘树螨类害虫的防治。其主要在螨虫体内代谢转化成羟基化合物，抑制琥珀酸脱氢酶的作用，进而作用于呼吸电子传递链中复合体 II，破坏能量合成，达到防治作用。与现有杀螨剂无交互抗性，速效性好，对果蔬、大田作物常见朱砂叶螨、二斑叶螨、红蜘蛛等多种常见螨类均有优异防效。鉴于其优异的防治效果，已经发展成为国内创制品种的一大品牌。

此外，山东省联合农药工业有限公司开发的三氟杀线酯（trifluenfuronate）[47]，对朱砂叶螨、二斑叶螨、山楂叶螨和柑橘全爪螨等害螨成虫产卵和虫卵孵化的抑制作用均优于乙螨唑，对烟粉虱和迟眼蕈蚊虫卵孵化的抑制作用优于吡丙醚，对小菜蛾和玉米黏虫虫卵孵化的抑制作用优于虱螨脲，且对作物无药害，可促根壮苗并且能够提高作物品质。有望成为防治线虫新药剂。而南通泰禾化工股份有限公司开发的环丙氟虫胺（cyproflanilide）[48]为结构新颖的双酰胺类杀虫剂，属于 γ-氨基丁酸（GABA）门控氯离子通道变构调节剂，通过变构阻断激活的 γ-氨基丁酸氯离子通道，使害虫过度兴奋和痉挛最终导致死亡。具有高效、低毒的特点，可用于防治鳞翅目、鞘翅目和缨翅目害虫等，已于 2024 年 7 月在国内首次取得登记（仅限于出口到柬埔寨）。近期，贵州大学针对水稻害虫稻飞虱，创制了结构新颖的介离子类杀虫剂异唑虫嘧啶[49]，其作用机制新颖，对蜜蜂等非靶标生物安全，成本低于市场上同类杀虫剂产品，目前正在进行农药登记及产业化开发。

2.1.4　植物生长调节剂和植物诱抗剂创制情况

2.1.4.1　欧美国家植物生长调节剂和植物诱抗剂创制研究情况

自 2006 年 *Nature* 刊文提出植物免疫系统的概念以来，科学家们对植物自身防控病虫害的机制进行了连续的探究。大量研究表明，植物免疫激活剂具有诱导作物提高抗病性和抗逆性，进而增强植物防御的能力，已成为绿色农药创制必争的技术高地。国外对免疫激活剂的研究与应用要早于我国，免疫激活剂通常划归为杀菌剂、植物生长调节剂，如 Messenger、苯并噻二唑（BTH）、活化酯、Key-Plex 腐植酸、Sereenade、昆布素、Oxycom、壳聚糖（Chitosan）、吡唑醚菌酯、噻酰菌胺、异噻菌胺等都是具有植物免疫激活功能的产品。其中，Messenger 是由美国伊甸生物公司自梨火疫病菌（*Erwinia amylovory*）开发的 Harpin 蛋白，可用于防治柑橘、胡椒、番茄、黄瓜、草莓等真菌性病害。先正达（原诺华公司）开发的 BTH，可激活植物天然防御机能，使小麦、水稻、烟草、番茄等作物产生系统获得性抗性，对白粉病、霜霉病、细菌性斑点病等表现出广谱的抗病性[50]。美国加州大学河滨分校针对脱落酸受体 PYLs 开展了大量的分子设计，也获得了多种具有抗逆作用的 ABA 功能类似物[51]，成为植物生长调节剂和植物诱抗剂创制研究的热点领域。

2.1.4.2　中国植物生长调节剂和植物诱抗剂创制研究情况

我国在生长调节剂和植物诱抗剂的创制和应用方面取得了显著的进步，建立了涵盖机制研究、分子设计、活性评价、产业化开发与应用等关键技术的创新体系。有植物生长调节剂菊胺酯、苯哒嗪丙酯、S-诱抗素、冠菌素，以及植物诱抗剂毒氟磷、甲噻诱胺、氟唑活化酯等品种（图 2-7）[22]。作为新型的多功能生物制品，寡糖、S-诱抗素、枯草芽孢杆菌及木霉等已在国内登记，并得到大面积的推广应用。S-诱抗素可迅速启动植物的抗逆基因，激活植物体本身对逆境的抵抗或适应机制，促进早熟，改善、提高农产品的品质和产量。四川龙蟒福生科技有限责任公司建立了我国首条 S-诱抗素液体发酵工艺生产线。冠菌素（COR）是全球第一个实现产业化的茉莉酸类分子信号调控剂，它是茉莉酸（JA）的结构类似物，冠菌素信号分子参与低温种子萌发、作物抗逆抗病增产、促进转色增糖以及脱叶、生物除草等植物生长发育众多生理过程的调控，具有宽广的应用前景，已经由中国农业大学和成都新朝阳作物科学股份有限公司实现了产业化登记[52]。

6% 抗坏血酸水剂是贵州大学创制的植物生长调节剂，其能促进水稻秧苗早生、快发，能使稻株整齐健壮，营养生长期增加，有利于干物质的形成和积累。

此外，6％抗坏血酸可明显地促进小麦的生长发育，提高小麦的免疫能力；可显著降低马铃薯晚疫病的发病率；可显著提高辣椒的抗病能力；提高茶叶的品质等。毒氟磷[53]是以天然氨基酸和绵羊体磷酸酯为模板，由贵州大学仿生合成的我国首个合成植物免疫激活剂，其作用于植物体内的 HrBP1 蛋白，激活细胞内 SA 信号通路使植物产生系统获得性抗性，进而发挥抗病功能。毒氟磷已成为防治水稻、蔬菜等农经作物重大病毒病的主导药剂之一，曾获得 2014 年国家科技进步二等奖。近年来，贵州大学以天然产物香兰素为先导，优化并得到香草硫缩病醚和氟苄硫缩诱醚[54,55]，具有优异的抗逆、抗病和改善作物品质的效果，可显著诱导水稻、小麦和番茄等获得抗病性，并增产 20％以上。目前，这两个候选免疫激活剂正在进行产业化开发。

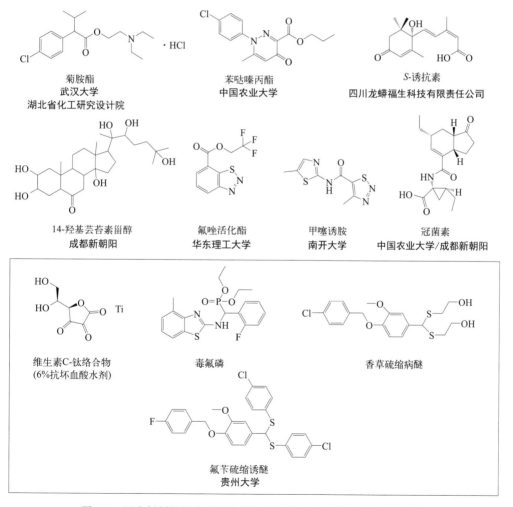

图 2-7　国内创制的部分代表性植物诱抗剂及生长调节剂的化学结构

2.2 中国和美国、欧盟绿色农药登记情况

截至 2023 年 3 月底，我国在有效登记状态的农药登记产品达到 45253 个，其中大田用农药 42382 个；美国的农药登记产品达到 57739 个、欧盟国家登记产品达到 40132 个。2020~2022 年，我国农药登记产品达 4358 个，除草剂产品 1565 个，获批最多；其次是杀虫、杀螨剂产品，有 1062 个；杀菌剂产品有 1001 个；卫生杀虫剂有 379 个；植物生长调节剂有 351 个。而美国 EPA（Environmental Protection Agency）总共批准了 2200 个产品登记、欧盟批准了 4319 个产品登记。

2022 年，我国登记的 438 个大田农药制剂中有效成分主要有联苯肼酯、威百亩、苯嗪草酮、氟嘧菌酯、辛菌胺、斜纹夜蛾核型多角体病毒、虱螨脲以及甲氨基阿维菌素，大部分都是传统的有效成分。美国获批的 616 个产品登记涉及的活性物质个数超过 200 个，对大田农药来说，登记数量比较多的活性物质主要有精甲霜灵、麦草畏、绿草定、丙炔氟草胺、噻虫嗪、甲磺草胺、嘧菌酯、苯醚甲环唑、咯菌腈、精吡氟禾草灵、茚虫威、硝磺草酮、丙硫菌唑；而欧盟委员会没有批准任何用于植保产品的化学新有效成分，仅 4 个微生物农药（含 3 个低风险物质）和 1 个基础物质通过批准，分别为淡紫拟青霉、解淀粉芽孢杆菌、甜菜夜蛾核多角体病毒、球孢白僵菌、壳聚糖。

2.3 中国和美国、欧盟绿色农药使用量

当前，全世界农药用量排名靠前的美国、巴西、中国等 20 个国家的特点为国土面积大、人口众多、经济较发达，或为重要的农业生产大国。从近 30 多年全球农药用量的变化看，全世界的农药用量呈增长趋势，这可能与人口增长、农产品需求增加有关。

2.3.1 美国、欧盟农药使用量概况

自 21 世纪以来，欧洲和美国绿色农药的使用量稳步增长，从 2000 年的 6274 吨增加到 2015 年的 11316 吨（使用量增加约 80%）。根据欧盟统计局统计结果，按照 2015 年欧洲各国可利用农业面积由高到低排序，法国、西班牙、英国、德国、波兰、罗马尼亚、意大利、匈牙利、保加利亚和希腊位于前 10 位。其中法国约有可利用农业面积 2900 万公顷，占欧盟的 16.3%，是欧盟中第一农业大国。欧

盟部分成员国最早提出了减少农药使用量，以降低对农业生态环境影响的理念。总体而言，意大利、法国、英国的农药用量总体呈下降趋势，但西班牙、德国、波兰的农药用量在增加[56]。美国是世界上农药使用量最大的国家之一，在40万吨左右。以FAO公布的2020年数据为例，其使用量达到40.77792万吨，约占全球用量的15.32%，其中农业用途约占80%。美国主要通过降低农产品中农药残留量、对农药品种开展再评价等手段来减少或限制农药使用带来的风险。

2.3.2　中国农药使用量概况

根据全国农业技术服务推广中心数据，按照农药折百量数据，2015年我国农药使用量29.95万吨，到2018年使用量为26.84万吨，2015～2018年我国农药使用量减少3.11万吨，减幅10.4%。2015年我国农作物总播种面积1.668亿公顷，单位面积农药使用量1.795kg/hm^2，2018年农作物总播种面积1.659亿公顷，单位面积农药使用量1.618kg/hm^2，单位面积农药使用量减幅9.9%。公开数据显示，2018年美国加州地区农药使用量9.48万吨，农药使用覆盖面积为0.427亿公顷，单位面积使用量为2.22kg/hm^2，可见我国农药单位面积使用量显著低于美国加州地区。

考虑到我国农药除用于农业外，还用于森林病虫害防治、收获后粮食贮藏、进出检疫、卫生害虫等。因此，我国农业单位面积农药用量应比计算的2018年单位面积农药使用量1.618kg/hm^{2}更低。特别是自2015年我国提出农药使用零增长行动，经过多年的实施，尤其是高效低风险农药替代化学农药的举措，我国已顺利实现减量增效的预期目标，绿色农药的总使用量从2000年的8917t增加到2019年的18744t，在2020年总使用量保持相对稳定，为18845t，高效低风险农药使用量占比超过90%，农药利用率40.6%（比2015年底提高4个百分点）。近期联合国粮食及农业组织（FAO）修订了中国农药用量数据（改为折百量）。2010年，中国（包括港、澳、台）的农药使用量达到33.9782万吨，占全球用量的13.06%；而2022年，中国农药总用量（包括港、澳、台）23.5760万吨（中国大陆用量22.4716万吨），约占世界农药总用量6.51%[57]，与2010年相比，用量显著下降。

2.4　中国和美国、欧盟农产品的农药残留管理

在国际贸易一体化的形势下，农产品质量安全越来越受到人们的重视，农药

残留是影响农产品质量安全的重要因素之一。农药残留是指农药使用后残存于生物体、农副产品和环境中的微量农药原体、有毒代谢物、降解物和杂质的总称。农药最大残留限量（maximum residue limit，MRL）是在食品或农产品内部或表面法定允许的农药最大浓度，以每千克食品或农产品中农药残留的质量表示（mg/kg）。到目前为止，世界上化学农药年产量已达数百万吨。农药管理法律法规自 20 世纪初诞生于西方以来，历经百年发展，已经形成了以人的健康和环境为本的管理体系，其中农药残留作为影响农产品质量安全的重要因素之一，已成为各国农药管理法律法规的热点和重点。1995 年 1 月 WTO 的成立有力地推动了经济全球化和食品及农产品贸易国际化的步伐，在技术性贸易壁垒协定（TBT 协定）和卫生与植物卫生措施协定（SPS 协定）框架下，各国均加大了制定合理的包括 MRL 标准在内的技术标准及卫生和检疫措施的力度，以避免不必要的贸易摩擦。目前国际上通常用 MRL 作为判定农产品质量安全的标准。MRL 标准的制定及修订基于科学的风险评估数据，在国际食品法典委员会（CAC）、美国、欧盟等国际组织及国家受到广泛关注。

2.4.1 美国、欧盟的农药残留管理

欧盟农药残留立法管理伴随着欧盟食品安全管理理念的发展，经历了一个由"点状管理到链状管理"的历程，逐渐形成了以"全程管理为目标，以预防管理为原则"的法规体系。欧盟统一的农药 MRL 标准由欧洲食品安全局（European Food Safety Authority，EFSA）负责制定，目前涉及约 1100 种农药在 315 种食品和农产品中的 MRL，长期检测农药品种数约 640 个。

美国 MRL 体系是由美国环境保护局制定的，FDA、USDA 则负责农残限量标准的具体执行。相对于其他国家来说，美国在农药残留管理方面最为完善，其所建立的农药残留检测标准更为详细。2008 年至今，共涉及 400 余种农药最大残留限量约 50000 项指标，长期检测农药品种数达到 500 个[57]。

2.4.2 中国的农药残留管理

我国 MRL 标准体系由农业农村部与国家卫生健康委员会联合制定，2021 年我国国家卫生健康委员会、农业农村部、国家市场监督管理总局联合发布了《食品安全国家标准　食品中农药最大残留限量》（GB 2763—2021），规定了 564 种农药在 106 种农产品中的 10092 项最大残留限量。然而，我国与发达国家和组织在农药限量标准数量上仍存在巨大差距。特别是与欧盟相比（表 2-1），主要差距体

现在所包含的农产品的类型少、限量标准的数量少，而欧盟的农药最大残留量涉及产品数量大，且标准数量大，涉及的范围更广。例如，我国氟啶虫酰胺涉及稻谷、小麦、玉米等作物和水果等共仅 34 项限量标准，而欧盟农作物、花草树木、动物、鸟类、家禽、内脏等就多达 380 项。其他药剂如胺苯磺隆、氯苯嘧啶醇、氟吡呋喃酮、吡唑醚菌酯、螺虫乙酯等的情况比较也详见表 2-1。此外，中国的残留限量标准的制定和公布相对较为滞后，一些新的药剂如三氟苯嘧啶尽管已于 2017 年在中国获得登记，但在最新版的残留限量标准（GB 2763—2021）中还没有得到体现，农药残留标准制定需要不断更新，评估方法和数据也要更新。

表 2-1　中国和欧盟的部分农药品种的残留限量标准比较

国家或组织名称	氟啶虫酰胺	胺苯磺隆	氯苯嘧啶醇	氟吡呋喃酮	吡唑醚菌酯	螺虫乙酯	三氟苯嘧啶
中国	包含稻谷、小麦、玉米等作物和水果等 34 项	包含谷物、蔬菜、水果、药用植物等 33 项	包含谷物、水果、动物等 20 项	包含谷物、蔬菜、水果、动物内脏等 47 项	包含谷物、蔬菜、水果、药用植物等 117 项	包含谷物、蔬菜、水果、药用植物等 61 项	最新版的国家标准（GB 2763—2021）暂无
欧盟	包含农作物、花草树木、动物、鸟类、家禽、内脏、蛋、奶等 380 项	包含农作物、花草树木、动物、鸟类、家禽、内脏、蛋、奶等 375 项	包含农作物、花草树木、动物、鸟类、家禽、内脏、蛋、奶等 377 项	包含农作物、花草树木、动物、鸟类、家禽、内脏、蛋、奶等 380 项	包含农作物、花草树木、动物、鸟类、家禽、内脏、蛋、奶等 380 项	包含农作物、花草树木、动物、鸟类、家禽、内脏、蛋、奶等 381 项	包含农作物、花草树木、动物、鸟类、家禽、内脏、蛋、奶等 380 项

参考文献

[1] Wei G，Gao M Q，Zhu X L，et al. Research progress on carboxamide fungicides targeting succinate dehydrogenase. Chin. J. Pestic. Sci.，2019，21(5-6)：673-680.

[2] Venturini I，Vazzola M S，Sinani E，et al. Preparation of aminoindanes amides having a high fungicidal activity and their phytosanitary compositions. WO 2012084812，2012-6-28.

[3] Braun C，Cristau P，Dahmen P，et al. N-cycloalkyl-N-[(heterocyclylphenyl)methylene](thio)carboxamide derivatives. WO 2013156559，2013-10-24.

[4] O'Sullivan A C，Loiseleur O，Staiger R，et al. Preparation of N-cyclylamides as nematicides. WO2013143811，2013-10-3.

[5] Bravo-Altamirano K，Lu Y，Loy B，et al. Preparation of picolinamide compounds with fungicidal activity. WO 2016122802，2016-8-4.

[6] Babij N R，Robinson M，Nissen J S，et al. Process for synthesis of picolinamides. WO 2021076681，2021-4-22.

[7] Pazenok S, Lui N, Funke C, et al. Process for preparing 3,5-bis(haloalkyl)pyrazole derivatives from α,α-dihaloamines and ketimines. WO 2015144578, 2015-10-1.

[8] Wieja A, Winter C, Rosenbaum C, et al. Preparation of substituted oxadiazoles for combating phytopathogenic fungi. WO 2015185485, 2015-12-10.

[9] Hoekstra W J, Yates C M, Schotzinger R J, et al. Preparation of pyridinyloxybenzonitrile compounds as metalloenzyme inhibitors useful as antifungal agents. WO 2016187201, 2016-11-24.

[10] Choy N, Ross R Jr. A process for the preparation of fluoroiminoalkyl arylsulfonyl dihydropyrim idinone. WO 2015103142, 2015-7-2.

[11] Dietz J, Riggs R, Boudet N, et al. Preparation of halogenalkyl phenoxyphenyltriazolylethanol derivatives for use as fungicides. WO 2013007767, 2013-1-17.

[12] Lu Z C, Li H C, Guan A Y, et al. Review of herbicides and insecticides discovered in 2015～2019. Agrochemicals, 2020, 59(2):79-90.

[13] Tang J, Wang A L. Preparation of nicotine derivatives as fungicides. CN 102086173, 2011-6-8.

[14] Yang G F, Xiong L, Chen Q. Pyrazole amide compound containing diphenyl ether, and application thereof, and pesticide composition. WO 2015058444, 2015-4-30.

[15] Sugamoto K, Matsusita Y I, Matsui K, et al. Synthesis and antibacterial activity of chalcones bearing prenyl or geranyl groups from *Angelica keiskei*. Tetrahedron, 2011, 67(29):5346-5359.

[16] Sun C H, Xiang C, Ma M, et al. High efficiency synthetic method of chloroindole hydrazide. CN 114057738, 2022-2-18.

[17] Huang T J, Dong Z X, Qu C F. Preparation of dialkyldiethylenetriamine derivatives as fungicides. CN 101161630, 2008-4-16.

[18] Satterfield A D, Campbell M J, Bereznak J F, et al. Preparation of substituted cyclic amides and their use as herbicides. WO 2016196593, 2016-12-8.

[19] Chang J H, Lockport N Y. Herbicidal 3-isoxazolidinones and hydroxamic acids. US 4405357, 1983-9-20.

[20] Hong J. 2021. Process for synthesis of a 2-alkylthiopyrimidine. WO 2021113282, 2021-6-1.

[21] Joyce P M, Vaz da Silva J R. Herbicidal compositions. WO 2023280697, 2023-1-23.

[22] Lu Z C, Zhang P F, Li H C, et al. Overview and prospect of agrochemical discovery in China. Chin. J. Pestic. Sci, 2019, 21(5-6):551-579.

[23] Shen Y Y, Lian L, Zheng Y R, et al. A 4-benzoyl-pyrazole compound with weed control activity. CN 103980202, 2014-8-13.

[24] Lian L, Zheng Y R, He B, et al. Pyrazole ketone compound or salt thereof, preparation method, herbicidal composition and application. CN 105218449, 2017-5-11.

[25] Peng X，Jin T，Zhang J，et al. Cornfield herbicidal composition and its application. CN 105831123，2016-8-10.

[26] Lian L，Zheng Y R，He B，et al. Preparation of pyrazole derivatives as herbicides. CN 105503728，2016-4-20.

[27] Lian L，Hua R，Peng X，et al. Chiral sulfur oxide-containing aryl formamide compound and salt thereof，preparation method therefor，herbicidal composition，and application. WO 2021078174，2021-4-28.

[28] Peng X，Zhao D，Cui Q，et al. Herbicidal composition containing r-type pyridyloxy carboxylic acid derivative and use thereof. WO 2021017817，2021-9-4.

[29] Yang G，Wang D，Chen Q. Preparation of triketone compounds for preventing and controlling weeds. WO 2015058519，2015-4-30.

[30] Xu J Y，Ma T T，Wang N，et al. Study on the mode of action of luorouracridine on barnyard and its safety on rice. Botanical Research，2022，11(3)：382-388.

[31] Yang G F，He B，Wang X Q. et al. Pyrazole Quinazolinedione compound uses and pesticide/herbicide thereof. WO 2019196904，2019-10-17.

[32] Aoki Y，Kobayashi Y，Daido H，et al. Method for producing N-phenyl-3-(benzamido or 3-pyridylcarbonylamino)benzamide derivatives. WO 2010018857，2010-2-18.

[33] Toshifumi N，Shinichi B. Broflanilide：A meta-diamide insecticide with a novel mode of action. Bioorg Med Chem. 2016，24(3)：372-377.

[34] Muehlebach M，Pitterna T，Cassayre J Y，et al. Spiroheterocyclic N-oxypiperidines as pesticides. WO 2010066780，2010-06-17.

[35] Holyoke C W，Zhang W M，Tong M H T. Preparation and use of mesoionic pesticides and mixtures containing them for control of invertebrate pests. WO 2011017351，2011-2-10.

[36] Buysse A M，Niyaz N M，Zhang Y，et al. Preparation of pyridinylpyrazolamine derivatives as pesticides and their pesticidal compositions. WO 2013162715，2013-10-31.

[37] Defieber C，Soergel S，Saelinger D，et al. Novel pyrazole compounds as pesticides and their preparation. WO 2012143317，2012-10-26.

[38] Erver F，Memmel F，Arlt A，et al. Method for producing 5-(1-phenyl-1H-pyrazole-4-yl) nicotinamide derivatives and similar compounds without isolating or purifying the phenylhydrazine intermediate. WO 2018104214，2018-6-14.

[39] Himmler T，Bruechner P，Lindner W，et al. Process for preparation of spiroketal-substituted cyclic keto-enols and associated intermediates. WO 2019197231，2019-10-17.

[40] Qacemi M，Cassayre J Y. Preparation of isoxazoline derivatives as insecticidal compounds. WO 2013050302，2013-4-11.

[41] Zhang W M. Mixtures comprising indazole pesticides. WO 2021007545，2021-1-14.

[42] Li Z, Qian X H, Shao X S, et al. Preparation of imidazo [1,2-*a*] pyridine derivatives as insecticides. WO 2007101369, 2007-9-13.

[43] Shao X S, Fu H, Xu X Y, et al. Divalent and oxabridged neonicotinoids constructed by dialdehydes and nitromethylene analogues of imidacloprid: design synthesis crystal structure and insecticidal activities. J. Agric. Food Chem. , 2010, 58(5): 2696-2702.

[44] Li B, Yang H B, Wang J F, et al. Preparation of 1-pyridylpyrazole-3-carboxamide derivatives as pesticides. CN 101333213, 2008-12-31.

[45] Zhang L J, Ge J C, Ge Y L, et al. Process for preparation of substituted pyrazolecarboxamide compounds and application. CN 106977494, 2017-7-25.

[46] Li B, Yu H B, Zhang H, et al. Preparation of pyrazole containing acrylonitriles as pesticides or acaricide. WO 2010124617, 2010-11-4.

[47] Tang J F, Liu J, Ba T, et al. Nematocidal composition and application thereof. CN 106342882, 2017-1-25.

[48] Lv L, Liu J Y, Xiang J C, et al. Preparation of meta-benzenediamide compound as insecticides. WO 2020001067, 2020-1-2.

[49] Song B A, Zhang J, Hu D Y, et al. Preparation of(isoxazolyl)- pyrido pyrimidinone quaternary ammonium inner salts as pesticides. CN 113651811, 2021-11-16.

[50] Qiu D W. Progress and prospect of plant immunity inducer. J Agr Sci Tech. , 2014, 16(1): 39-45.

[51] Hewage K A, Yang J F, Hao G F, et al. Chemical manipulation of abscisic acid signaling: a new approach to abiotic and biotic stress management in agricultur. Adv. Sci. , 2020, 7 (18): 2001265.

[52] Ma H M. The first independently developed plant growth regulator in China——Coronamycin. Pesticide News. , 2019, 22: 12-13.

[53] Song B A, Zhang G P, Hu D Y, et al. Preparation of dialkyl 1-(substituted benzothiazol-2-yl)amino-1-(substituted phenyl)methyl phosphonate derivatives and their antiviral and antitumor activities. CN 1687088, 2005-10-26.

[54] Song B A, Zhang J, Hu D Y, et al. Preparation of the vanillin derivative containing a dithioacetal structure and their use for antiviral agent in the agriculture field. CN 106467478, 2017-3-1.

[55] Wu J, Yu G, Zhang J, et al. Application of ether containing compounds for promoting plant growth. CN 109134327, 2019-01-04.

[56] Zhu C Y, Yang J, Zhang N. et al. Trend analysis of pesticide use in major countries of the World. Pesticide Science and Administration, 2017, 38: 13-19.

[57] https://baijiahao. baidu. com/s?id=18101019083722193798wfr=spider8.for=pc.

3 绿色农药与生态环境安全

3.1 绿色农药对土壤安全状况的影响

在使用农药进行病虫草害防治过程中，大量农药直接或间接地进入到环境介质中，其中土壤是农药的一个重要归宿场所。而农药在土壤中的残留是导致农药对农业环境造成污染的一大根源，残留在土壤中的农药不仅能通过挥发、扩散、迁移、转化等途径污染大气、地表水和地下水，还能通过生物富集和食物链进入到人体，影响人们的身体健康。当土壤中的有害物质或污染物质积累到一定程度时，会导致土壤中生存的微生物活力下降或死亡，造成土壤肥力下降，影响农作物的正常生长和发育。

3.1.1 多杀菌素微生物源杀虫剂

多杀菌素微生物源杀虫剂在土壤中的半衰期（$t_{1/2}$）为 1.2～6.8d，属于易降解或消散农药。施药后在土壤的残留量低于 0.005～0.094mg/kg（表 3-1）。相对于传统农药，此类农药在土壤的残留量低并且不具有土壤持久性，在推荐剂量的使用标准下，其安全性是有保障的。

表 3-1 多杀菌素微生物源杀虫剂在土壤中的消解动态和残留数据

农药名称	测试项目	施药情况	试验结果	参考文献
多杀菌素	消解动态	5%的多杀菌素悬浮剂以 45g (a.i.)/hm² 施药 1 次	$t_{1/2}$: 3.6～4.1d	[1]
	残留	5%的多杀菌素悬浮剂以 30g (a.i.)/hm² 和 45g (a.i.)/hm² 施药 2 次和 3 次	3d、5d 后：<0.005～0.010mg/kg	
乙基多杀菌素	消解动态	6%乙基多杀菌素悬浮剂以 40.5g(a.i.)/hm² 施药 1 次	$t_{1/2}$: 6.8d	[2]

续表

农药名称	测试项目	施药情况	试验结果	参考文献
乙基多杀菌素	消解动态	有效成分60mg/L乙基多杀菌素施药1次	$t_{1/2}$：1.2～1.9d	[3]
	残留	以40mg/L和60mg/L各设2次和3次施药	7d：<0.005～0.094mg/kg 14d：<0.005～0.033mg/kg 21d：均未被检出	[3]

3.1.2 防治刺吸式口器害虫非烟碱类杀虫剂

防治刺吸式口器害虫非烟碱类杀虫剂在土壤的半衰期（$t_{1/2}$）< 30d，属于易降解或消散农药（表3-2）。施药后在土壤的残留<0.005～0.015mg/kg。该类杀虫剂不具有土壤持久性、残留量低，在推荐剂量条件下使用，对土壤安全，对人类健康的影响较小。

表3-2 防治刺吸式口器害虫非烟碱类杀虫剂在土壤中的消解动态和残留数据

农药名称	测试项目	施药情况	试验结果	参考文献
氟啶虫酰胺	消解动态	10%氟啶虫酰胺，黄瓜地中以112.5g（a.i.）/hm² 施药1次；苹果地中以60mg/kg，喷雾1次	$t_{1/2}$：10.3～14.2d	[4]
螺虫乙酯	消解动态	22.4%螺虫乙酯以112mg/kg施用1次	$t_{1/2}$：7.1d	[5]
	残留	22.4%螺虫乙酯悬浮剂以75mg/kg和112mg/kg施用2～3次，施药间隔为7d	最终残留量：<LOD～0.015mg/kg	[5]
双丙环虫酯	消解动态	5%双丙环虫酯以18.75g(a.i.)/hm²施用1次	$t_{1/2}$：4～13d	[6]
	残留	5%双丙环虫酯以12.5g（a.i.）/hm²、18.75g（a.i.）/hm²施药2次和3次	14d后：<0.005～0.0099mg/kg	[6]

注：LOD为检出限。

3.1.3 新烟碱类杀虫剂

近年来最新上市的代表性新烟碱类杀虫剂主要是氟吡呋喃酮和三氟苯嘧啶，该类杀虫剂在土壤中的半衰期（$t_{1/2}$）<30d，属于易降解或消散农药。施药后在土壤中的残留量低于0.010～2.363mg/kg（表3-3）。氟吡呋喃酮和三氟苯嘧啶在土壤中的吸附作用较弱，移动性较强，具有污染地下水的潜在风险，三氟苯嘧啶长期暴露于土壤可能会对蚯蚓造成一定的损伤。

表3-3　新烟碱类杀虫剂在土壤中的消解动态、残留数据及对土壤生物的影响

农药名称	测试项目	施药情况	试验结果	参考文献
氟吡呋喃酮	消解动态	氟吡呋喃酮以 102g(a.i.)/hm² 兑水 600L/hm² 喷雾施用 1 次	$t_{1/2}$：10.0～16.9d	[7]
	残留	氟吡呋喃酮以 102g(a.i.)/hm² 喷雾施用 2 次	最终总残留量：<0.516～2.363mg/kg	[7]
三氟苯嘧啶	消解动态	10%三氟苯嘧啶悬浮剂以 225mL/hm² 喷雾施用 1 次	$(t_{1/2})$：5.53～5.89d	[8]
	残留	10%三氟苯嘧啶悬浮剂以 225mL/hm²、337.5mL/hm² 分别施用 2 次、3 次	最终残留量：0.010～0.037mg/kg	[8]
	对土壤中酶的影响	可能导致蚯蚓的氧化应激和 DNA 损伤，并改变抗氧化酶的活性		[9]

3.1.4　双酰胺类杀虫剂

双酰胺类杀虫剂在土壤的半衰期（$t_{1/2}$）：2.4～27.7d，属于易降解或消散农药。施药后在土壤的残留量为<0.00251～3.302mg/kg。此类农药对土壤中微生物和酶有一定的影响，如氯虫苯甲酰胺施用会改变细菌和真菌的群落结构[12]；低浓度施用氟苯虫酰胺对土壤的转化酶、纤维素酶和淀粉酶活性有促进作用，高于推荐用量会对土壤酶活性有毒害作用[17]；溴氰虫酰胺对土壤生态系统有一定的毒性效应[15]。所以相比于非绿色杀虫剂，双酰胺类杀虫剂在推荐剂量内施用对土壤的安全状况影响较小，一些农药对土壤酶有激活作用（表3-4）。

表3-4　双酰胺类杀虫剂在土壤中的消解动态、残留数据及对土壤生物的影响

农药名称	测试项目	施药情况	试验结果	参考文献
氯虫苯甲酰胺	消解动态	5%氯虫苯甲酰胺以 185.63g(a.i.)/hm² 施用 1 次	$t_{1/2}$：24.8～27.7d	[10]
		200g/L 氯虫苯甲酰胺悬浮剂以 150g(a.i.)/hm² 施用 1 次	$t_{1/2}$：3.1～10.2d	[11]
	残留	5%氯虫苯甲酰胺以 41.25g(a.i.)/hm²、61.875g(a.i.)/hm² 施药 1 次和 2 次，间隔期为 7d	距末次施药 14d，最高残留：0.19mg/kg	[10]
		200g/L 氯虫苯甲酰胺悬浮剂以 36 g(a.i.)/hm²、54g(a.i.)/hm² 各设 2 次、3 次施药，间隔期为 7d	距末次施药 3d，最高残留量：0.757mg/kg	[11]
	对土壤微生物的影响	对土壤细菌和真菌多样性没有显著影响，但改变了细菌和真菌群落结构		[12]

农药名称	测试项目	施药情况	试验结果	参考文献
溴氰虫酰胺	消解动态	100g/L溴氰虫酰胺油悬剂施药1次	$t_{1/2}$: 2.4~4.3d	[13]
		10%溴氰虫酰胺悬浮剂以 90g(a.i.)/hm²、120g(a.i.)/hm² 喷施1次	$t_{1/2}$: 8.7~18.2d	[14]
	残留	100g/L溴氰虫酰胺油悬剂以 360g(a.i.)/hm²、540g(a.i.)/hm² 各施药3~4次，间隔期为7d	距末次施药3d、7d 最高残留量：0.07~0.08mg/kg	[13]
		10%溴氰虫酰胺悬浮剂以 60g(a.i.)/hm²、90g(a.i.)/hm² 喷施3次、4次，间隔期为7天	残留量：<0.10mg/kg	[14]
	对土壤生物的影响	引起了蚯蚓的氧化胁迫及DNA氧化损伤		[15]
氟苯虫酰胺	消解动态	10%氟苯虫酰胺悬浮剂以 67.5g(a.i.)/hm² 施用1次	$t_{1/2}$: 4.2~5.6d	[16]
	残留	10%氟苯虫酰胺悬浮剂以 45g(a.i.)/hm²、67.5g(a.i.)/hm² 分别施药1次、2次，间隔期为7d	距末次施药14d、21d，最终残留量：0.381~3.302mg/kg	[16]
	对土壤酶的影响	2.0kg/hm²用量下可显著增加土壤的转化酶、纤维素酶和淀粉酶活性；4.0~10.0kg/hm²用量下对土壤的这三种酶均有损害或毒性		[17]
氯氟氰虫酰胺	消解动态	10%氯氟氰虫酰胺悬浮剂以 50.625g(a.i.)/hm² 喷雾	$t_{1/2}$: 8.77d	[18]
	残留	10%氯氟氰虫酰胺以 33.75g(a.i.)/hm²、50.625g(a.i.)/hm² 施药1~2次	残留量：<0.01mg/kg	[18]
环溴虫酰胺	在土壤中难降解或消散，在土壤表面难降解或消散			[19]
四唑虫酰胺	消解动态	以 60g(a.i.)/hm²、120g(a.i.)/hm² 剂量施用2次	$t_{1/2}$: 2.7~3.49d	[20]
	残留	以 3.6g/kg、7.2g/kg 对玉米种子进行包衣拌种	残留量：<0.05mg/kg	[21]
	对土壤微生物的影响	对蚯蚓和有益节肢动物等生物的毒性较低或风险较小		[22]
硫虫酰胺	对土壤中的氮转化没有长期影响			[23]
溴虫氟苯双酰胺	消解动态	5%溴虫氟苯双酰胺悬浮剂以 45g(a.i.)/hm² 喷洒	$t_{1/2}$: <6d	[24]
	残留	5%溴虫氟苯双酰胺以 30g(a.i.)/hm²、45g(a.i.)/hm² 喷洒	残留量：<0.00251mg/kg	[24]
	移动性	除富含有机质的黑土外，在农业系统土壤中均具有中等或高的移动性，对地下水存在潜在风险		[25]

3.1.5 麦角甾醇生物合成抑制剂（EBIs)-三唑类杀菌剂

麦角甾醇生物合成抑制剂（EBIs）-三唑类杀菌剂在土壤的半衰期（$t_{1/2}$）：$<$ 5.82～27.7d，属于易降解或消散农药。施药后这类杀虫剂在土壤的残留量为 0.002～2.0mg/kg[26-42]。有研究表明丙硫菌唑在安徽水稻土、江西红土和吉林黑土，好氧、厌氧及水稻田厌氧 3 种条件下 $t_{1/2}$：13.3～54.7d，属中等降解或消散[31]。三唑类杀菌剂对土壤中生物和酶有一定的影响，比如施用戊唑醇短时间内土壤脲酶被抑制，然后恢复[27]；己唑醇施用过量对土壤微生物有害，降低土壤质量，增加氮素流失的风险[28]；苯醚甲环唑对温室土壤中磷酸酶活性表现出低浓度刺激、高浓度抑制的作用，对土壤脲酶活性表现出强烈的抑制作用，对蔗糖酶活性表现出刺激作用，对土壤纤维素酶活性表现出刺激-抑制-恢复的效应[38]。总体上，麦角甾醇生物合成抑制剂（EBIs)-三唑类杀菌剂在推荐使用剂量条件下，不具有土壤持久性，其残留较低，对土壤生物影响小（表 3-5）。

表 3-5 三唑类杀菌剂在土壤中的消解动态、残留数据及对土壤生物的影响

农药名称	测试项目	施药情况	试验结果	参考文献
戊唑醇	消解动态	250g/L 戊唑醇水乳剂以 187.5mg(a.i.)/kg 施用 1 次	$t_{1/2}$：16.50d	[26]
	残留	250g/L 戊唑醇水乳剂以 125mg（a.i.)/kg、187.5mg（a.i.)/kg，施药 3 次，间隔期为 10d	距末次施药残留量：<0.327mg/kg	[26]
	对土壤酶活性的影响	土壤酶活性或不受影响，或在短时间内被抑制，然后恢复		[27]
己唑醇	消解动态	50% 己唑醇可湿性粉剂以 112.5g（a.i.)/hm^2 进行喷雾施药	$t_{1/2}$：11.77～23.18d	[28]
	最终残留	50% 己唑醇可湿性粉剂以 75g(a.i.)/hm^2、112.5g(a.i.)/hm^2 施药 2 次、3 次，间隔期为 7d	距末次施药 15d、30d、45d，最终残留量：<0.02～0.16mg/kg	[28]
	对土壤微生物的影响	0.6mg/kg 和 6mg/kg	过量施用对土壤微生物确实有害，降低两种土壤中总细菌数量；增加氮素流失的风险	[29]

农药名称	测试项目	施药情况	试验结果	参考文献
丙硫菌唑	消解动态	25%丙硫菌唑悬浮剂以337.5g (a.i.)/hm² 施用1次	$t_{1/2}$：<5.82d	[30]
		安徽水稻土、江西红土和吉林黑土，在好氧、厌氧及水稻田厌氧3种条件下$t_{1/2}$：13.3～54.7d		[31]
	残留	25%丙硫菌唑悬浮剂以225g(a.i.)/hm²、337.5g(a.i.)/hm²分别施用2次、3次，间隔期为7d	7～28d内，残留量：<1.02mg/kg	[30]
	对土壤微生物的影响	抑制土壤中脱氢酶、过氧化氢酶和脲酶的活性，并能够影响土壤微生物的多样性		[32]
叶菌唑	消解动态	叶菌唑以20mg/kg剂量施药1次	$t_{1/2}$：20.39d	[33]
	残留	8%的叶菌唑以90g(a.i.)/hm²施用，喷洒2次和3次，间隔期为7d	最终残留量：0.002～0.190mg/kg	[33]
苯醚甲环唑	消解动态	11.7%的苯醚甲环唑以118g(a.i.)/hm²喷洒1次	$t_{1/2}$：21.0～27.7d	[34,36]
		10%苯醚甲环唑以120g(a.i.)/hm²喷3次，间隔期为5d	$t_{1/2}$：13.6～15.0d	[35]
	最终残留	苯醚甲环唑以78g(a.i.)/hm²、118g(a.i.)/hm²施药2次、3次，间隔期为10d	残留量：0.002～0.298mg/kg	[34]
		10%苯醚甲环唑以120g(a.i.)/hm²喷3次，间隔期为5d	距末次施药5d，残留量：1.1～2.0mg/kg	[35]
	对土壤中酶和微生物的影响	0.5mg/kg、2.5mg/kg、5.0mg/kg	仅2.5mg/kg、5.0mg/kg苯醚甲环唑对土壤细菌和放线菌数量有短暂的抑制或刺激作用，对土壤真菌数量表现为显著的抑制作用，且持续时间较长，呈现出毒害效应。对土壤脲酶活性表现出强烈的抑制作用	[36]

续表

农药名称	测试项目	施药情况	试验结果	参考文献
丙环唑	消解动态	丙环唑·嘧菌酯悬乳剂以294g (a. i.)/hm² 施用1次	$t_{1/2}$: 6.1~9.0d	[37]
	最终残留	18.7%丙环唑·嘧菌酯悬乳剂以 196g（a. i.）/hm²、294g（a. i.）/hm² 设2~3次施药处理，间隔期为10d	距末次施药20d时，残留量<0.005~0.088mg/kg；距末次施药30d时，最终残留量<0.005~0.027mg/kg	[37]
		30%苯醚甲环唑·丙环唑悬乳剂以 300mg(a. i.)/kg、450mg(a. i.)/kg 设3次、4次施药，间隔期10d	最终残留值：0.091~0.815mg/kg	[38]
	对土壤酶和微生物的影响	施药量为 1g(a. i.)/hm²、5g(a. i.)/hm²、10g(a. i.)/hm²、15g(a. i.)/hm²、20g(a. i.)/hm²	5g(a. i.)/hm²施药剂量对土壤中的细菌、尿素酶及磷酸酶有明显刺激活性的作用，随着剂量的加大，活性不断降低	[39]
氟环唑	消解动态	70%氟环唑水分散粒剂以用量189g/hm²施药1次	$t_{1/2}$: 6.3~24.0d	[40]
		12.5%氟环唑悬浮剂以 300mg(a. i.)/kg，施药1次	$t_{1/2}$: 8.0~10.0d	[41]
	残留	70%氟环唑水分散粒剂126g(a. i.)/hm² 和189g(a. i.)/hm²，设2次和3次施药	2011年最终残留量：0.005~0.389mg/kg；2012年最终残留量：0.002~0.411mg/kg	[40]
		12.5%氟环唑悬浮剂以 300mg/kg、150mg/kg，喷施3~4次	距末次施药42d时，残留量：<0.5mg/kg	[41]
	对土壤中酶和微生物的影响	氟环唑外消旋体和（+）-对映体比（-）-对映体表现出对土壤微生物更显著的干扰作用		[42]

3.1.6　甲氧基丙烯酸酯类杀菌剂

甲氧基丙烯酸酯类杀菌剂在土壤的半衰期（$t_{1/2}$）：2.4~17.37d，属于易降解或消散农药。施药后在土壤的残留量<0.005mg/kg~0.87mg/kg[43-49]。甲氧基丙烯酸酯类杀菌剂对土壤酶和生物有一定的影响，比如，低浓度的嘧菌酯对土壤的脲酶有激活作用，高浓度的嘧菌酯对土壤脲酶有抑制作用，但抑制作用不明显且

可消除[45]；肟菌酯抑制脲酶活性，促进脱氢酶活性，而且可抑制土壤微生物的硝化作用和反硝化作用，同时降低了土壤微生物的固碳能力[48]（表 3-6）。

表 3-6 甲氧基丙烯酸酯类杀菌剂在土壤中的消解动态、残留数据及其对土壤生物的影响

农药名称	测试项目	施药情况	试验结果	参考文献
吡唑醚菌酯	消解动态	20%吡唑醚菌酯的悬浮乳液，以 187.5g（a.i.）/hm² 喷施 2 次	$t_{1/2}$：7.6d	[43]
	消解及残留	用量为 800g（a.i.）/hm²，喷洒处理	$t_{1/2}$：3.6～7.0d	[44]
		15% 的吡唑醚菌酯以 800g（a.i.）/hm²、1000g（a.i.）/hm² 分别喷洒 3 次和 4 次	施药后 7d、14d、21d 最终残留量：0.05～0.87mg/kg	[44]
嘧菌酯	消解动态	丙环唑·嘧菌酯悬乳剂以 294g/hm² 施药 1 次	$t_{1/2}$：5.5～10.2d	[37]
	最终残留	18.7%丙环唑·嘧菌酯悬乳剂以 196g（a.i.）/hm²、294g（a.i.）/hm² 各设 2～3 次施药，间隔期 10d	在距最后 1 次施药 20d 时，嘧菌酯在土壤中的最终残留量为 <0.005～0.041mg/kg；在距最后一次施药 30d 时，嘧菌酯在土壤中的最终残留量为 <0.005～0.032mg/kg	[37]
	对土壤中酶和生物的影响	低浓度的嘧菌酯对供试土壤的脲酶有激活作用，高浓度的嘧菌酯对土壤脲酶有抑制作用，但抑制作用不明显且可消除；随着培养时间的延长，嘧菌酯对土壤脲酶活性的抑制作用能够得到恢复		[45]
肟菌酯	消解动态	以 562.5g（a.i.）/hm² 施药 1 次	$t_{1/2}$：2.4～9.7d	[46]
		以 253.125g（a.i.）/hm² 施药 1 次	$t_{1/2}$：5.63～17.37d	[47]
	最终残留	以 84.37g（a.i.）/hm²、56.25g（a.i.）/hm²，喷雾施药 3 次、4 次，施药间隔期 7d	土壤样品中肟菌酯的最高残留量为 0.293mg/kg	[46]
		30%肟菌酯悬浮剂以 168.75g（a.i.）/hm²、253.125g（a.i.）/hm² 分别施药 3、4 次，间隔期为 7d	在施药后的第 7d，平均残留量在 0.010～0.532mg/kg 之间	[47]
	对土壤酶和微生物的影响	肟菌酯抑制脲酶活性，促进脱氢酶活性。肟菌酯改变了土壤中与氮、碳循环有关的细菌的丰度		[48]

农药名称	测试项目	施药情况	试验结果	参考文献
烯肟菌酯	消解及最终残留	18%氟环唑·烯肟菌酯悬浮剂，以 900 倍、450 倍稀释液，施药 2～3 次	$t_{1/2}$：8.85～11.09d 距末次施药 21d，残留量在0.019～0.148mg/kg 之间	[49]

3.1.7 琥珀酸脱氢酶抑制剂 (SDHIs)-酰胺类杀菌剂

琥珀酸脱氢酶抑制剂 (SDHIs)-酰胺类杀菌剂中，啶酰菌胺、氟唑环菌胺、氟吡菌酰胺在土壤的半衰期（$t_{1/2}$）：3.4～11.4d，属于易降解或消散农药；氟唑菌酰羟胺 $t_{1/2}$：21～69.31d，属于低残留性农药。施药后在土壤的残留量低于0.0202～2.2mg/kg[50-60]。苯并烯氟菌唑在土壤中吸附能力较强，不易挥发，联苯吡菌胺对蚯蚓低风险[56]；吡唑萘菌胺在土壤中的吸附能力较强，不易到达地下水，对陆生生物的毒性较小[57]。此类农药按照推荐剂量使用，在土壤中的残留量较低（表3-7）。

表3-7　酰胺类杀菌剂在土壤中的消解动态、残留数据及对土壤生物的影响

农药名称	测试项目	施药情况	试验结果	参考文献
氟唑菌酰羟胺	消解动态	200g/L 氟唑菌酰羟胺·苯醚甲环唑悬浮剂以 360g（a.i.）/hm²（120mL/亩）施药，施用 1 次	$t_{1/2}$：21～69.31d	[50]
	最终残留	以 240g(a.i.)/hm²、360g(a.i.)/hm²，设 3～4 次施药，间隔期为 7d	残留量：0.0202～0.3454mg/kg	[50]
氟唑菌苯胺	土壤中的持效性较好，总质量下降幅度较小，有较快的质量交换和较低的吸附能力			[51]
苯并烯氟菌唑	土壤中稳定，不易消解或转化；不迁移或迁移作用微弱，不易被淋溶；在田间条件下不易挥发			[52]
啶酰菌胺	消解动态	38%唑醚·啶酰菌悬浮剂以 342g/hm² 施药 1 次	$t_{1/2}$：3.4～6.0d	[53]
		38%唑醚·啶酰菌水分散粒剂以 1500 倍液兑水茎叶喷雾 1 次	4 个地区，$t_{1/2}$：11.0d、7.1d、11.8d、7.0d	[54]
	最终残留	38%唑醚·啶酰菌悬浮剂以 228g/hm²、342g/hm² 施药 3～4 次，间隔期 5d	最高残留量：2.2mg/kg	[53]
	对土壤中酶活性影响	对土壤脲酶、硝酸还原酶、亚硝酸还原酶、脱氢酶均有影响		[55]

农药名称	测试项目	施药情况	试验结果	参考文献
联苯吡菌胺		按照推荐使用模式施用时，不会对天然蚯蚓种群构成长期风险		[56]
吡唑萘菌胺		在土壤中具有持久性，重复使用后有积累的风险；在土壤中的迁移性较低，预计不会到达地下水		[57]
氟唑环菌胺	消解动态	20%氟唑环菌胺悬浮剂以 210g (a.i.)/hm² 施用 1 次	$t_{1/2}$: 5.1～8.5d	[58]
氟吡菌酰胺	消解动态	43%氟吡菌酰胺·肟菌酯悬浮剂以 60mL/亩施用	$t_{1/2}$: 9.1～11.4d	[59]
	残留		28d 后，最高残留量：0.11mg/kg	[60]

① 1 亩＝666.7m²。

3.1.8 抗生素类杀菌剂

抗生素类杀菌剂在土壤的半衰期（$t_{1/2}$）：1.5～8.7d，属于易降解或消散农药；施药后在土壤的残留量＜0.132mg/kg[61-65]。多抗霉素对脲酶活性的影响表现出"抑制-激活-抑制"的作用[64]。抗生素类杀菌剂是低残留、不具有土壤持久性农药，在推荐剂量下，可以放心使用（表3-8）。

表3-8 抗生素类杀菌剂在土壤中的消解动态、残留数据及对土壤生物的影响

农药名称	测试项目	施药情况	试验结果	参考文献
井冈霉素	消解动态	11%井冈·己唑醇悬浮剂，以 462g(a.i.)/hm² 施用 1 次	$t_{1/2}$: 1.5～2.9d	[61]
	最终残留	11%井冈·己唑醇悬浮剂以 57.7、86.63g(a.i.)/hm² 施药 2～3 次	药后 30d 最终残留量：＜0.1mg/kg	
多抗霉素	消解动态	16%多抗霉素 B 剂量以每亩 127.5g 剂量施用 1 次	$t_{1/2}$: 1.6～2.2d	[62]
	残留	16%多抗霉素 B 剂量以亩 85g 和 127.5g 剂量分别施药 3 次、4 次	残留量＜0.1mg/kg	
		3.5%多抗霉素水剂以 67.2、100.8g(a.i.)/hm²，施药 2 次和 3 次，间隔期为 7d	7～21d 后的残留量在 0.05～0.132mg/kg 之间	[63]
	对土壤中酶和微生物的影响	对脲酶活性的影响表现出"抑制-激活-抑制"的作用		[64]

续表

农药名称	测试项目	施药情况	试验结果	参考文献
申嗪霉素	消解动态	1%申嗪霉素悬浮剂，剂量 36g (a.i.)/hm^2，施药 1 次	$t_{1/2}$：8～8.7d	[65]
	残留	推荐施药量的 2 倍	最高残留量：0.069mg/kg	[65]

3.2 绿色农药对水生生物安全状况的影响

随着农药使用量的增加，农药对水环境的污染问题日益加重，对水生生物的危害也越来越大。国际上采用比较普遍的农药对水生生物的安全性评价对象主要是食物链中具代表性的鱼类、浮萍和藻类等，利用农药对它们的急性毒性等来评价其对水环境污染的影响。根据中华人民共和国国家标准 GB/T 31270—2014《化学农药环境安全评价试验准则》，利用半数致死浓度 LC_{50}（96h）值将农药对鱼类的危害程度分为剧毒（$LC_{50} \leqslant 0.1$mg/L）、高毒（$0.1 < LC_{50} \leqslant 1.0$mg/L）、中毒（$1.0 < LC_{50} \leqslant 10$mg/L）和低毒（$LC_{50} > 10$mg/L）4 种类型；按对溞类活动的半数抑制浓度 EC_{50}（48h）值，将农药对溞类的危害程度分为剧毒（$EC_{50} \leqslant 0.1$mg/L）、高毒（$0.1 < EC_{50} \leqslant 1.0$mg/L）、中毒（$1.0 < EC_{50} \leqslant 10$mg/L）和低毒（$EC_{50} > 10$mg/L）4 个等级；按藻类生长抑制半效应浓度 EC_{50}（72h）值，将农药对藻类的危害程度分为高毒（$EC_{50} \leqslant 0.3$mg/L）、中毒（$0.3 < EC_{50} \leqslant 3$mg/L）和低毒（$EC_{50} > 3$mg/L）3 个等级。

3.2.1 多杀菌素微生物源杀虫剂

多杀菌素对斑马鱼低毒，而乙基多杀菌素对斑马鱼具有中毒毒性，即相较于乙基多杀菌素，多杀菌素对鱼类更安全。此外，有研究表明乙基多杀菌素会使斑马鱼胚胎孵化率下降，胚胎的发育速度和鱼体长的增长会随乙基多杀菌素质量浓度的增大而减缓（表 3-9）。说明，乙基多杀菌素会导致斑马鱼生长发育迟缓。同时，乙基多杀菌素还会使斑马鱼胚胎形成脊椎弯曲[66]。

表 3-9 多杀菌素微生物源杀虫剂的水体安全状况

农药名称	测试项目	试验结果	备注	参考文献
多杀菌素	对水生生物毒性	25g/L 多杀菌素悬浮剂对斑马鱼的毒性 LC_{50}（96h）为 23.033mg/L	低毒	[67]

农药名称	测试项目	试验结果	备注	参考文献
多杀菌素	对水生生物毒性	25g/L多杀菌素悬浮剂对大型溞的 EC_{50}（48h）：19.932mg/L	低毒	[67]
		25g/L多杀菌素对斑马鱼胚胎的 LC_{50}（96h）：242.27（218.43～268.96）mg/L	低毒	[66]
乙基多杀菌素	对水生生物毒性	斑马鱼胚胎的 LC_{50}（96h）：9.71mg/L	中毒	[66]
	消解动态	1d内消解率达到85.7%，稻田水中消解半衰期为0.35d	易消解型农药	[68]

3.2.2 防治刺吸式口器害虫非烟碱类杀虫剂

温度的变化对氟啶虫酰胺的水解影响较大。在氟啶虫酰胺对大型溞和斑马鱼毒性实验中，大型溞中毒现象为大型溞体色发白，不再透明，轻摇烧杯，观察不到溞游动。斑马鱼中毒的现象为鱼体出现呼吸急促、鱼鳃张合频繁的情况。

螺虫乙酯在碱性环境中降解速率较快，且光照可以加快其水解。在螺虫乙酯对斑马鱼的毒性试验中，螺虫乙酯药剂处理后的斑马鱼DNA出现梯状条带，这表明螺虫乙酯染毒后对斑马鱼造成一定程度上的细胞凋亡现象[69]。螺虫乙酯对斑马鱼幼鱼的急性毒性实验表明，染毒后的幼鱼出现游动迟缓、身体翻转失衡等行为异常现象[70]。螺虫乙酯暴露对热带爪蟾蝌蚪和中华大蟾蜍蝌蚪的急性毒性的实验结果表明：热带爪蟾蝌蚪比中华大蟾蜍蝌蚪对螺虫乙酯更敏感[71]。螺虫乙酯对大型溞的 EC_{50}（48h）值为46.55mg/L，慢性毒性试验结果表明其在一定程度上对大型溞的生长和繁殖能力具有抑制效应[72]。表中数据还表明淡水虾对螺虫乙酯表现出较高的敏感性，而淡水虾胚胎对螺虫乙酯暴露却有很强的抵抗力[73]（表3-10）。

表3-10 抗击蚜虫的非烟碱类杀虫剂的水体安全状况

农药名称	测试项目	试验结果	备注	参考文献
氟啶虫酰胺	水环境中消解动态	25℃、pH9缓冲溶液中的水解半衰期为204d		[74]
		35℃、pH9缓冲溶液中的水解半衰期为74d		
		50℃、pH9缓冲溶液中的水解半衰期为12d		
	对水生生物毒性	大型溞的 EC_{50}（24h）：30.04mg/L EC_{50}（48h）：25.27mg/L	低毒	[75]
		斑马鱼的 LC_{50}（48h）：91.07mg/L LC_{50}（72h）：73.91mg/L LC_{50}（96h）：73.91mg/L	低毒	

农药名称	测试项目	试验结果	备注	参考文献
螺虫乙酯	对水生生物毒性	大型溞的 EC_{50}（48h）：46.55mg/L	低毒	[72]
		热带爪蟾蝌蚪 LC_{50}（96h）：4.35mg/L	中毒	[71]
		中华大蟾蜍蝌蚪 LC_{50}（96h）：6.45mg/L	中毒	
		斑马鱼 LC_{50}（72h）：5.898mg/L；LC_{50}（96h）：3.642mg/L	中毒	[69]
		斑马鱼幼鱼 LC_{50}（96h）：3.64mg/L		[70]
		斑马鱼胚胎 LC_{50}（96h）：4.06mg/L		
		蟾蜍蝌蚪 LC_{50}（72h）：6.98mg/L	中毒	[76]
		淡水虾幼虾 LC_{50}（96h）：0.011mg/L	高度	[73]
		淡水虾胚胎 LC_{50}（96h）：150mg/L	低毒	
螺虫乙酯	消解动态	光照条件下，螺虫乙酯在水体中的半衰期为13.59d；避光条件下，其在水体中的半衰期为19.80d		[77]
		在 pH 5 缓冲溶液中，螺虫乙酯半衰期为16.19d；在 pH 7 缓冲溶液中，螺虫乙酯半衰期为4.97d		
		在 pH 5 缓冲溶液中，2h 后，螺虫乙酯消解率为12.06%，在 pH 9 缓冲溶液中，消解率达到95.15%		
双丙环虫酯	对水生生物毒性	鲤鱼 LC_{50}（96h）：18.0mg/L	低毒	[78]
		虹鳟 LC_{50}（96h）：>21.3mg/L	低毒	
		大型溞 EC_{50}（48h）：8.0mg/L	中毒	

3.2.3 新烟碱类杀虫剂

氟吡呋喃酮对虹鳟鱼、水蚤、海藻三种水生生物的毒性均为低毒。三氟苯嘧啶在不同城市的稻田水中降解速率相差不大（表 3-11）。

表 3-11 新烟碱类杀虫剂的水体安全状况

农药名称	测试项目	试验结果	备注	参考文献
氟吡呋喃酮	对水生生物毒性	虹鳟鱼急性毒性 LC_{50}>74.2mg/L	低毒	[79]
		水蚤急性毒性 EC_{50}>77.6mg/L		
		海藻急性毒性 EC_{50}>80mg/L		

农药名称	测试项目	试验结果	备注	参考文献
三氟苯嘧啶	消解动态	在江苏省扬州市稻田田水中降解半衰期为7.99d，在安徽省宣城市稻田田水中的降解半衰期为8.25d		[80]

3.2.4 双酰胺类杀虫剂

3.2.4.1 氯虫苯甲酰胺 (chlorantraniliprole)

氯虫苯甲酰胺的水解速率随着 pH 值的增加而加快，即氯虫苯甲酰胺在酸性溶液中水解较慢，比较稳定；在中性或者偏碱性条件下水解相对较快，在强碱性溶液中水解相对最快。除此之外，温度的升高有助于氯虫苯甲酰胺的水解[81]（表 3-12）。

由氯虫苯甲酰胺对斑马鱼毒性实验可知，中毒后的斑马鱼游动速度迅速加快，高浓度（80mg/L）处理组出现抽搐及鳃部充血现象，随着接触时间的延长，鱼体慢慢失去平衡，逐渐出现游动速度缓慢和侧卧缸底现象，部分已死亡斑马鱼呈现脊柱弯曲和尾部畸形[82]。不同剂型氯虫苯甲酰胺对斑马鱼胚胎急性毒性存在差异，三种剂型对斑马鱼 LC_{50}（96h）比较结果为：水剂＞悬浮剂＞颗粒剂。且实验结果表明高浓度悬浮剂与颗粒剂能显著（$p<0.05$）诱导斑马鱼胚胎体长变短，水剂对斑马胚胎体长影响不显著[83]。

由氯虫苯甲酰胺对大型溞毒性的研究可知，氯虫苯甲酰胺对大型溞毒性为剧毒，且大型溞的中毒表现为原地打转、无蜕皮等症状[84]。氯虫苯甲酰胺对克氏原螯虾的安全浓度为 84.72mg/L，属低毒级农药[85]。

3.2.4.2 溴氰虫酰胺 (cyantraniliprole)

由表 3-12 可知，溴氰虫酰胺原药对罗非鱼幼鱼的急性毒性属于低毒。但是在慢性毒性试验中，溴氰虫酰胺会抑制罗非鱼的生长发育，且随着时间的延长抑制增强[86]。

溴氰虫酰胺对羊角月牙藻毒性实验中，随着浓度的增加，溴氰虫酰胺对羊角月牙藻生长的抑制作用不断增强，主要体现在抑制光合色素（叶绿素 a，叶绿素 b，类胡萝卜素）的合成。此外，溴氰虫酰胺能诱导羊角月牙藻产生氧化应激反应[87]。

溴氰虫酰胺原药（95%）对斑马鱼胚胎急性毒性为中毒，LC_{50}（96h）为 1.57mg/L，溴氰虫酰胺原药浓度大于 1.00mg/L 会诱导斑马鱼胚胎体长显著变短

（$p < 0.05$），还会诱导斑马鱼胚胎心率显著降低（$p < 0.05$），当浓度大于 1.41mg/L 便会诱导斑马鱼胚胎自主运动频率增加（$p < 0.05$），实验现象为实验组心包囊肿、卵黄囊肿、脊椎畸形数均高于空白对照；但是在溴氰虫酰胺处理 24h 后斑马鱼胚胎的 SOD 酶活、CAT 酶活和 MDA 含量均没有显著变化，这说明氧化损伤不显著[83]（表 3-12）。

3.2.4.3 四氯虫酰胺（tetrachlorantraniliprole）

四氯虫酰胺在 pH 为 4、7 和 9 的缓冲溶液中的水解半衰期分别为 1.16d、25.7d 和 231d[88]。四氯虫酰胺在水中暴露 96h 的最高降解率为 7.6%，稳定性较好。四氯虫酰胺对斑马鱼胚胎暴露 96h 的 LC_{50} 为 23.775mg/L，属于低毒[89]。

3.2.4.4 氟苯虫酰胺（flubendiamide）

氟苯虫酰胺对斑马鱼毒性为低毒，其在斑马鱼体内的含量在 1～5d 时持续上升，在 5～7d 时呈下降趋势，7d 后氟苯虫酰胺浓度又持续增加，最后在 14d 时达到富集平衡[82]。虽然氟苯虫酰胺对斑马鱼的生长没有显著影响，但显著改变了斑马鱼肝脏体细胞指数（HSI）。组织病理学分析表明，氟苯虫酰胺可引起斑马鱼肝组织结构损伤。进一步的生理生化分析表明，氟苯虫酰胺显著改变了斑马鱼肝脏中过氧化氢酶（CAT）的活性以及丙二醛（MDA）和谷胱甘肽（GSH）的含量[90]。由表 3-12 数据可见，氟苯虫酰胺除了对大型溞毒性为剧毒外，对其他大部分水生生物是低毒的[84]。

氟苯虫酰胺在不同缓冲溶液中的光解半衰期在 3.46～6.92d 之间，且降解速率随溶液 pH 值的变化而变化。氟苯虫酰胺在 5 种不同自然水体中的光解半衰期在 2.96～3.95d 之间。在 5 种不同自然水体中的光解半衰期由长到短依次为重蒸水、稻田水、水库水、地表水和湖水[91]（表 3-12）。

3.2.4.5 氯氟氰虫酰胺（cyhalodiamide）

氯氟氰虫酰胺的水解实验表明，pH 对氯氟氰虫酰胺降解速率影响不大，都较缓慢，但其在稻田水中降解很快，且温度对降解速率具有一定程度的影响。

3.2.4.6 环溴虫酰胺（cyclaniliprole）

环溴虫酰胺对大型溞、鱼类（斑马鱼、鲤鱼）以及藻类（斜生栅藻、羊角月牙藻）等大部分水生生物的毒性较大[84]。

3.2.4.7 四唑虫酰胺（thetraniliprole）

30% 四唑虫酰胺悬浮剂对水生生物毒性较大[92]（表 3-12）。

3.2.4.8 硫虫酰胺（thiorantraniliprole）

硫虫酰胺对水生生物的毒性较大[93]（表 3-12）。

表 3-12　双酰胺类杀虫剂的水体安全状况

农药名称	测试项目	试验结果	备注	参考文献
氯虫苯甲酰胺	消解动态	在缓冲溶液 pH4、pH5、pH6、pH7、pH8、pH9、pH10 中的水解半衰期分别 141d、100d、81d、66d、75d、78d、47d		[81]
		在温度为 15℃、25℃、35℃的 pH 7 的缓冲溶液中的水解半衰期分别为 85d、66d、36d		
		在稻田水中降解半衰期为 3.1~5.0d		[96]
	对水生生物的毒性	斑马鱼 LC_{50}(24h)：53.10mg/L；LC_{50}(48h)：42.42mg/L；LC_{50}(72h)：39.73mg/L；LC_{50}(96h)：36.93mg/L	低毒	[82]
		斑马鱼胚胎急性毒性水剂 LC_{50}(96h) 水剂＞80mg/L；悬浮剂 LC_{50}(96h)：32.34mg/L；颗粒剂 LC_{50}(96h)：25.96mg/L	低毒	[83]
		大型溞 EC_{50}：0.003mg/L	剧毒	[84]
		克氏原螯虾的 LC_{50}(24h)：795.93mg/L；LC_{50}(48h)：563.47mg/L；LC_{50}(96h)：335.64mg/L	低毒	[85]
溴氰虫酰胺	对水生生物的毒性	大型溞 EC_{50}：0.08mg/L	剧毒	[84]
		原药对罗非鱼幼鱼的急性毒性 LC_{50}(96h)：37.82mg/L	低毒	[86]
		羊角月牙藻的 E_rC_{50}(72h)：24.15mg/L；E_yC_{50}(72h)：20.01mg/L	低毒	[87]
		溴氰虫酰胺原药（95％）对斑马鱼胚胎急性毒性 LC_{50}(96h)：1.57mg/L	中毒	[83]
		罗非鱼的 LC_{50}(96h)：38.0mg/L	低毒	[97]
四氯虫酰胺	消解动态	在 pH 为 4、7 和 9 的缓冲溶液中的水解半衰期分别为 1.16d、25.7d 和 231d		[88]
		四氯虫酰胺在水中暴露 96h 的最高降解率为 7.6％		
	对水生生物毒性	斑马鱼胚胎的 LC_{50}(96h)：23.775mg/L	低毒	[89]

农药名称	测试项目	试验结果	备注	参考文献
氟苯虫酰胺	对水生生物毒性	斑马鱼的 $LC_{50}>30mg/L$	低毒	[90]
		大型溞的 EC_{50}(48h)：0.02mg/L	剧毒	[84]
		鱼类（鲤鱼）的 LC_{50}(96h)＞100mg/L，为低毒	低毒	
		藻类（斜生栅藻、羊角月牙藻）的 EC_{50}(72h)＞100mg/L	低毒	
		大型溞 EC_{50}(48h)：63.5μg/L	剧毒	[98]
	消解动态	在 pH 值为 4.00、6.86、9.18 的不同缓冲溶液中的光解半衰期分别为 6.92d、6.11d、3.46d		[91]
		在重蒸水、稻田水、水库水、地表水、湖水等 5 种不同自然水体中的光解半衰期分别为 3.95d、3.74d、3.30d、3.05d、2.96d		
氯氟氰虫酰胺	消解动态	pH 5、7、9 缓冲溶液中的降解率分别为 60.0%、48.9%和67.1%		[99]
		在 pH 5、7、9 的缓冲溶液中的水解半衰期分别为 86.6d、115.5d、77.0d		
		在 25℃、35℃、50℃的 pH 7 缓冲溶液中的降解率分别为 48.9%、81.0%和 97.8%		
		在 25℃、35℃、50℃的条件下 pH 7 缓冲溶液的水解半衰期分别为 115.5d、53.3d、23.1d		
		在浙江、福建、湖南两地田水的半衰期为 4.8～7.7d；21d 后消解率达 90%以上		[100]
环溴虫酰胺	对水生生物毒性	大型溞的 EC_{50}(48h)：0.08mg/L	剧毒	[84]
		鱼类（斑马鱼、鲤鱼）的 LC_{50}(96h)＞0.63mg/L	高毒	
		藻类（斜生栅藻、羊角月牙藻）的 E_rC_{50}(72h)＞0.17mg/L	高毒	

农药名称	测试项目	试验结果	备注	参考文献
四唑虫酰胺	对水生生物毒性	30%唑虫酰胺悬浮剂对溞类（大型溞）EC_{50}（48h）：0.0015mg/L	高毒	[92]
		30%唑虫酰胺悬浮剂对鱼类（斑马鱼）LC_{50}（96h）：0.0055mg/L	剧毒	
		30%唑虫酰胺悬浮剂藻类（羊角月牙藻）E_rC_{50}（72h）：1.88mg/L；E_yC_{50}（72h）：0.26mg/L	中毒	
		四唑虫酰胺对鱼类（斑马鱼、鲤鱼）的 LC_{50}＞10mg/L	低毒	[84]
		藻类（斜生栅藻、羊角月牙藻）的 E_rC_{50}（72h）：1.4mg/L	中毒	
		大型溞 EC_{50}(48h)：0.071mg/L	剧毒	[98]
硫虫酰胺	对水生生物毒性	斑马鱼 LC_{50}(96h)＞0.1592mg/L		[93]
		虹鳟鱼 LC_{50}(96h)＞0.1155mg/L		
		大型溞 EC_{50}(48h)：0.0430mg/L	剧毒	
		羊角月牙藻 E_rC_{50}(72h)、E_yC_{50}(72h) 均＞0.102mg/L		
溴虫氟苯双酰胺	对水生生物毒性	斑马鱼的急性毒性 LC_{50}(96h)＞10mg/L	低毒	[101]
		鲤鱼 LC_{50}(96h)＞494mg/L		
		翻车鱼 LC_{50}(96h)：246mg/L		
		虹鳟 LC_{50}(96h)：359mg/L		
		水蚤 EC_{50}(48h)：332mg/L	低毒	
		绿藻 E_rC_{50}(72h)＞10mg/L		[84]
		鱼类（斑马鱼）的 LC_{50}(96h)＞10mg/L		
	消解动态	在 pH 4 的水溶液中，半衰期随着温度的升高由 529.5h 缩短至 122.5h		[95]
		在 pH 7 的水溶液中，半衰期随着温度的升高由 682.2h 缩短至 87.6h		
		在 pH 9 的水溶液中，半衰期随着温度的升高由 146.8h 缩短至 39.6h		

3.2.4.9　溴虫氟苯双酰胺（broflanilide）

溴虫氟苯双酰胺对斑马鱼的急性毒性较低，但有研究表明它具有中等生物富集能力，也就是说即使在环境浓度较低的情况下，长期接触溴虫氟苯双酰胺可能影响斑马鱼代谢，从而引起斑马鱼慢性毒性。

由溴虫氟苯双酰胺对斑马鱼毒性作用机制的实验可知，用 36.3μg/L 溴虫氟苯双酰胺暴露处理斑马鱼 21d 后，溴虫氟苯双酰胺对斑马鱼大脑造成氧化损伤，活性氧和丙二醛含量有所增加，超氧化物歧化酶、过氧化氢酶和谷胱甘肽过氧化物酶的活性被抑制。此外，溴虫氟苯双酰胺还会影响乙酰胆碱酯酶、γ-氨基丁酸、5-羟色胺和多巴胺的释放以及大脑中相关基因的表达，导致斑马鱼行为异常[94]。

溴虫氟苯双酰胺在碱性溶液中比在酸性、中性环境中水解速率快，且温度对溴虫氟苯双酰胺水解速率影响较大[95]。然而，EPA 评估资料里显示溴虫氟苯双酰胺在水和土壤中都不易水解，在好氧和厌氧条件下其在水和土壤中的半衰期为157~5700d[359]。

3.2.5　麦角甾醇生物合成抑制剂（EBIs)-三唑类杀菌剂

3.2.5.1　戊唑醇（tebuconazole）

不同剂型戊唑醇对斑马鱼的 LC_{50}（96h）范围在 0.892~9.68mg/L，实验选择 97.4% 戊唑醇原药进行斑马鱼生物富集试验，在 0.0900mg/L 和 0.900mg/L 的 2 个处理浓度下连续暴露 8d，相应的富集系数（BCF_{8d}）分别为 27.7 和 25.4[102]（表 3-13）。

3.2.5.2　己唑醇（hexaconazole）

己唑醇对映体和外消旋体对大型溞的毒性没有明显差别[103]（表 3-13）。

3.2.5.3　丙硫菌唑（prothioconazole）

光照和蛋白核小球藻都可以促进丙硫菌唑在水中的降解速率，且丙硫菌唑在水体中的降解无立体选择性。丙硫菌唑对蛋白核小球藻具有立体选择性急性毒性，毒性顺序为 rac-丙硫菌唑>S-丙硫菌唑>R-丙硫菌唑。此外，生物富集实验结果表明，丙硫菌唑对映体的富集因子（BCF）值均小于 10，由此可知丙硫菌唑不易在小球藻体内富集[104]。

丙硫菌唑对斑马鱼的 LC_{50}（96h）为 2.06mg/L。有研究采用 0.02mg/L（1/100 LC_{50}）和 0.2mg/L（1/10 LC_{50}）2 个浓度的丙硫菌唑，通过 8d 试验，获得了

丙硫菌唑在斑马鱼体内的生物累积效应。试验至第 8 天时，在 0.02mg/L（1/100 LC$_{50}$）处理组的斑马鱼体内的丙硫菌唑浓度达到 0.733mg/kg，生物富集系数（BCF$_{8d}$）缓慢增长到 34.36。而在 0.2mg/L（1/10 LC$_{50}$）处理组的斑马鱼组织内丙硫菌唑浓度为 4.198mg/kg，BCF$_{8d}$ 值为 19.72。由此可知，丙硫菌唑在斑马鱼体内具有中等生物累积效应[105]。

丙硫菌唑对斑马鱼胚胎、仔鱼和成鱼毒性数据可知，不同时期斑马鱼对丙硫菌唑敏感性顺序为胚胎＞仔鱼＞成鱼[106]。在丙硫菌唑对斑马鱼胚胎发育的毒性效应研究实验中，发现丙硫菌唑具有延迟斑马鱼胚胎发育的作用，且其在一定程度上降低了斑马鱼胚胎的存活率、孵化率和心率，同时还导致胚胎出现了卵黄囊畸形、心包囊肿、脊柱弯曲等症状[107]（表 3-13）。

在急性毒性和慢性毒性试验中，丙硫菌唑对大型溞的 EC$_{50}$（48h）为 2.82mg/L；有研究表明，丙硫菌唑能影响大型溞的生长和繁殖，其环境风险不容忽视[108]。

3.2.5.4　叶菌唑（metconazole）

叶菌唑在酸性和碱性条件下降解被抑制，即叶菌唑在 pH4 和 pH9 时属于中等易水解农药，pH7 时属于较易水解农药[109]。

95％叶菌唑原药对斑马鱼 96h 的半数致死浓度 [LC$_{50}$（96h）] 为 3.89mg/L，选用斑马鱼在 0.390mg/L 和 0.0390mg/L 这 2 个处理浓度下连续暴露 8d，在 0.390mg/L 浓度下生物富集系数（BCF$_{8d}$）为 53.3；在 0.0390mg/L 浓度暴露下生物富集系数（BCF$_{8d}$）为 26.2。由此可知，叶菌唑原药属于中等富集型农药[110]（表 3-13）。

3.2.5.5　苯醚甲环唑（difenoconazole）

苯醚甲环唑对底栖动物的最大无影响浓度（NOEC）为 0.69mg/kg。此外，有研究表明底栖动物对苯醚甲环唑的敏感性依次为多齿新米虾＞尖膀胱螺≥日本三角涡虫＞霍甫水丝蚓＞苏氏尾鳃蚓＞河蚬≥暗绿二叉摇蚊[111]。

斑马鱼不同生命阶段对苯醚甲环唑的敏感性顺序为：仔鱼＞成鱼＞胚胎。有研究表明，苯醚甲环唑能够在斑马鱼胚胎发育过程中引起一系列的不良影响，包括孵化抑制、心率下降、自主运动异常、生长抑制以及多种致畸作用[112]。此外，苯醚甲环唑暴露后，斑马鱼的雌、雄鱼的产卵量和受精率均有所降低。10.0μg/L 苯醚甲环唑暴露显著降低了雌、雄鱼的配子频率。并且 1.0μg/L 和 10.0μg/L 苯醚甲环唑暴露破坏了雌、雄鱼体内 β-雌二醇（E2）、睾酮（T）和卵黄蛋白原（VTG）的浓度[113]（表 3-13）。

表 3-13 麦角甾醇生物合成抑制剂 (EBIs)-三唑类杀菌剂的水体安全状况

农药名称	测试项目	试验结果	备注	参考文献
戊唑醇	消解动态	在稻田水中的降解半衰期为 0.92～3.15d		[118]
	对水生生物毒性	98%戊唑醇原药对大型溞 EC$_{50}$(48h)：3.697mg/L		[119]
		98%戊唑醇原药对斑马鱼 LC$_{50}$(96h)：8.126mg/L		
		98%戊唑醇原药对羊角月牙藻 EC$_{50}$(72h)：1.694mg/L		
		斑马鱼胚胎期 LC$_{50}$(96h) 2.7mg/L 斑马鱼幼虫期 LC$_{50}$(96h) 1.1mg/L 斑马鱼幼年期 LC$_{50}$(96h) 3.5mg/L 斑马鱼成年期 LC$_{50}$(96h) 4.8mg/L		[120]
		97.4%戊唑醇原药对斑马鱼 LC$_{50}$(96h)：8.73mg/L 25%戊唑醇水乳剂对斑马鱼 LC$_{50}$(96h)：3.35mg/L 430g/L戊唑醇悬浮剂对斑马鱼 LC$_{50}$(96h)：6.44mg/L 25%戊唑醇可湿性粉剂对斑马鱼 LC$_{50}$(96h)：9.68mg/L 80g/L戊唑醇悬浮种衣剂对斑马鱼 LC$_{50}$(96h)：4.60mg/L 250g/L戊唑醇乳油对斑马鱼 LC$_{50}$(96h)：0.892mg/L 80%戊唑醇水分散粒剂对斑马鱼 LC$_{50}$(96h)：6.81mg/L	中毒	[102]
		大型溞的 LC$_{50}$(24h)：14.46mg/L；LC$_{50}$(48h)：8.05mg/L	中毒	[121]
		小球藻 EC$_{50}$(24h) 为 5.58mg/L；EC$_{50}$(48h) 为 6.61mg/L；EC$_{50}$(72h) 为 6.26mg/L	低毒	
己唑醇	消解动态	在田水中的降解半衰期为 2.89～7.17d；在施药 5 天后己唑醇在田水中的消解率为 76.59%。在施药 30 天后，己唑醇在田水中的消解率为 98.16%		[122]
	对水生生物毒性	25%己唑醇悬浮剂对斑马鱼 LC$_{50}$(96h)：2.58mg/L	中毒	[123]
		25%己唑醇悬浮剂对大型溞和羊角月牙藻急性毒性 EC$_{50}$(48h) 2.24mg/L	中毒	
		25%己唑醇悬浮剂对羊角月牙藻的 E$_r$C$_{50}$(72h)/E$_y$C$_{50}$：3.70mg/L/1.92mg/L	低毒	
		rac-己唑醇对大型溞 LC$_{50}$(48h)：3.557μg/mL (+)-己唑醇对大型溞 LC$_{50}$(48h)：4.132μg/mL (−)-己唑醇对大型溞 LC$_{50}$(48h)：3.143μg/mL	中毒	[103]

农药名称	测试项目	试验结果	备注	参考文献
丙硫菌唑	消解动态	黑暗条件下丙硫菌唑在水中缓慢降解,半衰期 $17.77\sim34.65d$,光照条件下丙硫菌唑半衰期是 $13.08\sim16.50d$,蛋白核小球藻可以促进丙硫菌唑在水中的降解,此时降解半衰期为 $2.09\sim3.81d$		[104]
	对水生生物毒性	S-丙硫菌唑对蛋白核小球藻 EC_{50}:$12.207mg/L$;rac-丙硫菌唑对蛋白核小球藻 EC_{50}:$9.640mg/L$;R-丙硫菌唑对蛋白核小球藻 EC_{50}:$14.779mg/L$	具有立体选择性	
		斑马鱼的 $LC_{50}(96h)$:$2.06mg/L$	中毒	[105]
		斑马鱼胚胎 $LC_{50}(96h)$:$1.705mg/L$ 斑马鱼仔鱼 $LC_{50}(96h)$:$2.170mg/L$ 斑马鱼成鱼 $LC_{50}(96h)$:$3.600mg/L$	中毒	[106]
		大型溞 $EC_{50}(48h)$:$2.82mg/L$	中毒	[108]
叶菌唑	消解动态	温度为 $45℃$ 条件下,pH4 缓冲溶液中叶菌唑的降解率达到 64.8%,pH7 缓冲溶液中叶菌唑的降解率达到 85.6%,pH9 缓冲溶液中叶菌唑的降解率达到 75.5%		[109]
	对水生生物毒性	水华微囊藻的单一毒性的 $EC_{50}(96h)$:$0.951mg/L$		[124]
		95%叶菌唑原药对斑马鱼 $LC_{50}(96h)$:$3.89mg/L$	中毒	[110]
苯醚甲环唑	对水生生物毒性	在禾花鲤体内的生物富集系数为 $2.43\sim22.72$		[125]
		禾花鲤 $LC_{50}(96h)$:$31.2mg/L$	低毒	[111]
		浮游动物的无效应浓度(NOEC):$1.77\mu g/L$		
		底栖动物的 NOEC:$0.69mg/kg$		
		10%苯醚甲环唑水分散粒剂对斜生栅藻生长抑制 $EC_{50}(72h)$:$1.58mg/L$ 20%苯醚甲环唑微乳剂对斜生栅藻生长抑制 $EC_{50}(72h)$:$1.13mg/L$ 15%苯醚甲环唑悬浮剂对斜生栅藻生长抑制 $EC_{50}(72h)$:$0.353mg/L$ 30g/L 苯醚甲环唑悬浮种衣剂对斜生栅藻生长抑制 $EC_{50}(72h)$:$1.18mg/L$	中毒	[126]
		10%苯醚甲环唑水分散粒剂对大型溞急性活动抑制 $EC_{50}(48h)$:$0.0407mg/L$	剧毒	
		15%苯醚甲环唑悬浮剂对大型溞急性活动抑制 $EC_{50}(48h)$:$0.461mg/L$	高毒	
		20%苯醚甲环唑微乳剂对大型溞急性活动抑制 $EC_{50}(48h)$:$0.219mg/L$	高毒	

农药名称	测试项目	试验结果	备注	参考文献
苯醚甲环唑	对水生生物毒性	30g/L 苯醚甲环唑悬浮种衣剂对大型溞急性活动抑制 EC_{50}（48h）：0.717mg/L	高毒	[126]
		10%苯醚甲环唑水分散粒剂对斑马鱼急性毒性 LC_{50}（96h）：2.64mg/L	中毒	
		15%苯醚甲环唑悬浮剂对斑马鱼急性毒性 LC_{50}（96h）：0.777mg/L	高毒	
		20%苯醚甲环唑微乳剂对斑马鱼急性毒性 LC_{50}（96h）：4.75mg/L	中毒	
		30g/L 苯醚甲环唑悬浮种衣剂对斑马鱼急性毒性 LC_{50}（96h）：0.0705mg/L	剧毒	
		罗非鱼 LC_{50}（96h）：4.31mg/L	中毒	[127]
		斑马鱼成鱼 LC_{50}（96h）：1.45mg/L；斑马鱼胚胎 LC_{50}（96h）：2.34mg/L；斑马鱼仔鱼 LC_{50}（96h）：1.17mg/L	中毒	[112]
		饰纹姬蛙蝌蚪的急性毒性 LC_{50}（24h）：11.50mg/L；LC_{50}（48h）：10.40mg/L；LC_{50}（72h）：9.00mg/L	中毒	[128]
	消解动态	在稻田水中的半衰期为 0.81～6.31d		[129]
丙环唑	消解动态	在水中降解半衰期为 6.6～12.6d		[130]
	对水生生物毒性	斑马鱼胚胎的 LC_{50}（96h）：8.25mg/L	中毒	[131]
		斑马鱼仔鱼 LC_{50}（96h）：1.90mg/L	中毒	
		斑马鱼成鱼 LC_{50}（96h）：1.93mg/L	中毒	
		罗非鱼 LC_{50}（96h）：4.85mg/L	中毒	[127]
		大型溞 EC_{50}（48h）：3.88mg/L	中毒	[127]
		禾花鲤 LC_{50}（96h）：11.3mg/L	低毒	[125]
		羊角月牙藻 EC_{50}（72h）：0.772mg/L	中毒	[132]
氟环唑	消解动态	在田水中的残留半衰期为 2.0～2.2d		[133]
	对水生生物毒性	氟环唑外消旋体对斜生栅藻细胞 EC_{50}（96h）：5.850mg/L （－）-氟环唑对斜生栅藻细胞 EC_{50}（96h）：4.296mg/L （＋）-氟环唑对斜生栅藻细胞 EC_{50}（96h）：2.488mg/L		[116]
		(R,S)-（＋）氟环唑对普通小球藻 EC_{50}（48h）：27.78mg/L；(S,R)-（－）-氟环唑对普通小球藻 EC_{50}（48h）：18.93mg/L	低毒	[117]
		(R,S)-（＋）氟环唑对大型溞 LC_{50}（48h）：8.49mg/L；(S,R)-（－）-氟环唑对大型溞 LC_{50}（48h）：4.16mg/L	低毒	

3.2.5.6 氟环唑 (epoxiconazole)

氟环唑在斑马鱼体内的生物富集过程具有对映体选择性，（＋）-氟环唑要比（－）-氟环唑更容易在斑马鱼体内发生富集。在低剂量的氟环唑暴露处理组中，（＋）-氟环唑与（－）-氟环唑的 BCF 分别是 11.71 和 29.65；在高剂量的氟环唑暴露处理组中，（＋）-氟环唑与（－）-氟环唑的 BCF 分别是 15.01 和 25.46[114]。在胚胎毒性试验中，明确急性暴露于氟环唑中的斑马鱼的孵化率、心跳、体长甚至形态都会产生缺陷，并且斑马鱼幼鱼的糖代谢、脂代谢和胆固醇代谢相关基因的转录也受到显著影响。

有研究表明，氟环唑药液质量浓度为 0.05mg/L、0.5mg/L 时，试验 8d 后鱼体对氟环唑的生物富集系数 BCF 值分别为 80.32、83.29。由此可知，氟环唑对斑马鱼的生物富集效应速度非常快，达到平衡的稳定态所需时间很短[115]。

在研究氟环唑对映体对斜生栅藻细胞的毒性是否有选择性的实验中，当给药量较低（1mg/L）时，rac-氟环唑及（－）-氟环唑处理组的藻细胞总叶绿素含量分别高于对照组 14.2% 和 1.3%，随着给药量增加，藻细胞中叶绿素和类胡萝卜素含量均降低。氟环唑及其对映体对斜生栅藻细胞的脂质过氧化物含量以及抗氧化物酶活性的影响具有对映体选择性。另外，氟环唑对映体还会导致藻细胞产生超微结构的改变，包括质壁分离现象，叶绿体和细胞核的消失，脂肪降低和淀粉颗粒的累积等[116]。

(R,S)-（＋）-氟环唑和(S,R)-（－）-氟环唑对普通小球藻 EC_{50}（48h）分别为 27.78mg/L 和 18.93mg/L。(R,S)-（＋）-氟环唑和(S,R)-（－）-氟环唑对大型溞的 LC_{50} 分别为 4.16mg/L 和 8.49mg/L。(R,S)-（＋）-氟环唑的生物活性是(S,R)-（－）-氟环唑的 1.3～7.25 倍；即(R,S)-（＋）-氟环唑具有较高的水生生物毒性，(S,R)-（－）-氟环唑具有较低的水生生物毒性[117]（表 3-13）。

3.2.6 甲氧基丙烯酸酯类杀菌剂

3.2.6.1 吡唑醚菌酯 (pyraclostrobin)

吡唑醚菌酯对斑马鱼成鱼、仔鱼及胚胎急性毒性等级为剧毒[134]。有研究表明，吡唑醚菌酯会导致斑马鱼成鱼出现游动缓慢、鳃部出血、游动失去平衡等中毒症状，且能导致斑马鱼胚胎或仔鱼卵黄囊肿大、心包囊肿大、卵黄囊内部出血、脊椎畸形等[135]。当斑马鱼水溶液暴露和头部浸药处理后，吡唑醚菌酯进入斑马鱼的富集量以及对鱼的毒性水平显著高于躯干浸药，初步确定吡唑醚菌酯主要经头部的鳃组织进入鱼体内，进而对鱼产生高毒性[136]。由表 3-14 中数据可知，与原药相比，吡唑醚菌酯纳米控释剂毒性等级为高毒，并且有研究表明吡唑醚菌酯纳米控释剂明显降低了吡唑醚菌酯对斑马鱼胚胎孵化率、畸形率、自主运动频率及内心率的影响，有效降低了对斑马鱼成鱼及胚胎的急性毒性[137]。吡唑醚菌酯的暴露使斑马鱼胚胎心跳受抑制，胚胎的孵化率和幼虫孵化体的长度均显著降低。吡唑醚菌酯使幼鱼产生脑损伤畸形、心脑组织和线粒体结构损伤等，降低心脏功能，抑制谷氨酸受体活性，降低与斑马鱼幼鱼运动行为相关的蛋白浓度[138]。斑马鱼肝脏中活性氧（ROS）水平在暴露后显著升高，但随着暴露浓度的增加而降低，可能因为抗氧化酶在一定程度上清除了过量的活性氧；暴露后斑马鱼体内的超氧化物歧化酶（SOD）活性明显下降，可能是过量的 ROS 抑制了 SOD 活性；过氧化氢酶（CAT）活性随时间延长而增强，但低于对照组，表明 CAT 在一定程度上具有清除 ROS 的作用[139]。由表 3-14 中数据可知，吡唑醚菌酯对水生生物并不友好[140]。有研究表明，吡唑醚菌酯会引起水蚤早期发育停滞、头部和身体异常发育等；水蚤体内 GST 活性随着吡唑醚菌酯浓度的增加而升高；水蚤的育雏数量随着吡唑醚菌酯浓度增加而显著减少[141]（表 3-14）。

3.2.6.2　嘧菌酯（azoxystrobin）

斑马鱼 3 个生命阶段对嘧菌酯的敏感性顺序为：仔鱼＞胚胎＞成鱼。6d 胚胎发育试验结果发现，嘧菌酯可诱导斑马鱼胚胎出现一系列不良症状，包括孵化率下降、心率异常、生长抑制和心包水肿等。0.25mg/L 的嘧菌酯可显著促进斑马鱼胚胎自主运动和心率，并能明显抑制孵化后的仔鱼体长。0.6mg/L 的嘧菌酯可明显抑制斑马鱼胚胎眼睛、体节、尾部和心脏的发育[142]（表 3-14）。

3.2.6.3　肟菌酯（trifloxystrobin）

在较低质量浓度水平（5.10×10^{-4} mg/L、7.15×10^{-4} mg/L 和 1.20×10^{-3} mg/L）下暴露 24h，斑马鱼体内肟菌酯含量分别为 0.0487mg/kg、0.0784mg/kg 和 0.130mg/kg；192h 后，斑马鱼体内肟菌酯含量分别增长到 0.0609mg/kg、0.100mg/kg 和 0.153mg/kg，BCF 值增长到 136、141 和 147。在较高质量浓度水平（5.10×10^{-3} mg/L、7.15×10^{-3} mg/L 和 1.20×10^{-2} mg/L）下暴露 24h 后，斑马鱼体内肟菌酯含量分别为 0.555mg/kg、0.856mg/kg 和 1.33mg/kg；192h 后，鱼体内肟菌酯含量分别增长到 0.720mg/kg、1.01mg/kg 和 1.72mg/kg，BCF 值分别达到 156、171 和 178[143]。

肟菌酯对斑马鱼胚胎毒性为剧毒，且急性暴露期间，在发育胚胎中观察到一系列症状，包括心跳减少、孵化抑制、生长退化和形态畸形[144]。肟菌酯处理稀有鲤鱼后其胚胎畸形增加，体长和心率下降，影响自发运动和游泳速度；并且肟菌酯处理后显著诱导活性氧和 DNA 损伤[145]（表 3-14）。

表 3-14　甲氧基丙烯酸酯类杀菌剂的水体安全状况

农药名称	测试项目	试验结果	备注	参考文献
吡唑醚菌酯	残留量	按 $100.00 \sim 150.00 g/hm^2$ 的剂量施用于稻田，30.0d 和 60.0d 后稻田水体中的残留量分别为 $0.0406 \times 10^{-3} \sim 0.260 \times 10^{-3} mg/L$ 和 $0.0033 \times 10^{-3} \sim 0.1060 \times 10^{-3} mg/L$		[138]
	消解动态	在 pH 为 5、7、9 的缓冲溶液中，吡唑醚菌酯的水解半衰期分别为 7.7d、8.7d、10.4d 15℃时 pH 为 7 的缓冲溶液水解半衰期为 12d，25℃时 pH 为 7 的缓冲溶液水解半衰期为 8.5d，45℃时 pH 为 7 的缓冲溶液水解半衰期为 19.6d		[146]
		在稻田水中的 $t_{1/2}$ 为 $6.9 \sim 11.5 d$		[138]
	对水生生物毒性	斑马鱼胚胎 LC_{50}(96h)：0.0578mg/L 斑马鱼仔鱼（孵化 3d）LC_{50}(96h)：0.0299mg/L 斑马鱼仔鱼（孵化 12d）LC_{50}(96h)：0.0330mg/L 斑马鱼成鱼 LC_{50}(96h)：0.0756mg/L	剧毒	[134]
		吡唑醚菌酯纳米控释剂对斑马鱼成鱼 LC_{50}(96h)：0.314mg/L，吡唑醚菌酯纳米控释剂对斑马鱼胚胎 LC_{50}(96h)：0.593mg/L	高毒	[137]
		大型溞 EC_{50}(48h)：0.0230mg/L	剧毒	[132]
		羊角月牙藻 EC_{50}(72h)：0.451mg/L	中毒	
		虹鳟鱼 LC_{50}(96h)：5.4μg/L	剧毒	[147]
		鳃太阳鱼 LC_{50}(96h)：17.0μg/L	剧毒	
		杂色鳉 LC_{50}(96h)：76.9μg/L	剧毒	
		高体雅罗鱼 LC_{50}(96h)：19.1μg/L	剧毒	
		青鳉鱼 LC_{50}(96h)：53.3μg/L	剧毒	
		大型溞 LC_{50}(96h)：4μg/L	剧毒	
		硅藻 LC_{50}(96h)：31μg/L	剧毒	
		蓝绿藻 EC_{50}(96h)：1410μg/L	剧毒	
		鲮鱼 LC_{50}(96h)：0.0183mg/L	剧毒	[140]
		蓝鳃鳗 LC_{50}(96h)：0.011mg/L	剧毒	[148]
		水蚤 LC_{50}(96h)：0.014mg/L	剧毒	
		月牙藻 E_rC_{50}(72h)：0.843mg/L	中毒	
		25%吡唑醚菌酯聚脲微囊悬浮剂对斑马鱼的 LC_{50}(96h)：2.129mg/L	中毒	[149]
		25%吡唑醚菌酯乳油对斑马鱼的 LC_{50}(96h)：0.0364mg/L	剧毒	

农药名称	测试项目	试验结果	备注	参考文献
吡唑醚菌酯	对水生生物毒性	25％吡唑醚菌酯悬浮剂对斑马鱼的 LC_{50}（96h）：0.0547mg/L	剧毒	[149]
		25％吡唑醚菌酯配位微囊悬浮剂对斑马鱼的 LC_{50}（96h）：0.0970mg/L	剧毒	
		25％吡唑醚菌酯聚氨酯微囊悬浮剂对斑马鱼的 LC_{50}（96h）：4.084mg/L	中毒	
		100g/L吡唑醚菌酯微囊悬浮剂对斑马鱼的 LC_{50}（96h）：0.305mg/L	高毒	
		30％吡唑醚菌酯微囊悬浮剂对斑马鱼的 LC_{50}（96h）：0.697mg/L	高毒	
		25％吡唑醚菌酯聚脲微囊悬浮剂对大型溞的 EC_{50}（48h）：0.128mg/L	高毒	
		25％吡唑醚菌酯乳油对大型溞的 EC_{50}（48h）：0.0404mg/L	剧毒	
		25％吡唑醚菌酯配位微囊悬浮剂对大型溞的 EC_{50}（48h）：0.0244mg/L	剧毒	
		25％吡唑醚菌酯聚氨酯微囊悬浮剂对大型溞的 EC_{50}（48h）：0.438mg/L	高毒	
		100g/L吡唑醚菌酯微囊悬浮剂对大型溞的 EC_{50}（48h）：0.117mg/L	高毒	
		30％吡唑醚菌酯微囊悬浮剂对大型溞的 EC_{50}（48h）：0.517mg/L	高毒	
嘧菌酯	消解动态	在pH5、7、9缓冲溶液中初始浓度为10mg/kg嘧菌酯的水解半衰期分别为31.52d、23.13d、13.16d 在pH5、7、9缓冲溶液中初始浓度为5mg/kg嘧菌酯的水解半衰期为47.94d、29.65d、17.21d 在pH5、7、9缓冲溶液中初始浓度为1mg/kg嘧菌酯的水解半衰期为30.98d、21.63d、17.56d 嘧菌酯在pH7的缓冲溶液不同温度15℃、25℃、35℃、45℃的水解半衰期分别为56.13d、37.72d、15.52d、13.62d		[150]
	对水生生物毒性	斑马鱼仔鱼 LC_{50}（96h）：0.39mg/L 斑马鱼胚胎 LC_{50}（96h）：0.61mg/L 斑马鱼成鱼 LC_{50}（96h）：1.37mg/L		[142]
		80％嘧菌酯水分散粒剂对斑马鱼的 LC_{50}（24h）、LC_{50}（48h）、LC_{50}（72h）和 LC_{50}（96h）分别为 9.803mg/L、5.175mg/L、4.328mg/L、2.326mg/L	中毒	[151]

农药名称	测试项目	试验结果	备注	参考文献
嘧菌酯	对水生生物毒性	羊角月牙藻 EC_{50}（72h）：0.165mg/L	高毒	[132]
		大型溞 EC_{50}（48h）：0.221mg/L	高毒	
		斑马鱼 LC_{50}（96h）：0.817mg/L	高毒	
		250g/L嘧菌酯悬浮剂对斑马鱼的 LC_{50}（96h）：0.539mg/L	高毒	[142]
		95%嘧菌酯原药对斑马鱼的 LC_{50}（96h）：1.09mg/L	中毒	
		50%嘧菌酯水分散粒剂对斑马鱼的 LC_{50}（96h）：1.21mg/L	中毒	
		青鳉 LC_{50}（96h）：0.44mg/L	高毒	[152]
		稀有鮈鲫 LC_{50}（96h）：85.96mg/L	低毒	
		凤尾鲫 LC_{50}（96h）：4.61mg/L	中毒	
肟菌酯	消解动态	在北京、湖北、浙江三地稻田水中的水解半衰期分别为1.47d、0.85d、1.25d		[153]
	对水生生物毒性	羊角月牙藻 EC_{50}（72h）：5.80×10^{-3}mg/L		[154]
		大型溞 EC_{50}（48h）：1.72×10^{-2}mg/L		[141]
		斑马鱼 LC_{50}（96h）：5.40×10^{-2}mg/L		[154]
		非洲爪蟾-蝌蚪 LC_{50}（96h）：8.95×10^{-2}mg/L		
		斑马鱼胚胎的 LC_{50}（96h）：55μg/L		[144]
		稀有鲤鱼 LC_{50}（144h）：1.11μg/L；稀有鲤鱼 EC_{50}（144h）：0.86μg/L		[145]
烯肟菌酯	对水生生物毒性	25%烯肟菌酯对斑马鱼 LC_{50}（96h）：0.29mg/L		[155]
		大型水蚤 EC_{50}（48h）：0.011mg/L	剧毒	[156]

3.2.7 琥珀酸脱氢酶抑制剂（SDHIs）-酰胺类杀菌剂

3.2.7.1 氟唑菌酰羟胺（pydiflumetofen）

氟唑菌酰羟胺对斑马鱼的毒性具有对映体选择性，且 R-氟唑菌酰羟胺对胚胎孵化以及畸形、成体组织损伤和氧化应激的影响更强。R-氟唑菌酰羟胺抑制琥珀酸脱氢酶（SDH）活性的能力强于 S-氟唑菌酰羟胺，这是因为 R-氟唑菌酰羟胺与 SDH 有更好的相互作用，具有更低的结合自由能，解释了对映选择性毒性的机理[157]（表 3-15）。

3.2.7.2 氟唑菌苯胺 (penflufen)

氟唑菌苯胺及其对映体对蛋白核小球藻的毒性与暴露时间及暴露浓度呈反比，且存在一定立体选择性毒性差异，但不明显，其毒性大小顺序为：S-氟唑菌苯胺 ＞ rac-氟唑菌苯胺 ＞ R-氟唑菌苯胺[158]。

氟唑菌苯胺对鱼类的毒性：鲤鱼急性 LC_{50}（96h）为 0.103mg/L；鲦鱼 NOEC（21d，慢性）为 0.023mg/L。水生无脊椎动物：水蚤急性 EC_{50}（48h）＞4.66mg/L；NOEC（21d，慢性）为 1.53mg/L。水生植物：绿藻 E_bC_{50}（72h）＞5.1mg/L[159]（表 3-15）。

3.2.7.3 苯并烯氟菌唑 (benzovindiflupyr)

苯并烯氟菌唑对斑马鱼胚胎孵化抑制的 EC_{50}（96h）为 0.039mg/L，对斑马鱼胚胎的 EC_{50}（96h）为 0.041mg/L，对斑马鱼成鱼的 EC_{50}（96h）为 0.065mg/L，苯并烯氟菌唑对斑马鱼胚胎和成鱼均表现出毒性[131]。

$(1S,4R)$-（－）-苯并烯氟菌唑对大型溞的毒性是$(1R,4S)$-（＋）-苯并烯氟菌唑的 103.7 倍。$(1S,4R)$-（－）-苯并烯氟菌唑对琥珀酸脱氢酶（SDH）有较强的亲和力，可以显著抑制 SDH 活性，导致三羧酸循环中琥珀酸增加，从而产物延胡索酸和 L-苹果酸显著减少[160]。

3.2.7.4 啶酰菌胺 (boscalid)

啶酰菌胺对斑马鱼胚胎、成鱼均为中等毒性；且能显著抑制斑马鱼胚胎与成鱼的心跳。啶酰菌胺会导致斑马鱼肝脏和鳃中丙二醛（MDA）含量增加，激发机体防御功能，诱发氧化应激。随着暴露时间及浓度的增大，氧化物歧化酶（SOD）、过氧化氢酶（CAT）、过氧化物酶（POD）和谷胱甘肽过氧化物酶（GPx）活性呈现出：暴露前期，随浓度增大而升高，暴露后期，随浓度增大而降低[161]。

在 0mg/L、0.01mg/L、0.1mg/L、1.0mg/L 的啶酰菌胺中暴露 21d 后，评价其对成年斑马鱼繁殖的影响，雌性斑马鱼的繁殖能力和产卵受精率均随浓度升高而降低，最高浓度时分别达到 87％ 和 20％。1.0mg/L 处理后，卵巢中晚期卵黄卵母细胞的比例显著降低 16％，睾丸中精子细胞的比例也显著降低 74％[162]（表 3-15）。

3.2.7.5 联苯吡菌胺 (bixafen)

将斑马鱼成鱼分别暴露于低浓度 1.5μg/L 和 15μg/L 联苯吡菌胺中培养 120

天，观察到雄鱼和雌鱼的脾脏均发生水肿，肝脏组织发生紊乱。联苯吡菌胺暴露会导致斑马鱼胚胎发育和孵化延迟，并引起斑马鱼心脏发育畸形、影响造血功能，且低浓度联苯吡菌胺对成鱼内脏也具有一定毒性作用[163]。斑马鱼胚胎暴露在联苯吡菌胺中后，斑马鱼胚胎出现心脏发育不良和功能紊乱，包括心包水肿、心率减慢和心脏区域红细胞急剧减少；并且随着联苯吡菌胺浓度和暴露时间的延长而增加。此外，与对照组相比，联苯吡菌胺处理的胚胎红细胞生成相关基因的转录水平显著降低。同样，负责心脏发育的关键基因（myh6、nkx2.5 和 myh7）在联苯吡菌胺处理下也表现出异常。综上所述，联苯吡菌胺可能特异性地影响心脏发育[164]。

把斑马鱼胚胎暴露于联苯吡菌胺中后，斑马鱼胚胎出现严重发育异常（色素减退、尾部畸形、脊柱弯曲和卵黄囊吸收异常）和孵化延迟等现象。联苯吡菌胺暴露后，除 nkx2.4b 上调外，早期胚胎发生相关基因（gh、crx、sox2 和 neuroD）的表达均下调。此外，转录组测序分析表明，所有下调的差异表达基因都在细胞周期进程中富集。综上，联苯吡菌胺对斑马鱼具有较强的发育毒性，可能是参与斑马鱼胚胎发育的基因表达下调所致[165]（表 3-15）。

3.2.7.6 吡唑萘菌胺 (isopyrazam)

鱼胚胎毒性试验研究了静态条件下暴露于吡唑萘菌胺的斑马鱼的胚胎发育影响。暴露 4 天后观察到的最低吡唑萘菌胺效应浓度为 0.025mg/L。在 0.05mg/L 和更高浓度的斑马鱼胚胎中观察到发育异常，包括水肿、小头畸形、身体变形和色素沉着减少以及死亡率增加。斑马鱼的心率被吡唑萘菌胺扰乱。此外，酶和基因实验表明，吡唑萘菌胺暴露会引起斑马鱼的氧化应激反应[166]（表 3-15）。

3.2.7.7 氟唑环菌胺 (sedaxane)

氟唑环菌胺对斑马鱼胚胎孵化的 EC_{50}(96h) 值为 3.41（3.30~3.52）mg/L，氟唑环菌胺对斑马鱼成鱼的 LC_{50}(96h) 为 2.60（2.57~2.64）mg/L[167]。

rac-氟唑环菌胺及其对映体对羊角月牙藻的急性毒性实验结果表明它们对羊角月牙藻的毒性均为中毒，在处理后 72h 的急性毒性大小排序为：1R,2R-(—)-氟唑环菌胺＞1R,2S-(＋)-氟唑环菌胺＞rac-氟唑环菌胺＞1S,2R-(—)-氟唑环菌胺＞1S,2S-(＋)-氟唑环菌胺。1R,2R-(—)-氟唑环菌胺急性毒性是 1R,2S-(＋)-氟唑环菌胺的 1.21 倍，1S,2R-(—)-氟唑环菌胺急性毒性是 1S,2S-(＋)-氟唑环菌胺的 1.10 倍，各对映体之间毒性差异不明显[168]（表 3-15）。

表 3-15　酰胺类杀菌剂的水体安全状况

农药名称	测试项目	试验结果	备注	参考文献
氟唑菌酰羟胺	消解动态	2019 年氟唑菌酰羟胺在稻田水中的消解半衰期为 0.72～2.47d；2020 年氟唑菌酰羟胺在稻田水中的消解半衰期为 0.96～1.35d		[169]
	残留量	氟唑菌酰羟胺在水中初始残留量：2019 年为 0.0760～0.6487mg/kg，2020 年为 0.0760～0.9136mg/kg		
	对水生生物毒性	R-氟唑菌酰羟胺对斑马鱼胚胎、仔鱼和成鱼的急性毒性的 LC_{50}（96h）分别为 0.34mg/L、0.47mg/L、0.72mg/L	高毒	[157]
		S-氟唑菌酰羟胺对斑马鱼胚胎、仔鱼和成鱼的 LC_{50}（96h）分别为 3.63mg/L、6.92mg/L、8.23mg/L	中毒	
		rac-氟唑菌酰羟胺对斑马鱼胚胎、仔鱼和成鱼的 LC_{50}（96h）分别为 0.56mg/L、0.59mg/L 和 0.87mg/L	高毒	
氟唑菌苯胺	消解动态	在 pH 3、pH 7 和 pH 11 缓冲溶液中的水解半衰期分别为 449.8d、392.7d 和 297d		[170]
		在 25℃、35℃ 和 50℃ 条件下，降解半衰期为 383.8d、389.5d 和 417.3d		
	对水生生物毒性	rac-氟唑菌苯胺、S-氟唑菌苯胺和 R-氟唑菌苯胺对小球藻的 EC_{50}（96h）分别为 5.32mg/L、5.13mg/L 和 6.11mg/L	低毒	[158]
		鲤鱼急性 LC_{50}(96h)：0.103mg/L	高毒	[159]
		鲦鱼 NOEC（21d，慢性）：0.023mg/L		
		水蚤急性 EC_{50}(48h)：>4.66mg/L；NOEC（21d，慢性）：1.53mg/L	中毒	
		绿藻 E_bC_{50}(72h)：>5.1mg/L		
苯并烯氟菌唑	对水生生物毒性	斑马鱼胚胎孵化抑制的 EC_{50}(96h)：0.039mg/L		[167]
		斑马鱼胚胎的 EC_{50}(96h)：0.041mg/L		
		斑马鱼成鱼的 EC_{50}(96h)：0.065mg/L		
		1S,4R-(—)-苯并烯氟菌唑对大型溞 LD_{50}：21.54μg/L		[160]

农药名称	测试项目	试验结果	备注	参考文献
啶酰菌胺	对水生生物毒性	斑马鱼胚胎的 LC_{50}（96h）：1.26mg/L	中毒	[161]
		斑马鱼成鱼的 LC_{50}（96h）：1.84mg/L	中毒	
联苯吡菌胺	对水生生物毒性	大型溞 EC_{50}（48h）：1100mg/L	低毒	[171]
		胖头鲦鱼 LC_{50}（96h）：108mg/L	低毒	
		虹鳟鱼 LC_{50}（96h）：74mg/L	低毒	
		羊头鲦鱼 LC_{50}（96h）：151mg/L	低毒	
吡唑萘菌胺	对水生生物毒性	斑马鱼胚胎孵化的 EC_{50}（96h）：0.21（0.20～0.22）mg/L		[167]
		斑马鱼成鱼的 LC_{50}（96h）：0.33（0.33～0.34）mg/L	高毒	
氟唑环菌胺	对水生生物毒性	斑马鱼胚胎孵化的 EC_{50}（96h）：3.41（3.30～3.52）mg/L		
		斑马鱼成鱼的 LC_{50}（96h）：2.60（2.57～2.64）mg/L	中毒	
		羊角月牙藻 EC_{50}（72h）：0.963mg/L	中毒	[172]
		rac-氟唑环菌胺及其对映体（1R,2S）-（＋）-氟唑环菌胺、（1R,2R）-（－）-氟唑环菌胺、（1S,2S）-（＋）-氟唑环菌胺和（1S,2R）-（－）-氟唑环菌胺羊角月牙藻的 EC_{50}（72h）为 0.963mg/L、0.646mg/L、0.532mg/L、1.486mg/L 和 1.348mg/L	中毒	[168]
氟吡菌酰胺	对水生生物毒性	蓝鳃翻车鱼 LC_{50}（96h）＞5.17mg/L	中毒	[173]
		虹鳟鱼 LC_{50}（96h）＞1.78mg/L	中毒	
		羊头鲦鱼 LC_{50}（96h）＞0.98mg/L	中毒	
		胖头鲦鱼 LC_{50}（96h）＞4.95mg/L	中毒	
		鲤鱼 LC_{50}（96h）：42.9mg/L	低毒	
		东方牡蛎 EC_{50}（96h）＞0.43mg/L		

3.2.8 抗生素类杀菌剂

研究表明井冈霉素、多抗霉素、申嗪霉素在水体环境中降解都很快（表3-16）。

表 3-16　抗生素类杀菌剂的水体安全状况

农药名称	测试项目	试验结果	备注	参考文献
井冈霉素	消解动态	井冈霉素在湖南长沙、福建莆田、广西南宁稻田水中半衰期分别为 2.9～4.3d、2.3～2.9d、1.8～3.0d		[174]
	对水生生物毒性	黄鳝 LC_{50}(96h)：2.82μL/L	剧毒	[175]
多抗霉素	残留量	当施药量分别为 0.10g/m^2、0.20g/m^2、0.30g/m^2 时，水样中多抗霉素残留浓度最低为 0.011mg/L，最高为 0.096mg/L		[176]
申嗪霉素	消解动态	申嗪霉素1%悬浮剂在上海、黑龙江、福建的稻田水中的消解半衰期分别为 2.41d、3.61d、2.06d		[177]

3.2.9　嘧啶类除草剂

嘧啶类除草剂的水体安全状况见表 3-17。

表 3-17　嘧啶类除草剂的水体安全状况

农药名称	测试项目	试验结果	备注	参考文献
苯嘧磺草胺	对水生生物毒性	海洋硅藻 EC_{50}(96h)：0.18mg/L		[178]
		蓝绿藻 EC_{50}(96h)：37mg/L		
		淡水硅藻 EC_{50}(96h)：1.8mg/L		
		淡水绿藻 EC_{50}(96h)：42μg/L		
		浮萍 EC_{50}(7d)：87μg/L		
氟丙嘧草酯	对水生生物毒性	蓝鳃翻车鱼 LC_{50}(96h)＞9.3mg/L	低毒	[179]
		虹鳟鱼 LC_{50}(96h)：3.9mg/L	中毒	
		大型溞 EC_{50}(48h)：505mg/L	低毒	
		羊头鲦鱼 LC_{50}(96h)：4.6mg/L	中毒	
		海洋硅藻 EC_{50}(5d)：0.1μg/L	高毒	

3.2.10　N-苯基酞酰亚胺类除草剂

N-苯基酞酰亚胺类除草剂的水体安全状况见表 3-18。

表 3-18　N-苯基酞酰亚胺类除草剂的水体安全状况

农药名称	测试项目	试验结果	备注	参考文献
丙炔氟草胺	对水生生物毒性	大型溞 EC_{50}(48h)＞8.6mg/L	中毒	[180]
		蓝鳃翻车鱼 LC_{50}(96h)＞21mg/L	低毒	
		虹鳟鱼 LC_{50}(21d)＞2.4mg/L		
		虹鳟鱼 LC_{50}(96h)：2.3mg/L	中毒	
		淡水绿藻 EC_{50}(5d)：1.02μg/L		
		海洋硅藻 EC_{50}(5d)：19.2μg/L		
		蓝绿藻 EC_{50}(5d)：0.83μg/L		
		浮萍 EC_{50}(14d)：0.49μg/L		
氟烯草酸	对水生生物毒性	羊头鲦鱼 LC_{50}(96h)＞24mg/L	低毒	[181]
		大型溞 EC_{50}(48h)＞19mg/L	低毒	
		虹鳟鱼 LC_{50}(96h)：1.1mg/L	中毒	
		蓝鳃翻车鱼 LC_{50}(96h)：17.4mg/L	低毒	

3.2.11　芳基吡啶类除草剂

芳基吡啶类除草剂的水体安全状况见表 3-19 所示。

表 3-19　芳基吡啶类除草剂的水体安全状况

农药名称	测试项目	试验结果	备注	参考文献
氟氯吡啶酯	对水生生物毒性	虹鳟鱼 LC_{50}(96h)：2.0mg/L	中毒	[182]
		胖头鲦鱼 LC_{50}(96h)＞3.22mg/L	中毒	
		羊头鲦鱼 LC_{50}(96h)＞1.33mg/L	中毒	
		淡水硅藻 EC_{50}(96h)：1.87mg/L		
		蓝绿藻 EC_{50}(96h)＞2.62mg/L		
		海洋硅藻 EC_{50}(96h)：1.28mg/L		
		淡水绿藻 EC_{50}(96h) 大于 2.6mg/L		
		浮萍 EC_{50}(7d)：3.58mg/L		
		大型溞 EC_{50}(48h)：2.12mg/L	中毒	
		非洲爪蛙-蝌蚪 LC_{50}(96h)＞1.75mg/L	中毒	

3.2.12　三酮类除草剂

三酮类除草剂的水体安全状况见表 3-20。

表 3-20 三酮类除草剂的水体安全状况

农药名称	测试项目	试验结果	备注	参考文献
氟吡草酮	对水生生物毒性	虹鳟鱼 LC_{50}(96h)>93.7mg/L	低毒	[183]
		胖头鲦鱼 LC_{50}(96h)>93.4mg/L	低毒	
		大型溞 EC_{50}(48h)>93.3 mg/L	低毒	
		淡水绿藻 EC_{50}(96h)：2.3mg/L	低毒	
		蓝绿藻 EC_{50}(96h)>94.8mg/L	低毒	
		海洋硅藻 EC_{50}(96h)：2.8 mg/L	低毒	
		浮萍 EC_{50}(7d)：0.013mg/L		
		东方牡蛎 EC_{50}(96h)：37mg/L		
		羊头鲦鱼 LC_{50}(96h)>123mg/L	低毒	

3.3 绿色农药在大气中的环境行为

农药对大气的污染是指农药微粒和蒸气散发到空气中，随风飘移，进入大气层，进行大范围、远距离扩散，尤其化学结构稳定性高的品种，其污染危害是长久的、全局性的。例如，在美国南部农业生产中被禁用的 DDT、毒杀芬等农药，它们在土壤中的残留物通过挥发和风的作用进入大气，并飘移至加拿大五大湖的上空，又在大气层的低温作用下凝聚并随着雨水下沉至湖水中[184]。

空气中的农药主要来源于农药的挥发，即农产品或环境中残留农药以分子形式扩散逸入大气。农药的挥发主要产生在农药的生产、贮运、使用过程中以及施用后的一定时间内。有些农药具有挥发性，在喷洒时可随风飘散，落在叶面上可随蒸腾气流逸向大气，在土壤表层时也可蒸发到大气中。春季大风扬起，裸露农田的浮土也带着残留的农药形成大气颗粒物，飘浮在空中。而飘浮在大气中的农药可随风做长距离的迁移，由农村到城市，由农业区到非农业区，或者通过干湿沉降，落于地面，污染不使用农药的地区，影响这一地区的生态系统，或者通过呼吸影响人体或生物的健康。

3.3.1 绿色农药的蒸气压常数和亨利常数

农药对大气的污染是指农药微粒和蒸气散发到空气中，随风飘移，进入大气层，进行大范围、远距离扩散，尤其化学结构稳定性高的品种，其污染危害是长久的、全局性的。例如，在美国南部农业生产中被禁用的 DDT、毒杀芬等农药，它们在土壤中的残留物通过挥发和风的作用进入大气，并被飘移至加拿大五大湖的上空，又在大气层的低温作用下凝聚并随着雨水下沉至湖水中[184]。

　　空气中的农药主要来源于农药的挥发，即农产品或环境中残留农药以分子形式扩散逸入大气。农药的挥发主要产生在农药的生产、贮运、使用过程中以及施用后的一定时间内。有些农药具有挥发性，在喷洒时可随风飘散，落在叶面上可随蒸腾气流逸向大气，在土壤表层时也可蒸发到大气中，春季大风扬起，裸露农田的浮土也带着残留的农药形成大气颗粒物，飘浮在空中。而飘浮在大气中的农药可随风做长距离的迁移，由农村到城市，由农业区到非农业区，或者通过干湿沉降，落于地面，特别是污染不使用农药的地区，影响这一地区的生态系统，或者通过呼吸影响人体或生物的健康。

　　不同的农药的挥发能力不同，农药蒸气压是衡量农药挥发难易的重要物理量，蒸气压越高越易挥发。多杀菌素、乙基多杀菌素等绿色农药的蒸气压如表 3-21 所示。从表中可知，这些绿色农药蒸气压最高为丙环唑 1.33×10^{-4} Pa（20℃），蒸气压最低为硫虫酰胺 1.94×10^{-21} Pa（20℃），这些绿色农药的挥发性都较低。亨利系数（Henry's Law Constant）是描述气体在液体中溶解度的重要参数，与农药的挥发性和空气中残留有直接关系。亨利系数越大，表示农药在气相中的浓度相对于液相中的浓度越高，意味着该农药更容易挥发到空气中。较高的亨利系数通常与较低的极性和较小的分子量相关，这使得其在环境中更易挥发。此外，亨利系数还受到温度的影响，温度升高时，亨利系数可能增大，从而增加农药的挥发和空气中残留。这些绿色农药亨利系数最高为丙炔氟草胺 0.145 Pa·m³/mol（25℃），最低为苯嘧磺草胺 1.07×10^{-15} Pa·m³/mol（20℃）。

表 3-21　绿色农药蒸气压和亨利系数一览表

农药	蒸气压	参考文献	亨利系数	参考文献
多杀菌素	1.3×10^{-10} Pa(20℃)	[185]	1.9×10^{-7} Pa·m³/mol(25℃)	[342]
乙基多杀菌素	5.3×10^{-5} Pa(20℃)	[186]	3.5×10^{-3} Pa·m³/mol(20℃)	[343]
氟啶虫酰胺	2.55×10^{-6} Pa(25℃)	[187]	4.2×10^{-8} Pa·m³/mol(25℃)	[344]
螺虫乙酯	1.5×10^{-8} Pa(25℃)	[188]	6.99×10^{-8} Pa·m³/mol(20℃)	[345]
双丙环虫酯	$<9.9 \times 10^{-6}$ Pa(25℃)	[78]	$<2.34 \times 10^{-4}$ Pa·m³/mol	[78]
氟吡呋喃酮	9.1×10^{-7} Pa(20℃)	[79]	8.2×10^{-8} Pa·m³/mol(20℃)	[346]
三氟苯嘧啶	2.88×10^{-8} Pa(30℃)	[189]	4.19×10^{-8} Pa·m³/mol	[189]
氯虫苯甲酰胺	6.3×10^{-12} Pa(20℃)	[190]	3.1×10^{-14} Pa·m³/mol(20℃)	[347]
氯虫酰胺	6.3×10^{-12} Pa(20℃)	[191]	3.1×10^{-14} Pa·m³/mol(20℃)	[347]
氟苯虫酰胺	3.7×10^{-7} Pa(25℃)	[192]	2×10^{-9} Pa·m³/mol(20℃)	[348]
环溴虫酰胺	1.65×10^{-6} Pa(20℃)	[193]	6.6×10^{-3} Pa·m³/mol(20℃)	[193]
四唑虫酰胺	3.2×10^{-6} Pa(20℃)	[194]	1.5×10^{-3} Pa m³/mol	[194]
硫虫酰胺	1.94×10^{-21} Pa(20℃)	[23]		
溴虫氟苯双酰胺	$<9 \times 10^{-9}$ Pa(25℃)	[95]		

农药	蒸气压	参考文献	亨利系数	参考文献
戊唑醇	$1.33×10^{-5}$Pa(20℃)	[195]	$1.4×10^{-5}$Pam³/mol	[349]
己唑醇	$1.8×10^{-5}$Pa(20℃)	[196]	0.017Pa·m³/mol	[350]
丙硫菌唑	$<4×10^{-7}$Pa(20℃)	[197]	$<3×10^{-5}$Pa·m³/mol	[197]
叶菌唑	$1.23×10^{-5}$Pa(20℃)	[198]	$0.26×10^{-3}$Pa·m³/mol	[351]
苯醚甲环唑	$3.3×10^{-8}$Pa(25℃)	[199]	$1.5×10^{-6}$Pa·m³/mol	[199]
丙环唑	$1.33×10^{-4}$Pa(20℃)	[125]	$4.1×10^{-4}$Pa·m³/mol	[352]
氟环唑	$<1×10^{-5}$Pa(20℃)	[200]		
吡唑醚菌酯	$2.6×10^{-8}$Pa(20~25℃)	[138]	$5.307×10^{-6}$Pam³/mol	[353]
嘧菌酯	$1.1×10^{-10}$Pa(20℃)	[201]	$7.3×10^{-9}$Pa·m³/mol(20℃)	[354]
肟菌酯	$3.4×10^{-6}$Pa(25℃)	[202]	$2.3×10^{-3}$Pam³/mol(25℃)	[355]
氟唑菌苯胺	$1.2×10^{-6}$Pa(25℃)	[203]	$1.05×10^{-5}$Pa·m³/mol(25℃)	[203]
苯并烯氟菌唑	$3.2×10^{-9}$Pa(25℃)	[52]		
啶酰菌胺	$7×10^{-7}$Pa(20℃)	[204]	$5.178×10^{-5}$Pa·m³/mol	[356]
联苯吡菌胺	$4.6×10^{-8}$Pa(20℃)	[205]	$3.89×10^{-5}$Pa·m³/mol(20℃)	[205]
氟吡菌酰胺	$1.2×10^{-6}$Pa(20℃)	[59]	$2.98×10^{-5}$Pa·m³/mol(20℃)	[357]
多抗霉素	$3.6×10^{-5}$Pa(25℃)	[63]		
苯嘧磺草胺	$4.5×10^{-6}$Pa(20℃)	[206]	$1.07×10^{-15}$Pa·m³/mol(20℃)	[206]
氟丙嘧草酯	$7.4×10^{-9}$Pa(25℃)	[207]		
丙炔氟草胺	$3.2×10^{-4}$Pa(22℃)	[208]	0.145Pa·m³/mol(25℃)	[358]
氟氯吡啶酯	$1.5×10^{-8}$Pa(25℃)	[209]	$1.11×10^{-6}$Pa·m³/mol(25℃)	[209]
三氟草嗪	$1.1×10^{-10}$Pa(20℃)	[210]	$<2.5×10^{-8}$Pa·m³/mol	[210]

3.3.2　戊唑醇

为了解戊唑醇农田施用后在大气中的迁移规律，包娜等通过室内模拟，研究了戊唑醇在空气中、水中及其土壤表面的挥发速率，结果显示，戊唑醇在空气中、水中及其土壤表面的挥发率分别为<0.21%、<0.07 %、<0.04 %。表明戊唑醇在空气中难挥发，挥发等级为Ⅳ级[211]。

2018 年 Zhang 等沿着西太平洋到南大洋（19.75N—76.16S）进行了大规模的船舶抽样活动，采集了相应的气体和水样品，测量了 221 种农药的浓度。戊唑醇及其他 8 种有机物（二苯胺、α-HCH、β-HCH、γ-HCH、乙草胺、三氯杀螨醇、戊菌唑、戊唑醇和残杀威）在大多数样品中（77%~100%）显示出空气/海水交换的平衡常数大于 3.8，这表明这些农药主要是从大气中沉积到海水中。可能的原因是，南大洋的海水温度明显低于西太平洋和印度洋，从而限制了挥发性农药从海水向大气的运输；大多数检测到的农药都具有高挥发性（$>10^{-1}$Pa），如 α-HCH 等，其他农药具有中等挥发性（10^{-5}~10^{-3}Pa），如多菌灵、敌草隆和戊唑醇等[212]。

Coscolla 等发现空气超细颗粒中某些农药（戊唑醇、多菌灵、毒死蜱、氧乐果、乐果、马拉硫磷）的存在可能主要与初级超细气溶胶的排放有关。农药颗粒大小影响其在大气中的寿命及其物理和化学性质。超细颗粒由于更大的总表面积和孔隙率，作为气体排放的农药往往主要吸附在它们身上。这些超细颗粒最终通过干沉积和湿沉积从大气中去除[213]。

3.3.3　苯醚甲环唑

苯醚甲环唑是弱挥发性的（25℃时的蒸气压为 3.3×10^{-8} Pa），亨利常数等于 1.5×10^{-6} Pa·m^3/mol，而在法国东北部采集的大气样本中发现了这种农药，其含量在 $0.15\sim0.80$ ng/m^3 之间。这主要归因于样品的颗粒相，有研究结果表明苯醚甲环唑相对于羟基自由基和臭氧的寿命非常长，作者评估了羟基自由基和臭氧非匀相作用下苯醚甲环唑的降解速率，相对于两种光氧化剂，苯醚甲环唑的计算寿命相当长，约为几个月，这意味着苯醚甲环唑在大气中相当持久，并且可以在长距离上运输[199]。

在另一项研究中，Socorro 等研究了大气颗粒相中富集的八种农药，即苯醚甲环唑、四氟醚唑、氟虫腈、噁草酮、溴氰菊酯、嘧菌环胺、氯菊酯和二甲戊灵对气相羟基自由基的非均相反应性。结果表明，这些常用的农药一旦吸附在大气气溶胶上，就可以被输送到距离施用地数千公里的地方。在颗粒相中完全富集的苯醚甲环唑的例子尤其引人注目，其半衰期相对于羟基反应性而言远高于16天，颗粒相中这种长寿命的农药将被运输到远离释放地的地方，影响地区和全球的空气质量、人类健康和野生动物[214]。研究结果有助于更好地了解颗粒相中农药在大气中的归宿，对探究农药在大气中的降解具有重要意义[215]。

3.3.4　氟环唑

赵亚洲等通过室内模拟，研究了氟环唑在空气中、水中及其土壤表面的挥发速率，结果显示，氟环唑在空气中、水中及其土壤表面的挥发率分别为<0.11%、<0.07%、<0.10%，表明氟环唑在空气中、水中及土壤表面均为难挥发，挥发等级均为Ⅳ级，故氟环唑在喷洒过程对人体危害较低，同时对大气环境风险性较低[216]。

3.3.5　嘧菌酯

在富含 0.64mg/m^3 臭氧的环境空气冷藏期间，对葡萄园广泛使用的一些杀虫剂在食用葡萄上的残留进行了含量监测。葡萄在空气中储存 3 周，可使嘧菌酯、磺酸丁嘧啶、多菌灵、戊唑醇、三唑醇和肟菌酯的残留量分别减少 32.3％、54.4％、33.0％、79.0％、58.0％ 和 53.1％。储存在 0.64mg/m³ 臭氧富集的空气中的葡萄，这些残留量分别减少为 90.7％、63.4％、38.5％、80.2％、61.4％和 51.8％。臭氧对嘧菌酯降解的影响最大，在臭氧中储存结束时，嘧菌酯在葡萄中的降幅是环境空气的 2.8 倍[217]。

一项 CO_2 含量升高对水稻土壤中嘧菌酯降解影响的短期研究表明，CO_2 含量升高对嘧菌酯降解没有显著影响，升高的二氧化碳增加了微生物生物量碳和碱性磷酸酶的活性。因为气候变化是一个持续的过程，认为应在不同二氧化碳水平下进行长期研究，以获得气候变化对农药降解的真正影响[218]。

3.4　绿色农药对环境有益生物的影响状况

农业生态环境是靶生物与非靶生物共存的生态环境，使用农药对环境中非靶生物的毒害是农药环境危害的主要表现形式之一。长期大量不合理使用农药对环境中有益生物（非靶生物）造成不同程度的危害影响，危及自然生态的相对平衡，并造成严重的经济损失。所以，农药环境安全性评价也是新农药开发应用的重要环节之一。我国采用比较普遍的农药对陆生非靶标生物的安全性评价对象主要是家蚕、蜜蜂、赤眼蜂等，利用农药对其急性毒性等来评价其对非靶标生物的影响。中华人民共和国国家标准 GB/T 31270—2014《化学农药环境安全评价试验准则》，按农药对家蚕急性浸叶法的半致死浓度 LC_{50}（96h）值，将农药对家蚕的危害程度分为剧毒（$LC_{50} \leqslant 0.5mg/L$）、高毒（$0.5 < LC_{50} \leqslant 20mg/L$）、中毒（$20 < LC_{50} \leqslant 200mg/L$）和低毒（$LC_{50} > 200mg/L$）4 个等级；按蜜蜂急性经口和接触的毒性半致死剂量 LD_{50}（48h），将农药对蜜蜂的毒性分为剧毒（$LD_{50} \leqslant 0.001\mu g/蜂$）、高毒（$0.001 < LD_{50} \leqslant 2.0\mu g/蜂$）、中毒（$2.0 < LD_{50} \leqslant 11.0\mu g/蜂$）和低毒（$LD_{50} > 11.0\mu g/蜂$）4 个等级；按全系数评价农药对赤眼蜂的安全性，将农药对赤眼蜂的危害程度分为极高风险性（安全系数 $\leqslant 0.05$）、高风险性（$0.05 < $ 安全系数 $\leqslant 0.5$）、中等风险性（$0.5 < $ 安全系数 $\leqslant 5$）和低风险性（安全系数 > 5）4 个等级。

3.4.1　多杀菌素微生物源杀虫剂

多杀菌素对环境有益生物的急性毒性数据见表 3-22[219,220]，可知多杀菌素对蜜蜂、家蚕、赤眼蜂、白蛾周氏啮小蜂毒性较高，存在较高风险；多杀菌素对龟纹瓢虫、四斑瓢虫、稻红瓢虫急性毒性则较低。进一步研究结果表明，多杀菌素（2.5mg/L、5mg/L、10mg/L、20mg/L）对蜜蜂工蜂不同器官 AChE 酶活性均有显著的抑制作用，且对从胸部分离的 AChE 酶具有较高的抑制率；多杀菌素在不同器官中对 ATP 酶活性的抑制作用都很强，且头部分离的 ATP 酶受到了较高程度的抑制[221]。

乙基多杀菌素对环境有益生物的急性毒性数据见表 3-22[222,223]，可知乙基多杀菌素对家蚕的毒性较高，存在较高风险；乙基多杀菌素对地熊蜂急性毒性较低。

表 3-22　多杀菌素和乙基多杀菌素对环境有益生物的急性毒性数据

农药名称	环境有益生物	毒性	分级	备注	参考文献
多杀菌素	蜜蜂	LC_{50}(48h)：8.412 mg/L	高毒		[67]
		LC_{50}(24h)：7.34 mg/L	高毒		[221]
	家蚕	LC_{50}(96h)：0.019 mg/L	剧毒		[67]
	赤眼蜂	LR_{50}(24h)：1.341×10^{-5} mg/cm^2	高风险	安全系数为：0.054	
	龟纹瓢虫	LC_{50}：180 mg/L	低毒		
	四斑瓢虫	LC_{50}：257 mg/L	低毒		
	稻红瓢虫	$LC_{50} > 500$ mg/L	低毒		[219]
	菜蚜茧蜂	LC_{50}(96h)：5.82 mg/L	高毒		
	蚜虫宽缘小峰	LC_{50}(96h)：5.76 mg/L	高毒		
	白蛾周氏啮小蜂	LC_{50}(2h)：50.70 mg/L	中风险	安全系数为2.20	[220]
		LC_{50}(4h)：12.06 mg/L	高风险	安全系数为0.50	
		LC_{50}(6h)：7.44 mg/L	高风险	安全系数为0.31	
乙基多杀菌素	地熊蜂	LD_{50}(24h)：11.40 μg(a.i.)/蜂	低毒		[222]
		LD_{50}(48h)：3.590 μg(a.i.)/蜂	中毒		[220]
	家蚕（3龄）	LC_{50}(24h)：0.0083 mg/L	剧毒		[223]

3.4.2　防治刺吸式口器害虫非烟碱类杀虫剂

氟啶虫酰胺对环境有益生物的急性毒性研究表明，氟啶虫酰胺对家蚕的急性毒性较低[224]（表 3-23）。

双丙环虫酯对异色瓢虫的急性毒性较低。同时，亚致死剂量的双丙环虫酯处理可显著降低异色瓢虫的捕食量，对异色瓢虫的捕食性能有明显的抑制作用。此外，转录组分析结果表明，亚致死剂量的双丙环虫酯能够诱导多个异色瓢虫 *P450* 和 *UGTs* 等解毒代谢基因的上调表达，暗示其可能参与异色瓢虫对双丙环虫酯的解毒代谢[225]（表3-23）。

表3-23 防治刺吸式口器害虫非烟碱类杀虫剂对环境有益生物的急性毒性数据

农药名称	环境有益生物	毒性	分级	备注	参考文献
氟啶虫酰胺	家蚕	LC_{50}(96h)＞2000mg/L	低毒	98%氟啶虫酰胺原药	[224]
		LC_{50}(96h)＞2000mg/L	低毒	10%氟啶虫酰胺水分散粒剂	
		LC_{50}(96h)＞2000mg/L	低毒	10%氟啶虫酰胺悬浮剂	
		LC_{50}(96h)＞2000mg/L	低毒	8%氟啶虫酰胺可分散油悬浮剂	
		LC_{50}(96h)：1070mg/L	低毒	20%氟啶虫酰胺悬浮剂	
双丙环虫酯	异色瓢虫	LC_{50}(72h)：1308.362mg(a.i.)/L	低毒		[225]

3.4.3 新烟碱类杀虫剂

研究结果表明氟吡呋喃酮对地熊蜂、凹唇壁蜂、蜜蜂幼蜂的急性毒性较低[226-231]。利用氟吡呋喃酮 LC_{30} 浓度处理异色瓢虫二龄幼虫，会对异色瓢虫生长、发育、繁殖及取食行为产生不利影响，这种不利性将会影响异色瓢虫自然种群发挥生物防治潜能[227]。与幼蜂相比，成年工蜂对氟吡呋喃酮更敏感。虽然氟吡呋喃酮的急性经口毒性比许多其他常见杀虫剂相对较低，但暴露于田间真实浓度和其他亚致死浓度的氟吡呋喃酮仍然对蜜蜂具有细胞毒性和免疫反应作用[229]。

三氟苯嘧啶对家蚕、蜜蜂显示了较高的毒性。而且，三氟苯嘧啶在桑叶上的残留时间较长（稀释1000倍，55d；稀释2000倍，35d；稀释4000倍，30d），蚕区的桑园及桑园周围农作物应谨慎使用该药剂[230]（表3-24）。

表3-24 新烟碱类杀虫剂对环境有益生物的急性毒性数据

农药名称	环境有益生物	毒性	分级	备注	参考文献
氟吡呋喃酮	异色瓢虫二龄幼虫	LC_{50}(24h)：12.48 mg/L		安全性系数为0.27～0.36，为高风险	[226]
	凹唇壁蜂雌性成蜂	LD_{50}(48h)：105.32 μg (a.i.)/蜂	低毒	接触	[227]

农药名称	环境有益生物	毒性	分级	备注	参考文献
氟吡呋喃酮	凹唇壁蜂雌性成蜂	LD_{50}(48h)：40.93 μg (a.i.)/蜂	低毒	经口	[227]
	地熊蜂工蜂	LD_{50}(24h)：72.41 μg (a.i.)/蜂	低毒	经口	[228]
		LD_{50}(48h)：67.907 μg (a.i.)/蜂	低毒	经口	
		LD_{50}(24h)：141.76 μg (a.i.)/蜂	低毒	接触	
		LD_{50}(48h)：130.30 μg (a.i.)/蜂	低毒	接触	
	蜜蜂（幼蜂）	LD_{50}：17.72 μg(a.i.)/蜂	低毒		[229]
	蜜蜂（成蜂）	LD_{50}：3.368 μg(a.i.)/蜂	中毒		
三氟苯嘧啶	3龄家蚕	LC_{50}(24h)：50.7219 mg/L	中毒		[230]
	蜜蜂	LD_{50}(48h)：0.39 μg (a.i.)/蜂	高毒	接触	[231]
		LD_{50}(48h)：0.51 μg (a.i.)/蜂	高毒	经口	

3.4.4 双酰胺类杀虫剂

氯虫苯甲酰胺对意大利蜜蜂和二龄异色瓢虫幼虫急性毒性较低，对家蚕显示了非常高的毒性[232-234]。将200g/L氯虫苯甲酰胺悬浮剂加水稀释1000倍、2000倍、4000倍，喷雾处理桑叶后对家蚕3龄幼虫的残毒期大于90d；氯虫苯甲酰胺可通过桑根和桑叶吸收并传导至未喷洒药液的桑叶，对家蚕仍有很强的毒性。氯虫苯甲酰胺处理的桑树，伐条后的新生桑叶中仍然有很强的残留毒性[232]（表3-25）。

溴氰虫酰胺对家蚕、意大利蜜蜂显示了较高的毒性[235,236]。暴露于溴氰虫酰胺的慢性毒性试验的无可见不良反应水平（NOAEL，0.00512μg/幼虫）下，导致幼蜂翅膀变形，但对成蜂没有影响[236]。

氟苯虫酰胺对意大利蜜蜂急性毒性较低，对家蚕显示了很高的毒性（表3-25）。

环溴虫酰胺对意大利蜜蜂具有中等毒性，四唑虫酰胺对意大利蜜蜂显示了较高的毒性，硫虫酰胺对意大利蜜蜂急性毒性较低（表3-25）。

溴虫氟苯双酰胺对非靶标天敌七星瓢虫幼虫的LR_{50}为0.0943 g (a.i.)/hm²。死亡率试验表明，溴虫氟苯双酰胺对七星瓢虫的毒性很大。溴虫氟苯双酰胺处理组的死亡率在96h后趋于稳定。LR_{30}剂量诱导七星瓢虫4龄幼虫体重、蛹重和成虫体重发育阶段异常[237]。

表 3-25　双酰胺类杀虫剂对环境有益生物的急性毒性数据

农药名称	环境有益生物	毒性	分级	备注	参考文献
氯虫苯甲酰胺	家蚕（3 龄幼虫）	LC_{50}（24h）：0.0168mg/L	剧毒		[232]
	意大利蜜蜂	LC_{50}（48h）＞2000mg/L	低毒	经口	[233]
		LD_{50}（48h）＞100μg(a.i.)/蜂	低毒	接触	
	家蚕	LC_{50}（96h）：0.12mg/L	剧毒		
	二龄异色瓢虫幼虫	LC_{50}：36.67mg(a.i.)/L	低毒		[234]
溴氰虫酰胺	3 龄家蚕	LC_{50}：0.2906mg/L	剧毒		[232]
	意大利蜜蜂	LC_{50}：2.288×10^{-3}mg/L	高毒	经口	[235]
		LD_{50}：3.65×$10^{-2}$$\mu$g(a.i.)/蜂	高毒	接触	[236]
	意大利蜜蜂（幼虫）	LD_{50}：0.212μg(a.i.)/蜂	高毒		[235]
氟苯虫酰胺	家蚕	LC_{50}（96h）：0.06mg/L	剧毒		
	意大利蜜蜂	LC_{50}（48h）＞2000mg/L	低毒		[84]
环溴虫酰胺	意大利蜜蜂	LD_{50}（48h）：3.8μg(a.i.)/蜂	中毒		
四唑虫酰胺	意大利蜜蜂	LD_{50}（48h）：0.01～0.05μg(a.i.)/蜂	高毒		
硫虫酰胺	意大利蜜蜂	LD_{50}（48h）：40.2μg(a.i.)/蜂	低毒		[93]

3.4.5　麦角甾醇生物合成抑制剂（EBIs)-三唑类杀菌剂

戊唑醇对地熊蜂、家蚕、蜜蜂急性毒性较低，对稻螟赤眼蜂、拟澳洲赤眼蜂和亚洲玉米螟赤眼蜂存在很低的风险[238,239]。己唑醇对稻螟赤眼蜂、拟澳洲赤眼蜂和亚洲玉米螟赤眼蜂存在很低的风险。丙硫菌唑对螟黄赤眼蜂存在很低的风险[240]（表 3-26）。

表 3-26　三唑类杀菌剂对环境有益生物的急性毒性数据

农药名称	环境有益生物	毒性	分级	备注	文献
戊唑醇	蜜蜂	LD_{50}（48h）：61.92μg(a.i.)/蜂	低毒	95％戊唑醇原药	[119]
		LD_{50}（48h）：66.20μg(a.i.)/蜂	低毒	3μm 粒径 10％戊唑醇悬浮剂	
		LD_{50}（48h）：39.02μg(a.i.)/蜂	低毒	1μm 粒径 10％戊唑醇悬浮剂	
		LD_{50}（48h）：7.94μg(a.i.)/蜂	中毒	300nm 粒径 10％戊唑醇悬浮剂	

农药名称	环境有益生物	毒性	分级	备注	文献
戊唑醇	家蚕	LC$_{50}$(96h)：2127mg/L	低毒	95％戊唑醇原药	[119]
		LC$_{50}$(96h)＞2000mg/L	低毒	3μm 粒径 10％戊唑醇悬浮剂	
		LC$_{50}$(96h)：2993mg/L	低毒	1μm 粒径 10％戊唑醇悬浮剂	
		LC$_{50}$(96h)：2858mg/L	低毒	300nm 粒径 10％戊唑醇悬浮剂	
	地熊蜂	LD$_{50}$(48h)：207.6mg/L	低毒		[238]
	稻螟赤眼蜂	LC$_{50}$(24h)：9144mg(a.i.)/L	低风险	安全性系数为 88.52	[239]
	拟澳洲赤眼蜂	LC$_{50}$(24h)：6780mg(a.i.)/L	低风险	安全性系数为 65.63	
	亚洲玉米螟赤眼蜂	LC$_{50}$(24h)：11129mg(a.i.)/L	低风险	安全性系数为 107.74	
己唑醇	稻螟赤眼蜂	LC$_{50}$(24h)：9361mg(a.i.)/L	低风险	安全性系数为 77.93	[239]
	拟澳洲赤眼蜂	LC$_{50}$(24h)：5970mg(a.i.)/L	低风险	安全性系数为 49.70	
	亚洲玉米螟赤眼蜂	LC$_{50}$(24h)：11712mg(a.i.)/L	低风险	安全性系数 97.51	
丙硫菌唑	螟黄赤眼蜂	LR$_{50}$＞1832g/hm^2	低风险	安全性系数大于 10	[240]
叶菌唑	蜜蜂	LD$_{50}$(48h)＞100μg(a.i.)/蜂	低毒	95％叶菌唑原药	[198]
		LD$_{50}$(48h)＞100mg/L	低毒	95％叶菌唑原药	
		LD$_{50}$(48h)＞100μg(a.i.)/蜂	低毒	50％叶菌唑水分散粒剂	
		LD$_{50}$(48h)＞100μg(a.i.)/蜂	低毒	50％叶菌唑水分散粒剂	
		LD$_{50}$(48h)＞84μg(a.i.)/蜂	低毒	8％叶菌唑悬浮剂	
		LD$_{50}$(48h)：23.5μg(a.i.)/蜂	低毒	8％叶菌唑悬浮剂	
	家蚕	LC$_{50}$(96h)：414.8mg/L	低毒	95％叶菌唑原药	
		LC$_{50}$(96h)：670mg/L	低毒	50％叶菌唑水分散粒剂	
		LC$_{50}$(96h)：324mg/L	低毒	8％叶菌唑悬浮剂	
苯醚甲环唑	家蚕（2 龄）	LC$_{50}$(96h)：353.6mg/L	低毒		[119]
	稻螟赤眼蜂	LC$_{50}$(24h)：1043mg(a.i.)/L	低风险	安全性系数为 8.13	[239]
	拟澳洲赤眼蜂	LC$_{50}$(24h)：507.1mg(a.i.)/L	中等风险	安全性系数为 3.69	
	亚洲玉米螟赤眼蜂	LC$_{50}$(24h)：986.4mg(a.i.)/L	低风险	安全性系数为 7.69	
丙环唑	家蚕	LC$_{50}$(96h)：228.2mg/L	低毒		[242]
	玉米螟赤眼蜂	LR$_{50}$：2.34×10^{-3}mg(a.i.)/cm^2	中等风险	安全性系数为 2.09	[243]

农药名称	环境有益生物	毒性	分级	备注	文献
氟环唑	意大利蜜蜂	LD_{50}(24h)：0.891μg(a.i.)/蜂	高毒	经口	[244]
		LD_{50}(48h)：0.858μg(a.i.)/蜂	高毒	经口	
		LD_{50}(24h)：1.267μg(a.i.)/蜂	高毒	接触	
		LD_{50}(48h)：1.187μg(a.i.)/蜂	高毒	接触	
	稻螟赤眼蜂	LC_{50}(24h)：12.38mg(a.i.)/L	低风险	安全性系数为0.10	[239]
	拟澳洲赤眼蜂	LC_{50}(24h)：12.34mg(a.i.)/L	低风险	安全性系数为0.34	
	亚洲玉米螟赤眼蜂	LC_{50}(24h)：41.12mg(a.i.)/L	低风险	安全性系数为0.10	

苯醚甲环唑对家蚕急性毒性较低，对稻螟赤眼蜂、亚洲玉米螟赤眼蜂存在很低的风险，对拟澳洲赤眼蜂存在中等风险。

丙环唑对家蚕急性毒性较低，对玉米螟赤眼蜂存在中等风险。氟环唑对稻螟赤眼蜂、拟澳洲赤眼蜂和亚洲玉米螟赤眼蜂低风险，对意大利蜜蜂显示了很高的毒性（表3-26）。

3.4.6 甲氧基丙烯酸酯类杀菌剂

研究表明，吡唑醚菌酯对蜜蜂急性毒性较低，对家蚕显示了很高的毒性；嘧菌酯对家蚕急性毒性较低，对玉米螟赤眼蜂存在很高的风险；肟菌酯对家蚕、蜜蜂急性毒性较低，对赤眼蜂存在很高的风险；烯肟菌酯对赤眼蜂存在较低的风险（表3-27）。

表 3-27　甲氧基丙烯酸酯类杀菌剂对环境有益生物的急性毒性数据

农药名称	环境有益生物	毒性	分级	备注	参考文献
吡唑醚菌酯	蜜蜂	LD_{50}>73.10 g/只	低毒	经口	[138]
		LD_{50}>100.00 g/只	低毒	接触	
	家蚕	LC_{50}(96h)：27.769 mg/L	中毒		[240]
嘧菌酯	2龄蚕	LC_{50}(96h)：498.66 mg/L	低毒		[241]
	玉米螟赤眼蜂	LR_{50}：$1.31×10^{-4}$ mg(a.i.)/cm²	高风险	安全系数为0.0728	[243]
肟菌酯	蜜蜂	LD_{50}(48h)>100 μg(a.i.)/蜂	低毒	接触	[154]
		LD_{50}(48h)：95.3 μg(a.i.)/蜂	低毒	经口	
	家蚕	LC_{50}(96h)：$1.61×10^3$ mg(a.i.)/L	低毒		
	赤眼蜂	LR_{50}(24h)：0.337 μg(a.i.)/cm²	高风险		
烯肟菌酯	赤眼蜂	LD_{50}>$8.0×10^{-2}$ mg/cm²	低风险	安全系数>10	[245]

3.4.7 琥珀酸脱氢酶抑制剂 (SDHIs)-酰胺类杀菌剂

研究表明，氟唑菌苯胺对蜜蜂急性毒性较低。吡唑萘菌胺对意大利蜜蜂急性毒性较低（表 3-28）。

表 3-28　酰胺类杀菌剂对环境有益生物的急性毒性数据

农药名称	环境有益生物	毒性	分级	备注	参考文献
氟唑菌苯胺	蜜蜂	$LD_{50}>100\mu g(a.i.)/蜂$	低毒	经口	[203]
		$LD_{50}>100\mu g(a.i.)/蜂$	低毒	接触	
吡唑萘菌胺	意大利蜜蜂	$LD_{50}>95.5\mu g(a.i.)/蜂$	低毒	经口	[246]
		$LD_{50}>100\mu g(a.i.)/蜂$	低毒	接触	
		$EC_{50}(72h)：0.646mg/L$	中毒	$(1R,2S)-(+)$ 氟唑环菌胺	[172]
		$EC_{50}(72h)：0.532mg/L$	中毒	$(1R,2R)-(-)$ 氟唑环菌胺	
		$EC_{50}(72h)：1.486mg/L$	中毒	$(1S,2S)-(+)$ 氟唑环菌胺	
		$EC_{50}(72h)：1.348mg/L$	中毒	$(1S,2R)-(-)$ 氟唑环菌胺	

3.4.8 抗生素类杀菌剂

井冈霉素对家蚕急性毒性较低，对稻螟赤眼蜂成蜂存在很低的风险。研究发现，与对照组相比，井冈霉素处理稻螟赤眼蜂 4 种虫态（卵、幼虫、预蛹和蛹）的寄主后均显著降低了稻螟赤眼蜂的羽化率。其中，井冈霉素处理稻螟赤眼蜂幼虫、蛹时，显著影响蜂的发育，羽化畸形蜂率升高[248]（表 3-29）。

表 3-29　井冈霉素对环境有益生物的急性毒性数据

农药名称	环境有益生物	毒性	分级	备注	参考文献
井冈霉素	稻螟赤眼蜂（成蜂）	$LC_{50}(24h)>10000mg/L$	低风险	安全性系数>625	[248]
	家蚕	$LC_{50}(96h)>2000mg/L$	低毒		[249]

3.5　绿色农药在环境中的残留情况

农药残留是指农药使用后残存于生物体、农副产品和环境中的微量农药原体、有毒代谢物、降解物和杂质的总称，通常以每千克样本中含有多少毫克农药（mg/kg）表示。农药施用后，一部分附着于植物体上，或渗入株体内残留下来，使粮、菜、水果等受到污染；另一部分散落在土壤中，或蒸发、散逸到空气中，或随雨水及农田排水流入河湖，污染水体和水生生物。所以，农药残留是农药使用后的必然现象，但超过了一定量就会对人畜产生不良影响或通过食物链对生态系统造成危害。为此，许多国家相继采取措施，加大对农药科学使用的管理，积极开展环境和农产品中农药残留污染的监测。环境中的农药残留可以通过生物或非生物分解而消失，农药的理化性质、作物类型和作物部位、农药的使用方法和浓度及环境条件等因素都影响到农药的降解性能。

3.5.1 多杀菌素微生物源杀虫剂

3.5.1.1 多杀菌素（spinosad）

5%多杀菌素悬浮剂在西葫芦生长中期和土壤（裸土）中以 1.5 倍推荐用量 45g(a.i.)/hm^2 施用 1 次。在西葫芦上初始浓度为 0.09~0.11mg/kg，半衰期为 3.5~3.9d；土壤中初始浓度为 0.06~0.13mg/kg，在土壤中的半衰期为 3.6~4.1d。5%的多杀菌素悬浮剂在西葫芦上以 30g(a.i.)/hm^2（推荐用量）和 45g(a.i.)/hm^2（推荐用量的 1.5 倍）剂量施用 2 次和 3 次。施药 3d 和 5d 后，西葫芦最终残留均低于 0.005mg/kg；在土壤中最终残留量为 0.005~0.01mg/kg[1]。

多杀菌素于花椰菜上以 15g(a.i.)/hm^2、30g(a.i.)/hm^2 剂量施用。观察到多杀菌素的平均初始沉积分别为 0.57mg/kg 和 1.34mg/kg。在两种剂量下，多杀菌素残留量在 10d 后低于 0.02mg/kg。在 15g(a.i.)/hm^2、30g(a.i.)/hm^2 两个剂量下施药时，多杀菌素的半衰期（$t_{1/2}$）分别为 1.20d 和 1.58d[250]。

多杀菌素在豇豆中以 22.5g(a.i.)/hm^2 剂量施用。多杀菌素豇豆中的原始附着量为 52.45~82.17μg/kg，药后 1d、2d、3d 豇豆中多杀菌素残留量分别为 10.87~20.04μg/kg、7.06~8.81μg/kg、5.03~5.27μg/kg，消解率为 75.61%~93.88%，$t_{1/2}$0.75d~0.95d。

多杀菌素用 45g(a.i.)/hm^2 和 22.5g(a.i.)/hm^2 两个剂量施药 1 次和 2 次。距末次施药间隔 3d 时，豇豆中最终残留量为<2.5~16.7μg/kg，间隔 5d 和 7d 时多杀菌素最终残留量为未检出[251]。

3.5.1.2 乙基多杀菌素（spinetoram）

60g/L 乙基多杀菌素悬浮剂于红、绿茶叶中按推荐剂量的两倍施用一次。乙基多杀菌素在红茶茶汤中残留量为 0.011~0.020mg/kg，降解率为 6.3%~

27.7％；在红茶废叶中残留范围为 0.039～0.580mg/kg，降解率为 23.5％～71.4％。乙基多杀菌素在绿茶冲剂和绿茶废叶中的残留量分别为 0.009～0.017mg/kg 和 0.034～0.288mg/kg，降解率分别为 5.1％～21.5％和 20.3％～38.9％[252]（表 3-30）。

表 3-30 多杀菌素、乙基多杀菌素的消解及残留数据

农药名称	施用对象	测试项目	施药情况	试验结果	参考文献
5％多杀菌素悬浮剂	西葫芦和土壤	消解动态	45g（a.i.）/hm² 施药 1 次	西葫芦、土壤初始沉积量分别为 0.09～0.11mg/kg、0.06～0.13mg/kg；$t_{1/2}$ 分别为：3.5～3.9d，3.6～4.1d	[1]
		最终残留	30g（a.i.）/hm²，45g（a.i.）/hm² 施药 2 次和 3 次	施药 3d 和 5d 后，西葫芦、土壤中最终残留均低于 0.005mg/kg、0.005～0.01mg/kg	
多杀菌素	花椰菜	消解及残留	15g（a.i.）/hm²、30g（a.i.）/hm² 施药 3 次	平均初始沉积量分别为 0.57mg/kg 和 1.34mg/kg。$t_{1/2}$ 分别为：1.20d 和 1.58d	[250]
多杀菌素	豇豆	消解动态	22.5g（a.i.）/hm² 施药 1 次	豇豆中的初始沉积量为 52.45～82.17μg/kg，药后 1d、2d、3d 豇豆中多杀菌素残留量分别为 10.87～20.04μg/kg、7.06～8.81μg/kg、5.03～5.27μg/kg，消解率为 75.61％～93.88％，$t_{1/2}$：0.75d～0.95d	[251]
		最终残留	45g（a.i.）/hm² 和 22.5g（a.i.）/hm² 施药 1 次和 2 次	间隔 3d 最终残留为＜2.5～16.7μg/kg，间隔 5d 和 7d 时多杀菌素最终残留为未检出	
60g/L 乙基多杀菌素悬浮剂	红、绿茶叶	消解动态	按推荐剂量的两倍施药 1 次	红茶茶汤、红茶废叶中残留量分别为 0.011～0.020mg/kg、0.039～0.580mg/kg，降解率为 23.5％～71.4％；绿茶冲剂和绿茶废叶中的残留量分别为 0.009～0.017mg/kg 和 0.034～0.288mg/kg，降解率分别为 5.1％～21.5％和 20.3％～38.9％	[252]
24％乙基多杀菌素悬浮剂	大葱	消解动态	300g（a.i.）/hm² 施药 1 次	初始沉积量为 0.747mg/kg。间隔 1d，降解率为 47.12％；间隔 10d，降解率为 87.28％～98.53％；$t_{1/2}$：1.2d	[253]
		最终残留	300g（a.i.）/hm² 施药 2 次和 3 次	大葱上最终残留量为 0.1～0.6mg/kg 和 0.14～0.42mg/kg	

农药名称	施用对象	测试项目	施药情况	试验结果	参考文献
12%乙基多杀菌素悬浮剂	番茄	消解及残留	35cm³/100L 施药1次	间隔1h，在番茄中初始沉积量为0.931mg/kg，$t_{1/2}$：2.6d。间隔1d，下降为0.645mg/kg；间隔10d，残留量低于最大残留量（0.06mg/kg）	[254]
25%乙基多杀菌素水分散粒剂	花椰菜	消解动态	90g（a.i.）/hm² 施药1次	$t_{1/2}$：≤4.85d	[255]
		最终残留	60g（a.i.）/hm²、90g（a.i.）/hm² 施药2次和3次	末次施药间隔7d，最终残留范围为0.009～0.337mg/kg	
60g/L乙基多杀菌素悬浮剂	上海青	消解动态	108g/hm² 施药1次	$t_{1/2}$：2.9d	[256]
		最终残留	54g/hm²、108g/hm² 施药2次	末次施药间隔1～14d残留量均分别低于其定量限	
60g/L乙基多杀菌素悬浮剂	杨梅	消解动态	60mg/kg喷雾1次	$t_{1/2}$：0.9～2.6d	[257]
		最终残留	40mg/kg、60mg/kg，喷雾施药1次和2次	末次施药1d、2d、3d、5d、7d，最终残留量为＜0.05～0.38mg/kg、＜0.05～0.39mg/kg、＜0.05～0.32mg/kg、＜0.05～0.19mg/kg、＜0.05～0.11mg/kg	

24%乙基多杀菌素悬浮剂于大葱上以300g(a.i.)/hm²的剂量施用一次。施用2h后大葱上乙基多杀菌素的初始沉积量为0.747mg/kg。施药后1天，乙基多杀菌素迅速降解，降解率为47.12%。10d后，降解率为87.28%～98.53%，半衰期为1.42d。上述条件下施药2次和3次，施药后大葱上最终残留量为0.1～0.6mg/kg和0.14～0.42mg/kg[253]（表3-30）。

12%乙基多杀菌素悬浮剂在推荐的最大剂量（35cm³/100L）下施药于番茄。1h后，在番茄中浓度为0.931mg/kg。施用1d后，观察到乙基多杀菌素的浓度下降为0.645mg/kg，降解率为30.71%，半衰期为2.6d。施用10d后，番茄中乙基多杀菌素残留量低于0.06mg/kg[254]（表3-30）。

25%乙基多杀菌素水分散粒剂在花椰菜上按1.5倍推荐高剂量90g(a.i.)/hm²施药1次。乙基多杀菌素在花椰菜中迅速降解，其半衰期≤4.85d。上述施药条件施药2次和3次，距末次施药间隔为7d时，花椰菜样品中检出的乙基多杀菌素（乙基多杀菌素及其两种代谢产物的总和）的最终残留范围为0.009～0.337mg/kg[255]（表3-30）。

60g/L乙基多杀菌素悬浮剂在上海青出苗后7d以108g/hm²剂量施药1次。乙基多杀菌素在上海青中的降解半衰期为2.9d。以推荐高剂量（54g/hm²）和推荐高剂量的 2 倍（108g/hm²）施药在上海青出苗后 7d 共施药 2 次，用药后 1～14d 乙基多杀菌素在上海青中的残留量均低于其定量限[256]（表 3-30）。

60g/L 乙基多杀菌素悬浮剂在杨梅中按有效成分 60mg/kg 的剂量均匀喷雾施药 1 次。其在杨梅中半衰期为 0.9～2.6d。按有效成分 40mg/kg 和 60mg/kg，施药 1 次和 2 次，末次施药后 1d、2d、3d、5d、7d，杨梅中乙基多杀菌素最终残留量分别为＜0.05～0.38mg/kg、＜0.05～0.39mg/kg、＜0.05～0.32mg/kg、＜0.05～0.19mg/kg、＜0.05～0.11mg/kg[257]（表 3-30）。

多杀菌素、乙基多杀菌素的消解及残留见表 3-30，多杀菌素、乙基多杀菌素在西葫芦、花椰菜、豇豆、大葱、番茄等蔬菜，以及杨梅、茶叶、土壤中的降解半衰期在 0.75～4.85d，多杀菌素土壤中最终残留 0.005～0.01mg/kg；乙基多杀菌素在番茄中残留量低于 0.06mg/kg（表 3-30）。

3.5.2 防治刺吸式口器害虫非烟碱类杀虫剂

3.5.2.1 氟啶虫酰胺（flonicamid）

氟啶虫酰胺在桃、黄瓜、白菜和棉花上以推荐的最大剂量（37.5g/hm²、75g/hm²、67.5g/hm²、60g/hm²），作为应用剂量施用 1 次，氟啶虫酰胺在 4 种不同类型作物的半衰期为 2.28～9.74d。最终残留量分别为 0.01～0.13mg/kg、0.0158～0.134mg/kg、0.01～0.286mg/kg 和 0.01～0.246mg/kg[258]（表 3-31）。

50%氟啶虫酰胺水分散粒剂以 50mg(a.i.)/kg 剂量喷雾施药 1 次。间隔 7d，采集的枸杞鲜果中氟啶虫酰胺残留最大值为 0.30mg/kg，制干后其残留最大值为 0.90mg/kg[259]。

10%氟啶虫酰胺水分散粒剂在草莓上以 1.5 倍推荐剂量施药 1 次。药后 7d 检测残留量为 0.062mg/kg，药后 21d 检测残留量为 0.029mg/kg，$t_{1/2}$ 13.863d。10%氟啶虫酰胺水分散粒剂 2000 倍液和 1350 倍液在草莓上施药 3 次。距最后 1 次施药 7d、14d、21d 和 28d 分别采样测定，草莓中氟啶虫酰胺的残留量为 0.027～0.085mg/kg[260]。

氟啶虫酰胺在 pH 值 4、7、9 缓冲溶液中以 0.5mg/L 浓度进行光解，在 500W 汞灯的照射下，光解半衰期分别为 15.4min、44.2min、63.8min；在乙酸乙酯、丙酮、水和乙腈中的光解半衰期分别为 2.1min、8.6min、28.0min、32.4min；氟啶虫酰胺在 Fe^{3+} 添加质量浓度为 0mg/L、1mg/L、5mg/L、10mg/L 的溶液中的光解半衰期分别为 28.0min、47.1min、52.3min、36.9min，温度为 25℃、35℃、50℃时氟啶虫酰胺在 pH 9 缓冲溶液中的水解半衰期分别为 204d、

74d、12d，水解速率随温度的升高而加快[74]（表3-31）。

3.5.2.2 螺虫乙酯（spirotetramat）

螺虫乙酯按推荐大剂量144g（a.i.）/hm² 施用1次，在豇豆中的半衰期为1.25～2.79d，施用2次，最终残留量为0.0314～0.3070mg/kg[261]。

22.4%螺虫乙酯悬浮剂于梨上以60mg/kg、90mg/kg剂量施用，施药3次，每次间隔7d，分别于末次施药后7d、14d和21d采样，螺虫乙酯的残留量为<0.01～0.081mg/kg。22.4%螺虫乙酯悬浮剂于梨上以90mg/kg剂量施用1次，其消解规律符合一级反应动力学方程，在梨上半衰期为13.1d。施药2h后，螺虫乙酯在梨中的原始沉积量为0.0440mg/kg。施药后28d未检出螺虫乙酯残留量[262]。

22.4%螺虫乙酯悬浮剂于山楂、杏子、柿子、石榴中以120mg/kg剂量施用。螺虫乙酯在山楂、杏子、柿子、石榴中初始沉积量分别是8.48～8.98mg/kg、0.15～0.34mg/kg、1.03～1.14mg/kg、0.12～0.14mg/kg，消解半衰期分别是12～17d、11～20d、25～35d、24～29d。

22.4%螺虫乙酯悬浮剂于山楂、杏子、柿子上以60mg/kg、90mg/kg剂量各施药2次和3次，施药间隔期14d时，在低剂量下施药2次，山楂、杏子、柿子中最终残留量分别是2.61mg/kg、0.060mg/kg、0.68mg/kg；同等条件下，采收间隔期为28d时，最终残留量分别为1.03mg/kg、0.050mg/kg、0.38mg/kg[263]。

22.4%螺虫乙酯悬浮剂于梨园中施药以112mg/kg剂量施用1次。在梨果上的初始沉积量为0.086mg/kg，在土壤上的初始沉积量为0.17mg/kg。螺虫乙酯在梨果和梨园土壤中的消解动态均符合一级反应动力学方程，半衰期分别为12.4d和7.1d。以75mg/kg和112mg/kg剂量各施药2次和3次，施药间隔为7d。螺虫乙酯及其代谢物在梨中的最终残留量在0.020～0.057mg/kg之间。各处理最终残留量均低于MRL值（0.7mg/kg）；在土壤中的最终残留量在<LOD～0.015mg/kg之间[5]。

22.4%螺虫乙酯悬浮剂于龙眼上以有效成分60mg/kg剂量施用2次，间隔7～10天。于末次施药后14d取样测定，螺虫乙酯在龙眼全果中的残留量为0.30～1.14mg/kg和在果肉中的残留量为<0.05mg/kg[264]（表3-31）。

3.5.2.3 双丙环虫酯（afidopyropen）

5%双丙环虫酯于棉花植株以18.75g(a.i.)/hm²、62.5g(a.i.)/hm²剂量施用1次。双丙环虫酯在棉花植株和土壤中的半衰期分别为1～3d和4～13d。以12.5g(a.i.)/hm²和18.75g(a.i.)/hm²剂量各施药2次和3次，间隔14天。末次施药

14d 后，棉籽中双丙环虫酯残留量＜0.01mg/kg，土壤中残留量＜0.005～0.0099mg/kg，其降解产物在棉籽中残留量＜0.02mg/kg，土壤中残留量＜0.01mg/kg[6]。

5％双丙环虫酯的可分散液剂于茶树中以 15.0g(a.i.)/hm²、22.5g(a.i.)/hm² 剂量施药 1 次。富安、杭州、绍兴鲜茶芽的初始沉积量分别为 1.49mg/kg、1.39mg/kg、0.85mg/kg。在茶树栽培过程中，雨季（$t_{1/2}$：1.2～2.5d）鲜茶中双丙环虫酯的降解速度快于旱季（$t_{1/2}$：3.1～4.4d）[265]。

7.4％双丙环虫酯可分散液剂于黄瓜以 1.5 倍推荐剂量 75g(a.i.)/hm² 施药 1 次，其在黄瓜的半衰期小于 1.1d。5％双丙环虫酯可分散液剂于油桃推荐最大剂量的 1.5 倍 18.75g(a.i.)/hm² 施药 1 次，双丙环虫酯油桃的半衰期小于 2.0d。7.4％双丙环虫酯的可分散液剂于黄瓜中以 50g(a.i.)/hm²、75g(a.i.)/hm² 剂量施药以及 5％双丙环虫酯可分散液剂于油桃施以 18.75g(a.i.)/hm²、12.5g(a.i.)/hm²，施药 2～3 次。高剂量双丙环虫酯施药 1d 后，黄瓜最终残留为 79.69μg/kg。在施药 5 天后，最终残留量降至最低水平，为 1.06μg/kg。油桃样品在 14～28d 的残留为 7.98～1.38μg/kg[266]。

50g/L 双丙环虫酯可分散液剂于绿茶中以 18.75g/hm² 剂量施用 1 次。药后 7d 绿茶中双丙环虫酯的残留量在 0.17～0.64mg/kg，泡茶过程中双丙环虫酯从干茶到茶汤的浸出率为 17.1％～19.1％[267]。

氟啶虫酰胺、螺虫乙酯、双丙环虫酯在部分环境中的残留状况见表 3-31 所示。氟啶虫酰胺、螺虫乙酯、双丙环虫酯在水果、蔬菜、棉花、土壤、茶叶、水稻的半衰期在 1.1～35d 之间，最终残留范围在 0.01～2.61mg/kg。其中氟啶虫酰胺在 pH 9 的缓冲溶液中的半衰期长达 204d，在此条件下极难降解，但随着温度升高可缩短其半衰期至 12d。在绝大多数情况下，氟啶虫酰胺、螺虫乙酯、双丙环虫酯在环境中是易降解的（表 3-31）。

表 3-31　氟啶虫酰胺、螺虫乙酯、双丙环虫酯消解及残留数据

农药名称	施用对象	测试项目	施药情况	试验结果	参考文献
氟啶虫酰胺	桃、黄瓜、白菜和棉花	消解及残留	施用量分别为 37.5g/hm²、75g/hm²、67.5g/hm²、60g/hm²	$t_{1/2}$：2.28～9.74d；桃、黄瓜、白菜和棉花中最终残留量分别为 0.01～0.13mg/kg、0.0158～0.134mg/kg、0.01～0.286mg/kg 和 0.01～0.246mg/kg	[258]

农药名称	施用对象	测试项目	施药情况	试验结果	参考文献
50%氟啶虫酰胺水分散粒剂	枸杞鲜果	最终残留	50mg（a.i）/kg 喷雾施药 1 次	间隔 7d，枸杞鲜果、干果中最大残留量分别为：0.30mg/kg、0.90mg/kg	[259]
10%氟啶虫酰胺水分散粒剂	草莓	消解动态	1.5 倍推荐剂量施药 1 次	$t_{1/2}$：13.863d	[260]
		最终残留	10%氟啶虫酰胺 2000 倍和 1350 倍稀释液施药 3 次	末次施药间隔 7 ~ 28d，其残留量为 0.027~0.085mg/kg	
氟啶虫酰胺	pH 值 4、7、9 缓冲溶液	消解动态	缓冲溶液中氟啶虫酰胺浓度为 0.5mg/L	500W 汞灯的照射下，光解 $t_{1/2}$ 为 15.4min、44.2min、63.8min；在乙酸乙酯、丙酮、水和乙腈中的光解 $t_{1/2}$ 分别为 2.1min、8.6min、28.0min、32.4min；在 Fe^{3+} 添加质量浓度为 0mg/L、1mg/L、5mg/L、10mg/L 的溶液中的光解 $t_{1/2}$ 为 28.0min、47.1min、52.3min、36.9min。温度为 25℃、35℃、50℃时氟啶虫酰胺在 pH 为 9 的缓冲溶液中的水解半衰期分别为 204d、74d、12d	[74]
螺虫乙酯	豇豆	消解动态	144g（a.i.）/hm² 施用 1 次	$t_{1/2}$：1.25~2.79d	[261]
		最终残留	144g（a.i.）/hm² 施用 2 次	最终残留量为 0.0314~0.3070mg/kg	
22.4%螺虫乙酯悬浮剂	梨	消解动态	90mg/kg 施药 1 次	施药 2h，原始沉积量为 0.0440mg/kg。$t_{1/2}$：13.1d。间隔 28d 未检出其残留	[262]
		最终残留	60mg/kg、90mg/kg 施药 3 次，间隔 7d	分别于施药后 7d、14d 和 21d 采样，残留量为<0.01~0.081mg/kg	
22.4%螺虫乙酯悬浮剂	山楂、杏子、柿子、石榴	消解动态	120mg/kg 施药 1 次	在山楂、杏子、柿子、石榴中初始沉积量分别是 8.48 ~ 8.98mg/kg、0.15 ~ 0.34mg/kg、1.03 ~ 1.14mg/kg、0.12 ~ 0.14mg/kg；$t_{1/2}$ 分别是 12 ~ 17d、11 ~ 20d、25~35d、24~29d	[263]
		最终残留	60mg/kg、90mg/kg 各施药 2 次和 3 次	间隔期 14d 时，低剂量下，山楂、杏子、柿子，最终残留量分别是 2.61mg/kg、0.060mg/kg、0.68mg/kg；间隔 28d 时，最终残留量分别为 1.03mg/kg、0.050mg/kg、0.38mg/kg	

续表

农药名称	施用对象	测试项目	施药情况	试验结果	参考文献
22.4%螺虫乙酯悬浮剂	梨	消解动态	112mg/kg 剂量施用 1 次	梨初始沉积量：0.086mg/kg，土壤上的初始沉积量：0.17mg/kg。$t_{1/2}$ 分别为 12.4d 和 7.1d	[5]
		最终残留	75mg/kg 和 112mg/kg 各施药 2 次和 3 次，施药间隔为 7d	梨中的最终残留量：0.020～0.057mg/kg。各处理最终残留量均低于 MRL 值（0.7mg/kg）；土壤中最终残留量在＜LOD～0.015mg/kg	
22.4%螺虫乙酯悬浮剂	龙眼	最终残留	60mg/kg 剂量施用 2 次，间隔 7～10d	末次施药后 14d，龙眼全果、果肉中的残留量分别为 0.30～1.14mg/kg、＜0.05mg/kg	[264]
5%双丙环虫酯	棉花植株和土壤中	消解动态	18.75g（a.i.）/hm²、62.5g(a.i.)/hm² 施药 1 次	在棉花植株和土壤中的 $t_{1/2}$ 分别为 1～3d 和 4～13d	[6]
		最终残留	12.5g(a.i.)/hm² 和 18.75g(a.i.)/hm² 各施药 2 次和 3 次	末次施药 14d，棉籽中残留量＜0.01mg/kg，土壤中残留量＜0.005～0.0099mg/kg	
5%双丙环虫酯可分散液剂	茶树	消解动态	15.0g（a.i.）/hm²、22.5g（a.i.）/hm² 剂量施药 1 次	鲜茶芽的初始沉积量为 0.85～1.49mg/kg；在茶树栽培过程中，雨季（$t_{1/2}$：1.2～2.5d）；旱季（$t_{1/2}$：3.1～4.4d）	[265]
7.4%、5%双丙环虫酯可分散液剂	黄瓜、油桃	消解动态	7.4%双丙环虫酯可分散液剂黄瓜上 75g(a.i.)/hm² 施药 1 次；5%双丙环虫酯可分散液剂油桃上 18.75g(a.i.)/hm² 施药 1 次	双丙环虫酯在黄瓜和油桃上的 $t_{1/2}$ 分别小于 1.1d 和 2.0d	[266]
		最终残留	7.4%双丙环虫酯可分散液剂黄瓜上以 50g(a.i.)/hm²、75g(a.i.)/hm² 剂量施药；5%双丙环虫酯可分散液剂油桃上以 18.75g(a.i.)/hm²、12.5g(a.i.)/hm²，施药 2～3 次	高剂量间隔 1d，黄瓜最终残留为 79.69μg/kg，给药 5d，最终残留量降至 1.06μg/kg。油桃 14～28d 的残留量：7.98～1.38μg/kg	

续表

农药名称	施用对象	测试项目	施药情况	试验结果	参考文献
50g/L 双丙环虫酯可分散液剂	绿茶	残留测定	18.75g(a. i.)/hm² 剂量喷施 1 次	药后 7d，绿茶中残留量在 0.17~0.64mg/kg，泡茶过程中双丙环虫酯从干茶到茶汤的浸出率为 17.1%~19.1%	[267]

3.5.3 新烟碱类杀虫剂

3.5.3.1 氟吡呋喃酮 (flupyradifurone)

氟吡呋喃酮在柑橘树上以 6 种浓度 [25、50、75、150、300 和 450mg(a.i.)/树] 施用，处理后 3 天内叶片组织中检测到氟吡呋喃酮残留。氟吡呋喃酮的残留水平在施用后第 40 天达到峰值[268]（表 3-32）。

氟吡呋喃酮在人参及土壤表面以 102g(a.i.)/hm² 剂量兑水施用 1 次。人参植株和土壤中氟吡呋喃酮的消解动态符合一级动力学方程。人参植株和土壤中氟吡呋喃酮的初始沉积量分别为 14.03~19.72mg/kg、0.83~0.91mg/kg。在施用后的 28d 内，人参植株和土壤中氟吡呋喃酮的残留量均显著下降，大部分氟吡呋喃酮被降解，消解率高达 90%。氟吡呋喃酮在人参植株和土壤中的半衰期分别为 4.5~7.9d 和 10.0~16.9d。在上述条件施药 2 次，土壤、人参植株氟吡呋喃酮的最终残留量分别低于 0.516mg/kg 和 2.363mg/kg。氟吡呋喃酮在人参中的残留中值和最高残留值分别为 1.667~1.801mg/kg 和 2.394~2.413mg/kg[7]。

3.5.3.2 三氟苯嘧啶 (triflumezopyrim)

三氟苯嘧啶 2.5mg/L 和 5mg/L 两个剂量处理水培水稻后，三氟苯嘧啶能被根系吸收，并在水稻体内形成系统分布；同时，叶面处理也能被叶片吸收并输送到底叶，但在根部未检测到三氟苯嘧啶[269]。

10% 三氟苯嘧啶悬浮剂在大田水稻植株中，以 225mL/hm² 制剂量施用 1 次。三氟苯嘧啶在稻田水稻植株、土壤和田水中降解动态符合一级动力学方程，在水稻植株、土壤和田水中的降解半衰期分别为 9.40~11.26d、5.53~5.89d、7.99~8.25d。分别以常规剂量（225.0mL/hm²）和高剂量（337.5mL/hm²）施用，在土壤中最终残留浓度分别为 0.010~0.014mg/kg、0.028~0.037mg/kg，在稻米中最终残留浓度分别为 0.003~0.006mg/kg 和 0.008~0.009mg/kg[80]。

氟吡呋喃酮、三氟苯嘧啶在人参及土壤表面、水稻植株中消解动态符合一级动力学方程，氟吡呋喃酮在土壤中半衰期为 10.0~16.9d，时间较短；三氟苯嘧啶在土壤中最终残留浓度为 0.010～0.037mg/kg。三氟苯嘧啶田间施用环境下在水稻植株上的半衰期为 9.40～11.26d。环境中施用可以快速降解，残留量少（表 3-32）。

表 3-32 氟吡呋喃酮、三氟苯嘧啶在环境中的消解及残留数据

农药名称	施用对象	测试项目	施药情况	试验结果	参考文献
氟吡呋喃酮	柑橘	残留测定	25、50、75、150、300 或 450mg(a.i.)/树施用 1 次	氟吡呋喃酮的残留水平在 40d 达到峰值	[268]
氟吡呋喃酮	人参及土壤表面	消解动态	102g（a.i.）/hm² 剂量兑水 600L/hm² 喷雾施用 1 次	人参植株和土壤中初始沉积量分别为 14.03～19.72mg/kg、0.83～0.91mg/kg；$t_{1/2}$ 分别为 4.5～7.9d 和 10.0～16.9d	[7]
		最终残留	102g（a.i.）/hm² 剂量兑水 600L/hm² 喷雾施用 2 次	土壤、人参植株最终残留量分别低于 0.516mg/kg 和 2.363mg/kg	
三氟苯嘧啶	水稻	吸收及转移	浓度分别为 2.5mg/L 和 5mg/L 施用一次	三氟苯嘧啶能被根系吸收，水稻体内形成系统分布	[269]
10%三氟苯嘧啶悬浮剂	水稻、土壤和田水	消解动态	225mL/hm² 施药 1 次	在稻田水稻植株、土壤和田水中 $t_{1/2}$ 分别为 9.40～11.26d、5.53～5.89d、7.99～8.25d	[80]
		最终残留	225.0mL/hm²、337.5mL/hm² 施药 2 次和 3 次	土壤中最终残留浓度分别为 0.010～0.014mg/kg、0.028～0.037mg/kg，在稻米中最终残留浓度分别为 0.003～0.006mg/kg、0.008～0.009mg/kg	

3.5.4　双酰胺类杀虫剂

3.5.4.1　氯虫苯甲酰胺（chlorantraniliprole）

氯虫苯甲酰胺于卷心菜和花椰菜上以 9.25g(a.i.)/hm² 和 18.50g(a.i.)/hm² 剂量施药 3 次，用自来水清洗卷心菜和花椰菜可以去除约 17%～40% 的氯虫苯甲酰胺残留，煮沸可以 100% 去除卷心菜和花椰菜上的氯虫苯甲酰胺残留[270]。

氯虫苯甲酰胺于甘蔗和土壤中，以 100g(a.i.)/hm² 和 200g(a.i.)/hm² 剂量施用 1 次，其平均初始沉积分别为 0.88mg/kg 和 1.59mg/kg。在施用两种剂量 56

天后，这些残留物的残留量在检出限（LOQ）0.01mg/kg以下。在推荐剂量和推荐剂量的两倍时氯虫苯甲酰胺的半衰期分别为8.36d和8.25d[271]。

氯虫苯甲酰胺于甘蔗上，在推荐剂量75g(a.i.)/hm^{2}和推荐剂量2倍150g(a.i.)/hm^{2}下施用1次，其在土壤中的初始沉积量分别为0.513mg/kg和1.031mg/kg。推荐剂量和两倍推荐剂量的氯虫苯甲酰胺的半衰期分别为6.60d和6.73d[272]。

氯虫苯甲酰胺于桃中以50mg(a.i.)/kg、75mg(a.i.)/kg剂量施药2次和3次，施药间隔期为7d，末次施药后7d采样的桃果肉和桃全果中氯虫苯甲酰胺的规范残留试验中值（STMR）分别为0.36mg/kg和0.33mg/kg；末次施药后14d采样的桃果肉和桃全果中氯虫苯甲酰胺的STMR分别为0.23mg/kg和0.21mg/kg；末次施药后21d采样的桃果肉和桃全果中氯虫苯甲酰胺的STMR分别为0.09mg/kg和0.08mg/kg。氯虫苯甲酰胺于桃中以75mg(a.i.)/kg剂量施药1次，施药后2h，桃样品中原始沉积量为0.15～0.65mg/kg，半衰期为6.6～13.9d[273]。

5%氯虫苯甲酰胺悬浮剂于龙眼以50mg/kg剂量施用2次，间隔7～10d。于末次施药后14d取样测定，氯虫苯甲酰胺在龙眼全果中的残留量0.06～0.29mg/kg，在果肉中的残留量<0.01mg/kg[264]。

35%氯虫苯甲酰胺水分散粒剂于山楂上以30mg(a.i.)/kg剂量施用1次，其在山楂中氯虫苯甲酰胺的初始沉积量为0.09～0.30mg/kg；21d后，残留量为0.067～0.14mg/kg。氯虫苯甲酰胺在山楂中的消解符合一级动力学方程，半衰期为19～26d。于山楂上以20mg(a.i.)/kg、30mg(a.i.)/kg剂量施用3次和4次，施药间隔期为7d。低剂量时，距最后一次施药7d、14d和21d后收获的山楂中，氯虫苯甲酰胺残留量分别为0.043～0.56mg/kg、0.020～0.35mg/kg和0.007～0.27mg/kg。高剂量时氯虫苯甲酰胺残留量分别为0.063～0.76mg/kg、0.062～0.67mg/kg和0.032～0.57mg/kg[274]。

氯虫苯甲酰胺在烟草植株和土壤中以185.63g(a.i.)/hm^{2}剂量喷雾施药1次，其在烟草植株和土壤中的消解动态符合一级动力学反应模型，在烟草植株中的半衰期12～13.3d，在土壤中的半衰期为24.8～27.7d。氯虫苯甲酰胺在烟草植株和土壤中按41.25g(a.i.)/hm^{2}和61.875g(a.i.)/hm^{2}剂量喷雾施药1和2次，施药间隔期为7d。距最后一次施药14d，干烟叶中氯虫苯甲酰胺平均残留在2.1～7.7mg/kg[10]。

氯虫苯甲酰胺于菜薹生长至成熟个体1/2大小时以61.875g(a.i.)/hm^{2}剂量喷雾施药1次。施药后其在菜薹上的原始沉淀量为1.8～3.1mg/kg，在北京、山东、浙江三个地方氯虫苯甲酰胺在菜薹上的消解半衰期$t_{1/2}$分别为3.55d、2.74d

和 4.13d。在 30d 时残留量小于 LOQ（0.05mg/kg），其他两地区均是在第 10d 残留量＜0.05mg/kg。氯虫苯甲酰胺于菜薹上以 41.25g（a.i.）/hm² 、61.875g（a.i.）/hm² 剂量喷雾施药 2 次和 3 次，施药间隔期为 7d。在菜薹中的最终残留值为 0.05～1.13mg/kg[275]（表 3-33）。

3.5.4.2 溴氰虫酰胺（cyantraniliprole）

10%溴氰虫酰胺可分散油悬浮剂在水稻上以 90g(a.i.)/hm² 的剂量（相当于推荐用量的 1.5 倍）手动喷洒 1 次。其在水稻体内平均半衰期为 5.25d，28d 后消解率＞95%。10%溴氰虫酰胺可分散油悬浮剂于在水稻以 60g(a.i.)/hm²（推荐剂量）和 300g(a.i.)/hm² 剂量喷洒。水稻秸秆、稻壳和糙米中溴氰虫酰胺最终残留量均在 0.2mg/kg 以下[276]。

10%溴氰虫酰胺悬浮剂在西瓜和土壤上以 100.0g(a.i.)/hm² 剂量施用，其在西瓜和土壤中的半衰期为 1.1～4.1d。施药 21d 后，土壤中残留量由 0.52mg/kg 降至 0.019mg/kg[277]。

10%溴氰虫酰胺悬浮剂于小白菜按 90g(a.i.)/hm² 和 120g(a.i.)/hm² 剂量喷施 1 次。其在小白菜中初始沉积量为 0.70～1.58mg/kg，溴氰虫酰胺在小白菜中的半衰期为 2.9～6.4d，土壤中溴氰虫酰胺初始浓度为 0.03～0.06mg/kg，在土壤中的半衰期为 8.7～18.2d。10%溴氰虫酰胺悬浮剂于小白菜按 60g(a.i.)/hm² 、90g(a.i.)/hm² 剂量喷施 3 次和 4 次，间隔 7d。在 3～7d 的土壤中溴氰虫酰胺残留量为 0.01～0.11mg/kg，小白菜中为 0.02～1.27mg/kg。小白菜和土壤中最终残留量分别低于 0.20mg/kg 和 0.10mg/kg[14]。

19%溴氰虫酰胺悬浮剂在甘蔗以制剂 0.3kg/亩喷施 1 次，其在广西南宁和钦州 2 地蔗叶的残留消解动态符合一级动力学方程，半衰期分别为 7.76d、6.12d。药后 45d 消解率分别达 87.14%和 99.01%[278]。

20%溴氰虫酰胺可分散油悬浮剂于上海青出苗后 7d 以 30g/hm² 剂量施药 1 次。溴氰虫酰胺在上海青中的降解半衰期为 3.6d。于上海青出苗后 7d 以 15g/hm² 、30g/hm² 剂量施药 1～2 次，施药间隔 7d。用药后 1～14d 溴氰虫酰胺在上海青中的残留量均低于其定量限[256]。

40%溴氰虫酰胺·吡蚜酮水分散粒剂于南瓜以有效成分量 675g/hm² 剂量喷雾施药 1 次，溴氰虫酰胺原始沉积量为 0.022mg/kg，药后 30d 溴氰虫酰胺的消解率＞33%。南瓜样品中溴氰虫酰胺的消解规律符合一级动力学方程，南瓜样品中溴氰虫酰胺的半衰期为 10.2d。南瓜上以有效成分量为 450g/hm² 、675g/hm² 剂量喷雾施药 2～3 次，2 次施药间隔 7d，末次施药后 7d、14d、21d 南瓜中溴氰虫酰胺残留量≤0.031mg/kg[279]。

溴氰虫酰胺于辣椒半成熟期按推荐剂量0.13g（a.i）/L灌根施药1次，每盆施药50mL。药后5d残留量达到最大值0.05mg/kg，溴氰虫酰胺在辣椒中的消解半衰期为13.9d。溴氰虫酰胺于辣椒半成熟期时按推荐剂量0.13g(a.i.)/L和1.5倍推荐剂量0.195g(a.i.)/L灌根施药1次。药后14d，在土壤中的残留量为7.49mg/kg和2.33mg/kg[280]。

10%溴氰虫酰胺可分散油悬浮剂于花椰菜上按推荐高剂量2倍剂量42g/hm² 施药1次，消解过程符合动力学一级降解模型，其在花椰菜上的消解半衰期为3.86d（表3-33)[281]。

3.5.4.3　四氯虫酰胺（tetrachlorantraniliprole）

10mg/L、50mg/L四氯虫酰胺甲醇和乙醇溶液于具塞石英玻璃管中，在氙灯和紫外光照射下，四氯虫酰胺在甲醇和乙醇中的光解符合一级反应动力学规律。在模拟太阳光氙灯辐射下，四氯虫酰胺在甲醇和乙醇中的光解半衰期分别为1.58h和2.57h，而在紫外光辐射下分别为1.49min和1.60min[191]（表3-33)。

3.5.4.4　氟苯虫酰胺（flubendiamide）

氟苯虫酰胺悬浮剂于辣椒和土壤中以60g(a.i.)/hm²和120g(a.i.)/hm²剂量施药2次，间隔10d。在辣椒上的平均初始沉积量分别为1.06mg/kg和2.00mg/kg。在两种剂量下，距末次施药3天后，氟苯虫酰胺降解率达到80%以上。氟苯虫酰胺在低剂量和高剂量下的残留量在末次施药后7d和10d都低于0.01mg/kg。低剂量和高剂量下氟苯虫酰胺在辣椒上的半衰期分别为0.96d和0.91d[282]。

氟苯虫酰胺悬浮剂于茄子上以90g(a.i.)/hm²和180g(a.i.)/hm²剂量施用2次，间隔期7天。氟苯虫酰胺的平均初始沉积量分别为0.33mg/kg和0.61mg/kg。两种剂量下氟苯虫酰胺的残留量均迅速降低，3d后，降解率分别为76%和79%左右。氟苯虫酰胺在低、高两种剂量下的半衰期分别为0.62d和0.54d[283]。

氟苯虫酰胺于大白菜上按76.5g(a.i.)/hm²剂量喷施1次，其在大白菜中的半衰期为6.4～9.8d。氟苯虫酰胺于大白菜上按推荐剂量51g(a.i.)/hm²、1.5倍推荐用量76.5g(a.i.)/hm²施药3次和4次，3d采收间隔期的残留量为<0.01～6.65mg/kg，5d采收间隔期的残留量为<0.01～8.35mg/kg，7d采收间隔期的残留量为<0.01～5.14mg/kg[192]。

在300W汞灯的照射下，2mg/L氟苯虫酰胺在不同浓度硝酸根离子溶液中的光解半衰期为0.55～1.36h[284]。

10%氟苯虫酰胺悬浮剂于玉米上以67.5g(a.i.)/hm²剂量施用1次，其在玉米植株中的初始沉积量为 7.549～23.676mg/kg，氟苯虫酰胺在玉米植株中的半衰期为 0.03～7.5d；氟苯虫酰胺在土壤中的初始沉积量为 8.435～11.576mg/kg，在土壤中的半衰期为 4.2～5.6d。以 45g(a.i.)/hm²、67.5g(a.i.)/hm² 剂量施药 1 次和 2 次，间隔 7d。分别于施药后 14d、21d 采集样品，收获时，氟苯虫酰胺在玉米植株中最终残留量为 2.521～4.760mg/kg；氟苯虫酰胺在土壤中最终残留量为 0.381～3.302mg/kg；氟苯虫酰胺在青玉米中最终残留量小于 0.02mg/kg[16]（表 3-33）。

3.5.4.5　氯氟氰虫酰胺（cyhalodiamide）

10%氯氟氰虫酰胺悬浮剂于水稻上以 50.625g/hm² 剂量施用 1 次。其在水稻上 2h 的原始沉积量为 0.172～1.121mg/kg，在 21d 时降解为＜LOQ～0.019mg/kg。在稻田水中初始沉积量 0.025～0.076mg/kg，30d 残留量为 0.005～0.009mg/kg。氯氟氰虫酰胺在稻秆、水稻土和稻田水中的半衰期分别为 4.2～13.6d、8.77d 和 5.37～8.45d。以 33.75g/hm² 和 50.625g/hm² 剂量喷施 1～2 次，14～28d 残留量为：糙米中＜0.002～0.032mg/kg；稻秸为 0.023～1.010mg/kg；稻壳为＜0.010～2.890mg/kg；土壤为 0.002～0.051mg/kg[18]。

4.8%氯氟氰虫酰胺注干剂以 10mL、15mL、25mL 剂量对马尾松注干施药，注药剂量为 10mL，药后 5～120d 检测到氯氟氰虫酰胺含量分别为 2.98mg/kg、16.54mg/kg、0.20mg/kg、0.32mg/kg、0.46mg/kg、1.24mg/kg。间隔 15d 含量达到高峰，为 16.54mg/kg，药后 120d 含量为 1.24mg/kg；而注药 15mL 药后 60d 含量达到高峰，为 9.21mg/kg，药后 120d 含量为 2.02mg/kg[285]。

5mg/L 的氯氟氰虫酰胺在甲醇、乙腈和丙酮中的初始浓度分别为 4.96mg/L、4.98mg/L 和 4.96mg/L，间隔 120h 取样时，氯氟氰虫酰胺的浓度分别为 0.16mg/L、0.09mg/L 和 0.62mg/L。5mg/kg 的氯氟氰虫酰胺在未灭菌土壤中的初始浓度分别为 4.94～4.97mg/kg，间隔 120d 取样时，氯氟氰虫酰胺的残留浓度为 0.27～0.72mg/kg，半衰期为 30.1～46.2d；灭菌土壤中的初始浓度为 4.93～4.95mg/kg，间隔 120d 取样时，氯氟氰虫酰胺的残留浓度为 0.97～1.49mg/kg。土壤灭菌半衰期均变长，为 53.3～69.3d[99]（表 3-33）。

3.5.4.6　环溴虫酰胺（cyclaniliprole）

50g/L 环溴虫酰胺可溶液剂的建议使用剂量一般为 35～40g/hm²，每季用量不超过 80g/hm²；用于葡萄为 35g/hm²，每季用量不超过 70g/hm²；用于番茄、辣椒、茄子为 40g/hm²，每季用量不超过 80g/hm²；用于马铃薯为 10g/hm²，每季用量不超过 20g/hm²；用于甘蓝类蔬菜则为 25g/hm²，每季用量不超过 50g/

hm^2。在土壤中持效期较长，半衰期可达 445～1728d[286]（表 3-33）。

3.5.4.7 四唑虫酰胺（tetraniliprole）

四唑虫酰胺于番茄用 60g（a. i. ）/hm^2、120g（a. i. ）/hm^2 剂量施用 2 次，其在果实上的初始沉积量分别为 0.865mg/kg 和 1.747mg/kg，在土壤中的初始沉积量分别为 0.092mg/kg、0.177mg/kg。果实上残留的半衰期为 2.7d 和 3.49d。用自来水、温水和盐水清洗番茄果实，四唑虫酰胺残留量分别减少 37.63％、44.67％和 61.49％[20]。

四唑虫酰胺包衣剂于玉米种子以 3.6g（a. i. ）/hm^2 和 7.2g（a. i. ）/hm^2 剂量施用。低剂量下，0d 玉米叶片中初始沉积量为 0.921mg/kg 和 1.377mg/kg，在施用后第 1d、3d、5d 和 7d 残留量分别为 0.547mg/kg、0.316mg/kg、0.194mg/kg 和 0.094mg/kg；10d 低于定量限度（＜0.05mg/kg）。高剂量下，0d 初始沉积量为 1.377mg/kg；1d、3d、5d、7d 和 10d 的残留物分别为 0.772mg/kg、0.438mg/kg、0.278mg/kg、0.158mg/kg 和 0.086mg/kg；而 15d，低于 LOQ（＜0.05mg/kg）[21]。

200g/L 四唑虫酰胺悬浮剂于番茄以 30g（a. i. ）/hm^2 剂量施用 2 次，其在番茄样品中的原始沉积量为 0.028～0.162mg/kg，降解半衰期为 1.3～4.4d，四唑虫酰胺在番茄样品中降解很快，10d 降解 80.7％～93.7％[287]。

18％四唑虫酰胺悬浮剂在水稻上以 30g/hm^2 和 45g/hm^2 剂量施 1 次，在低剂量下两地稻田水中四唑虫酰胺初始残留量 0.011mg/kg、0.020mg/kg，高剂量下初始残留量 0.019mg/kg、0.021mg/kg，在稻田水降解半衰期在 2.50～4.67d 之间。上述条件下施药 2 次，在水稻收获期采集稻谷样品，处理后检测表明，在稻米与稻壳中未检出四唑虫酰胺残留。两地土壤中的最终残留量为 0.0099～0.0157mg/kg[288]（表 3-33）。

3.5.4.8 硫虫酰胺（thiorantraniliprole）

硫虫酰胺对土壤中的氮转化没有长期影响，但使用时应注意，禁止在蚕室及桑园附近使用；远离水产养殖区、河塘等水体施药。禁止在河塘等水体中清洗施药器具[93]（表 3-33）。

3.5.4.9 溴虫氟苯双酰胺（broflanilide）

5％溴虫氟苯双酰胺悬浮剂于水稻分蘖期以推荐高剂量 1.5 倍 45g（a. i. ）/hm^2 喷洒 1 次。施药后 2h，水稻土样品中溴虫氟苯双酰胺初始残留量在 0.0329～0.0468mg/kg。在水稻土中的降解主要发生在田间施药后 2h～14d，在水稻土中的半衰期小于 6d。水稻秸秆样品溴虫氟苯双酰胺初始残留量为 2.6491～3.4780mg/

kg，在水稻田水中的降解半衰期小于 3d。以推荐用量 30g(a.i.)/hm² 和推荐用量 1.5 倍 45g(a.i.)/hm² 剂量分别一次性喷洒，溴虫氟苯双酰胺残留量为 0.95～14.86μg/kg。收获时稻田土壤、稻秆及稻壳样品中均未检测到溴虫氟苯双酰胺，残留量低于检出限[24]。

溴虫氟苯双酰胺于水稻分蘖期按田间使用推荐剂量（30g/hm²）和推荐剂量的 1.5 倍（45g/hm²）喷雾施药 3 次，每次施药间隔时间为 10 天。在施药后 14d、21d、30d 采样检测，土壤中的最终残留量为 0.0103～0.0199mg/kg[289]（表 3-33）。

氯虫苯甲酰胺在水果、蔬菜上的降解半衰期在 6.6～26d，在烟草土壤中为 24.8～27.7d；溴氰虫酰胺在上海青、南瓜、辣椒等蔬菜和甘蔗、水稻中的降解半衰期在 2.9～13.9d，在水稻和白菜中最终残留在 0.10～0.2mg/kg；氟苯虫酰胺在辣椒、茄子、玉米、大白菜等作物上降解半衰期在 0.03～9.8d 之间，其光解半衰期也在 2h 以内；氯氟氰虫酰胺在水稻环境中施用时在稻秆、土壤等基质中半衰期为 4.2～13.6d，最终残留量在 <0.002～2.890mg/kg 之间；环溴虫酰胺在土壤中持效期较长，半衰期可达 445～1728d，极难降解；四唑虫酰胺在番茄、玉米种子、水稻中半衰期在 1.3～4.67d 之间，在水稻土壤中最终残留在 0.0099～0.0157mg/kg 之间；硫虫酰胺对土壤中的氮转化没有长期影响；溴虫氟苯双酰胺在水稻环境中施用，水稻土壤中半衰期在 2.09～6d 之间，水稻植株在 1.31～3.32d 之间，在水稻土壤中最终残留为 0.0103～0.0199mg/kg（表 3-33）。

表 3-33 双酰胺类杀虫剂的消解及残留数据

农药名称	施用对象	测试项目	施药情况	试验结果	参考文献
氯虫苯甲酰胺	卷心菜和花椰菜	残留检测	9.25g(a.i.)/hm² 和 18.50g(a.i.)/hm² 剂量施用 3 次	自来水清洗可去除约 17%～40%，煮沸可以 100% 去除卷心菜和花椰菜上的氯虫苯甲酰胺残留	[270]
氯虫苯甲酰胺	甘蔗和土壤	消解动态	100g(a.i.)/hm² 和 200g(a.i.)/hm² 施药 1 次	甘蔗和土壤初始沉积分别为 0.88mg/kg 和 1.59mg/kg。间隔 56d，残留量小于 0.01mg/kg；$t_{1/2}$ 分别为 8.36d、8.25d	[271]
氯虫苯甲酰胺	甘蔗	消解动态	75g(a.i.)/hm²、150g(a.i.)/hm² 施药 1 次	土壤中初始沉积量分别为 0.513mg/kg 和 1.031mg/kg；$t_{1/2}$ 分别为 6.60d 和 6.73d	[272]

农药名称	施用对象	测试项目	施药情况	试验结果	参考文献
氯虫苯甲酰胺	桃	消解动态	75mg(a.i.)/kg 施药1次	桃中 $t_{1/2}$ 为 6.6～13.9d	[273]
		最终残留	50mg（a.i.）/kg、75mg(a.i.)/kg 施药2次和3次，施药间隔期为 7d	间隔 7d，桃果肉和桃全果中 STMR 分别为 0.36mg/kg 和 0.33mg/kg；间隔 14d，STMR 分别为 0.23mg/kg 和 0.21mg/kg；间隔 21d，STMR 分别为 0.09mg/kg 和 0.08mg/kg	
5%氯虫苯甲酰胺悬浮剂	龙眼	最终残留	50mg(a.i.)/kg 施药2次，间隔7～10d	间隔 14d，在龙眼全果中的残留量 0.06～0.29mg/kg，在果肉中的残留量＜0.01mg/kg	[264]
35%氯虫苯甲酰胺水分散粒剂	山楂	消解动态	30mg(a.i.)/kg 施药1次	山楂中初始沉积量为 0.09～0.30mg/kg；21d 后，残留量为 0.067～0.14mg/kg；$t_{1/2}$：19～26d	[274]
		最终残留	20mg(a.i.)/kg、30mg(a.i.)/kg 施药 3 次和 4 次，施药间隔 7d	低剂量：间隔 7～21d，山楂中残留量为 0.007～0.56mg/kg。高剂量：残留量 0.032～0.76mg/kg	
氯虫苯甲酰胺	烟草和土壤	消解动态	185.63g(a.i.)/hm² 喷雾施药1次	烟草植株 $t_{1/2}$：12～13.3d，土壤中 $t_{1/2}$：24.8～27.7d	[10]
		最终残留	41.25g(a.i.)/hm² 和 61.875g（a.i.）/hm² 喷雾施药1次和2次，施药间隔期为 7d	间隔 14d，干烟叶中平均残留量：2.1～7.7mg/kg	
氯虫苯甲酰胺	菜薹	消解动态	61.875g（a.i.）/hm² 喷雾施药1次	原始沉淀量为 1.8～3.1mg/kg，北京、山东、浙江 $t_{1/2}$ 分别为 3.55d、2.74d 和 4.13d	[275]
		最终残留	41.25g（a.i.）/hm²、61.875g(a.i.)/hm² 施药 2 次和 3 次，施药间隔 7d	最终残留：0.05～1.13mg/kg	
10%溴氰虫酰胺可分散油悬浮剂	水稻	消解动态	90g（a.i.）/hm² 喷施1次	水稻体内 $t_{1/2}$：5.25d，28d 后消解率＞95%	[276]
		最终残留	60g（a.i.）/hm² 和 300g（a.i.）/hm² 喷施1次	水稻秸秆、稻壳和糙米最终残留量均在 0.2mg/kg 以下	

续表

农药名称	施用对象	测试项目	施药情况	试验结果	参考文献
10%溴氰虫酰胺悬浮剂	西瓜和土壤	消解动态	100.0（a.i.）/hm² 施用 1 次	西瓜和土壤中 $t_{1/2}$ 分别为 1.1～2.7d 和 2.6～4.1d。间隔 21d，土壤中残留量由 0.52mg/kg 降至 0.019mg/kg	[277]
10%溴氰虫酰胺悬浮剂	小白菜	消解动态	90g（a.i.）/hm² 和 120g（a.i.）/hm²，喷施 1 次	小白菜、土壤中初始沉积量分别为 0.70～1.58mg/kg、0.03～0.06mg/kg；小白菜中 $t_{1/2}$：2.9～6.4d；土壤中 $t_{1/2}$：8.7～18.2d	[14]
		最终残留	60g（a.i.）/hm²、90g（a.i.）/hm² 喷施 3 次和 4 次，每次间隔 7 天	间隔 3～7d，残留量：土壤中 0.01～0.11mg/kg，小白菜中 0.02～1.27mg/kg；最终残留量分别低于 0.20mg/kg 和 0.10mg/kg	
19%溴氰虫酰胺悬浮剂	甘蔗	消解动态	0.3kg/亩施药 1 次	广西南宁和钦州 2 地蔗叶 $t_{1/2}$ 分别为 7.76d、6.12d；间隔 45d 消解率分别达 87.14%、99.01%	[278]
20%溴氰虫酰胺	上海青	消解动态	30g/hm² 施药 1 次	上海青中 $t_{1/2}$：3.6d	[256]
		最终残留	15g/hm²、30g/hm² 施药 1～2 次，施药间隔 7d	间隔 1～14d，溴氰虫酰胺在上海青中的残留量均低于其定量限	
40%溴氰虫酰胺·吡蚜酮水分散粒剂	南瓜	消解动态	675g/hm² 喷雾施药 1 次	原始沉积量为 0.022mg/kg，间隔 30d 消解率＞33%。南瓜样品 $t_{1/2}$：10.2d	[279]
		最终残留	450g/hm²、675g/hm² 喷雾施药 2～3 次，施药间隔 7d	间隔 7d、14d、21d，南瓜中溴氰虫酰胺残留量≤0.031mg/kg	
溴氰虫酰胺	辣椒	消解动态	0.13g（a.i.）/L 灌根施药 1 次，每盆施药 50mL	间隔 5d 残留量达到最大值 0.05mg/kg，辣椒中 $t_{1/2}$：13.9d	[280]
		最终残留	0.13g（a.i.）/L 和 0.195g（a.i.）/L 灌根施药 1 次	药后 14d，在土壤中的残留量为 7.49 和 2.33mg/kg	
10%溴氰虫酰胺可分散油悬浮剂	花椰菜	消解动态	42g/hm² 施药 1 次	花椰菜中 $t_{1/2}$：3.86d	[281]

农药名称	施用对象	测试项目	施药情况	试验结果	参考文献
四氯虫酰胺	甲醇和乙醇溶液	光解	10mg/L、50mg/L 四氯虫酰胺甲醇和乙醇溶液	氙灯：四氯虫酰胺在甲醇和乙醇中的光解 $t_{1/2}$ 分别为 1.58h 和 2.57h；紫外光：$t_{1/2}$ 分别为 1.49min 和 1.60min	[191]
氟苯虫酰胺悬浮剂	辣椒和土壤	消解动态及残留水平	60g（a.i.）/hm² 和 120g(a.i.)/hm² 施药2次，间隔10天	在辣椒上的平均初始沉积量分别为 1.06mg/kg 和 2.00mg/kg；辣椒上的 $t_{1/2}$ 分别为 0.96d 和 0.91d；间隔 3d，降解率在 80% 以上；残留量分别在 7d 和 10d 低于 0.01mg/kg	[282]
氟苯虫酰胺悬浮剂	茄子	消解动态	90g（a.i.）/hm² 和 180g(a.i.)/hm² 施用2次，间隔期7天	初始沉积量分别为 0.33mg/kg 和 0.61mg/kg；$t_{1/2}$ 分别为 0.62d 和 0.54d；间隔 3d，降解率分别在 76% 和 79% 左右	[283]
氟苯虫酰胺	大白菜	消解动态	76.5g(a.i.)/hm² 喷施1次	$t_{1/2}$：6.4~9.8d	[192]
		最终残留	51g（a.i.）/hm²、76.5g(a.i.)/hm² 施药 3 次和 4 次	间隔期 3d，残留量为 <0.01~6.65mg/kg；间隔 5d，残留量为 <0.01~8.35mg/kg；间隔 7d 的残留量为 <0.01~5.14mg/kg	
氟苯虫酰胺	不同浓度硝酸根溶液	光解	氟苯虫酰胺的浓度为 2mg/L	在 300W 汞灯的照射下，氟苯虫酰胺在不同浓度硝酸根离子溶液中的光解半衰期为 0.55~1.36h	[284]
10%氟苯虫酰胺悬浮剂	玉米	消解动态	67.5g(a.i.)/hm² 施药1次	玉米植株、土壤中的初始沉积量分别为：15.173~23.676mg/kg、7.549~11.576mg/kg，玉米植株、土壤中的 $t_{1/2}$ 分别为 0.03~7.5d、4.2~5.6d	[16]
		最终残留	45g（a.i.）/hm²、67.5g(a.i.)/hm² 施药 1 次和 2 次，施药间隔期 7d	玉米植株、土壤中最终残留量为 2.521~4.760mg/kg、0.381~3.302mg/kg；青玉米中最终残留量小于 0.02mg/kg	
10%氟氯氰虫酰胺悬浮剂	水稻	消解动态	50.625g/hm² 施药1次	稻秆、水稻土和田水中的 $t_{1/2}$ 分别为 4.2~13.6d、8.77d 和 5.37~8.45d	[18]
		最终残留	33.75g/hm² 和 50.625g/hm² 喷施 1~2 次	14~28d 残留量为：糙米中 <0.002~0.032mg/kg；稻秸为 0.023~1.010mg/kg；稻壳为 <0.010~2.890mg/kg；土壤为 0.002~0.051mg/kg	

续表

农药名称	施用对象	测试项目	施药情况	试验结果	参考文献
4.8%氯氟氰虫酰胺注干剂	马尾松	残留水平	10mL、15mL、25mL施药1次	注药10mL，间隔5～120d残留量分别为2.98mg/kg、16.54mg/kg、0.20mg/kg、0.32mg/kg、0.46mg/kg、1.24mg/kg；注药15mL，药后60d残留量达到高峰9.21mg/kg，药后120d含量为2.02mg/kg	[285]
氯氟氰虫酰胺水溶液	甲醇、乙腈、丙酮和土壤	消解动态	甲醇、乙腈中氯氟氰虫酰胺浓度为5mg/L，土壤中氯氟氰虫酰胺浓度为5mg/kg	在甲醇、乙腈和丙酮中的初始浓度分别为4.96mg/L、4.98mg/L和4.96mg/L，间隔120h，浓度分别为0.16mg/L、0.09mg/L和0.62mg/L。未灭菌土壤中初始浓度为4.94～4.97mg/kg，间隔120d残留浓度为0.27～0.72mg/kg，$t_{1/2}$：30.1～46.2d。灭菌土壤中初始浓度为4.93～4.95mg/kg，间隔120d，残留浓度为0.97～1.49mg/kg。土壤灭菌$t_{1/2}$变长，为53.3～69.3d	[99]
环溴虫酰胺				土壤中持效期较长，半衰期可达445～1728d	[286]
四唑虫酰胺	番茄	消解动态	60g（a.i.）/hm²、120g(a.i.)/hm²施用2次	果实上初始沉积量分别为0.865mg/kg和1.747mg/kg；土壤中的初始沉积量分别为0.092mg/kg、0.177mg/kg；果实上$t_{1/2}$：2.7d和3.49d。	[20]
四唑虫酰胺包衣剂	玉米种子	消解动态	3.6g（a.i.）/hm²和7.2g(a.i.)/hm²施药1次	低剂量下，0d玉米叶片中残留量：0.922mg/kg，间隔1～7d消散至0.547～0.094mg/kg。10d低于LOQ（<0.05mg/kg）；高剂量下，0d残留量为1.377mg/kg；1～7d和10d的残留物分别为0.772～0.158mg/kg和0.086mg/kg。15d，低于LOQ	[21]
200g/L四唑虫酰胺悬浮剂	番茄	消解动态	30g(a.i.)/hm²剂量施用2次	番茄样品中初始沉积量：0.028～0.162mg/kg，番茄中$t_{1/2}$：1.3～4.4d；间隔10d，降解80.7%～93.7%	[287]
18%四唑虫酰胺悬浮剂	水稻	消解动态	30g/hm²和45g/hm²施药1次	在低剂量下稻田水中初始残留量为0.011mg/kg、0.020mg/kg，高剂量下初始残留量0.019mg/kg、0.021mg/kg，在稻田水降解半衰期$t_{1/2}$：2.50～4.67d	[288]

农药名称	施用对象	测试项目	施药情况	试验结果	参考文献
18％四唑虫酰胺悬浮剂	水稻	最终残留	30g/hm² 和 45g/hm² 施药 2 次	收获期在稻米与稻壳中未检出残留；两地土壤中的最终残留量为 0.0099～0.0157mg/kg	[288]
硫虫酰胺				禁止在蚕室及桑园附近使用，远离水产养殖区、河塘等水体施药	[93]
5％溴虫氟苯双酰胺悬浮剂	水稻	消解动态	45g(a.i.)/hm² 施药 1 次	施药后 2h，水稻土、水稻秸秆初始残留量分别为 0.0329～0.0468mg/kg、2.6491～3.4780mg/kg；水稻土中的 $t_{1/2}$ 小于 6d，田水中的 $t_{1/2}$ 小于 3d	[24]
		最终残留	30g(a.i.)/hm²、45g(a.i.)/hm² 施药 1 次	残留量范围为 0.95～14.86μg/kg。收获时，稻田土壤、稻秆及稻壳样品中残留量均低于定量限	
溴虫氟苯双酰胺	水稻	消解动态	45g/hm² 喷雾施药 1 次	稻田土壤、田水、水稻植株初始沉积量为 0.0329～0.0468mg/kg、0.3115～0.4416mg/kg、2.6491～3.4780mg/kg；稻田水、土壤、植株中 $t_{1/2}$ 分别为 0.46～2.46d、2.09～5.34d、1.31～3.32d	[289]
		最终残留	30g/hm²、45g/hm² 喷雾施药 3 次，施药间隔 10 天	间隔 14d、21d、30d 采样检测，土壤中的最终残留量为 0.0103～0.0199mg/kg	

3.5.5 麦角甾醇生物合成抑制剂 (EBIs)-三唑类杀菌剂

3.5.5.1 戊唑醇 (tebuconazole)

戊唑醇于未成熟洋葱带叶鳞茎中以 187.5～375g(a.i.)/hm² 剂量施用 1 次，其初始沉积量为 0.628～1.228mg/kg，半衰期为 5d[290]。

戊唑醇于石榴以推荐剂量 150g(a.i.)/hm²，推荐剂量的 2 倍 300g(a.i.)/hm² 施用 2 次，间隔 10 天。其在石榴全果中初始沉积量分别为 0.466mg/kg 和 0.783mg/kg。戊唑醇在石榴果实和石榴叶中的半衰期为 11.2～12.6d。两个剂量下在第 1 天，整个果实、果皮和中果皮的残留量分别为 0.418～0.724mg/kg、3.238～5.28mg/kg、0.243～0.486mg/kg[291]。

戊唑醇在黄瓜与土壤中以 321g(a.i.)/hm² 剂量喷洒 1 次。其在黄瓜中初始沉积量为 314μg/kg，在土壤中初始沉积量为 225μg/kg。戊唑醇在黄瓜中的半衰期为 6.5～8.3d，在土壤中的半衰期为 11.6～12.2d。

戊唑醇在黄瓜与土壤中以 214g(a.i.)/hm² 和 321g(a.i.)/hm² 剂量喷洒，两种剂量处理分别喷施 3 次、4 次，施药 1d 后，戊唑醇残留量为 154～522μg/kg[292]。

250g/L 戊唑醇水乳剂于梨树、土壤以 187.5mg(a.i.)/kg 剂量施用 1 次。其在梨上的原始沉积量 0.581mg/kg，消解速率符合一级反应动力学方程，戊唑醇在梨上的半衰期为 4.70d，在土壤中的半衰期为 16.50d。于梨树、土壤以 125mg(a.i.)/kg、187.5mg(a.i.)/kg 剂量施药 2 次，间隔 10 天，末次施药 21d、28d 后戊唑醇在梨中的残留量均低于最低检出限 0.1mg/kg[26]。

430g/L 戊唑醇悬浮剂于黄花菜抽薹现蕾期按推荐用量 193.5g(a.i.)/hm² 喷雾施用 1 次，其在黄花菜样本中的原始沉积量为 2.01～2.91mg/kg，3d 降解率 37.3%～51.5%，10d 降解率 95.6%～96.7%，半衰期为 2.0～2.3d。129.0g(a.i.)/hm²、193.5g(a.i.)/hm² 喷雾施药 3～4 次，施药间隔为 7d。鲜黄花菜中戊唑醇的残留量为＜0.01～3.60mg/kg，距末次施药后 3d 为 0.05～1.0mg/kg，5d 为 0.03～0.51mg/kg，7d 为 0.04～0.25mg/kg，10d 为＜0.01～0.17mg/kg。采收间隔期为 2h、3d、5d、7d、10d 时，其最高残留量分别为 3.60mg/kg、1.00mg/kg、0.51mg/kg、0.25mg/kg、0.17mg/kg，残留量中值分别为 1.93mg/kg、0.31mg/kg、0.12mg/kg、0.07mg/kg、0.05mg/kg。干黄花菜中戊唑醇的残留量为 0.04～58.67mg/kg。距末次施药后 3d 为 0.10～8.10mg/kg，5d 为 0.10～4.57mg/kg，7d 为 0.10～2.00mg/kg，10d 为 0.04～1.10mg/kg，采收间隔期为 2h、3d、5d、7d、10d 时，其最高残留量分别为 58.67mg/kg、8.10mg/kg、4.57mg/kg、2.00mg/kg、1.10mg/kg，残留量中值分别为 21.34mg/kg、3.62mg/kg、2.00mg/kg、0.97mg/kg、0.34mg/kg[293]。

25% 戊唑醇可湿性粉剂于猕猴桃上以制剂稀释 1667 倍液（150mg/kg）剂量喷药 1 次，其在猕猴桃中初始累积量为 0.67～0.89mg/kg；21d 后，残留量为 0.05～0.30mg/kg。戊唑醇在猕猴桃上的消解速率符合一级反应动力学方程，半衰期为 2.6～6.3d。以 2500 倍液（100mg/kg）、1667 倍液（150mg/kg）剂量喷药 2～3 次，施药间隔期为 7d。距最后一次施药 7d 后收获的猕猴桃中，戊唑醇残留范围为 0.110～2.000mg/kg，残留中值为 0.630mg/kg；距最后一次施药 14d 后收获的猕猴桃中，戊唑醇残留范围为 0.069～1.740mg/kg，残留中值为 0.510mg/

kg；距最后一次施药 21d 后收获的猕猴桃中，戊唑醇残留范围为 0.020～1.150mg/kg，残留中值为 0.325mg/kg[294]。

125g/L 戊唑醇在番茄和土壤中以 281.25g(a.i.)/hm²、421.875g(a.i.)/hm² 剂量施药 1 次，其在番茄和土壤中的消解动态符合一级动力学方程。戊唑醇在番茄和土壤中半衰期分别为 8.2～12d 和 32～35d[295]。

40%唑醚・戊唑醇悬浮剂于苹果斑点落叶病发病初期以 100mg/kg 剂量喷雾施药，施药次数 3 次，间隔期为 7d。末次施药后 2h，戊唑醇在苹果中原始沉积量为 0.229～0.315mg/kg。施药后 35d，消解率达到 73%～96%，在苹果中的半衰期为 9.4～21.7d。在上述施药条件下，施药 3 次，距离末次施药 28d 和 35d，苹果中戊唑醇的残留量为 0.010～0.191mg/kg，STMR 为 0.083mg/kg[296]。

430g/L 戊唑醇悬浮剂于葱中按推荐用量 64.50g(a.i.)/hm²、96.75g(a.i.)/hm² 施药 1 次。葱上的初始沉积量为 0.17～0.25mg/kg，半衰期分别为 8.77～9.90d，消解趋势符合一级动力学方程。在上述施药条件下，施药 2～3 次，间隔时间 7d，葱中的残留量在 0.010～0.29mg/kg 之间[297]。

3% 戊唑醇于水稻苗期以 135g(a.i.)/hm² 剂量施药 1 次，其在植株、土壤和田水的原始沉积量最高分别达到了 9.81mg/kg、0.056mg/kg 和 0.182mg/kg。施药 3d 后，戊唑醇在植株、土壤及田水中的消解率分别为 59.3%、35.6% 和 68.7%，药后 14d 植株、土壤及田水中戊唑醇的降解率分别在 85.9%、61.8% 和 95.8% 以上。戊唑醇在水稻植株、土壤以及田水中的消解动态规律均符合一级动力学方程，其半衰期分别为 4.29～6.23d、6.30～11.55d 和 0.92～3.15d。于水稻苗期按 90g(a.i.)/hm² 和高剂量按 135g(a.i.)/hm² 施用 2 次和 3 次，于最后 1 次施药后 28d、35d、42d 分别采样分析，戊唑醇在水稻植株中的残留量在 0.0646～1.713mg/kg 之间。在糙米中最终残留量在 <0.001～0.638mg/kg 之间，在稻壳中最终残留量在 <0.001～4.119mg/kg 之间，在土壤中最终残留量在 0.001～0.402mg/kg 之间，距末次施药 35d 时戊唑醇在糙米中的最终残留量最大值为 0.435mg/kg[118]。

戊唑醇于香蕉及土壤以 1.5 倍推荐剂量 337.5g(a.i.)/hm² 各均匀喷雾 1 次。戊唑醇在云南和海南两地香蕉中的半衰期分别为 16.3d 和 16.9d，在土壤中的半衰期分别为 16.3d 和 19.1d。

戊唑醇于香蕉及土壤以推荐剂量 225g(a.i.)/hm²、1.5 倍推荐剂量 337.5g(a.i.)/hm² 施药 3～4 次，施药间隔 10d，在最后 1 次施药后，45d 时戊唑醇残留量为 0～0.100mg/kg，60d 时为 0～0.043mg/kg，75d 时为 0～0.046mg/kg。施

药后 60d、75d 收获的香蕉中戊唑醇残留量均低于 0.05mg/kg[298]。

40% 嘧菌酯·戊唑醇悬浮剂于水稻以 180g(a.i.)/hm^2 剂量喷雾施药 2 次，在糙米中，施药 2h 后，戊唑醇在浙江义乌、湖南长沙和广西南宁中的原始残留量分别为 0.1488mg/kg、0.1288mg/kg、0.0602mg/kg，戊唑醇在糙米中残留量基本随着时间的延长而降低，但戊唑醇在糙米中的消解动态曲线不太符合一级反应动力学方程，相关系数较低。在稻壳中，戊唑醇在 3 个地区中的原始残留量分别为 0.9642mg/kg、2.7862mg/kg、1.2489mg/kg，在稻壳中戊唑醇的消解动态曲线符合一级反应动力学方程，消解半衰期为 7.37～11.0d。福建龙岩稻壳和稻米中戊唑醇残留量较低，均小于 0.05mg/kg，未得出消解曲线。以 180g(a.i.)/hm^2（制剂用量 30mL/亩）剂量施药两次，距末次施药时间 21d 时糙米中戊唑醇的残留量为 0.05～0.1668mg/kg，距末次施药时间 28d 时糙米中戊唑醇的残留量为 <0.05～0.1648mg/kg[299]（表 3-34）。

3.5.5.2　己唑醇（hexaconazole）

50g/L 己唑醇悬浮剂于番茄以 1.5 倍推荐剂量 225g(a.i.)/hm^2 溶液施药 1 次。其在番茄初始残留量为 0.16～1.71mg/kg，半衰期为 2.6～6.8d。己唑醇在土壤中的初始残留量为 0.34～0.49mg/kg，半衰期为 12.6～25.8d。以推荐剂量 150g(a.i.)/hm^2 喷施 3 次或 4 次，间隔 7d，番茄中己唑醇残留量均在 0.19mg/kg 以下，土壤中己唑醇残留量在 0.05～0.47mg/kg 之间[300]。

己唑醇于马铃薯植株以 10g/hm^2 剂量施药 2 次。末次施后，马铃薯植株块茎初始浓度为 18.36～15.23μg/kg，叶初始浓度为 49.67～49.58μg/kg，土壤初始浓度为 96.11～99.21μg/kg。茎半衰期为 13.07～14.43d，叶半衰期为 14.43～16.11d，土壤半衰期为 13.86～14.14d。以 10g/hm^2、30g/hm^2 剂量施药 3 次，块茎残留量为 51.76μg/kg；末次施用后 38d，叶片残留量为 110.5μg/kg，土壤残留量为 80.4μg/kg。在最低用量（5g/hm^2）下，块茎中农药残留量均低于检出限，叶、茎和土壤中农药终浓度均低于检出限[301]。

己唑醇于猕猴桃中以 112.5mg(a.i.)/kg（2666.7 倍液）剂量施药 1 次，其在猕猴桃中的原始沉积量为 0.56～0.64mg/kg，施药后 28d 己唑醇在猕猴桃中的消解率在 76.5% 以上。己唑醇在山东烟台、山西运城、陕西咸阳、湖北武汉、安徽宿州和重庆九龙坡 6 个试验点猕猴桃中的消解速率较快，其残留量随时间延长而递减，符合一级反应动力学方程，半衰期为 13.9～17.8d。以推荐剂量 75mg(a.i.)/kg（制剂 4000 倍液），推荐剂量 1.5 倍 112.5mg(a.i.)/kg（制剂 2666.7 倍液），对枝、叶及果均匀喷雾，分别施药 3 次和 4 次。猕猴桃中的最终残留量为 0.017～1.18mg/kg，采收间隔期 14d、21d、28d 时，其残留值分别为 0.075～0.90mg/kg、0.017～1.12mg/kg 和 0.047～1.18mg/kg，STMR 分别为 0.41mg/kg、0.30mg/kg 和 0.27mg/kg；在推荐施药剂量和施药次数条件下，其残留值分别为 0.075～0.86mg/kg、0.10～0.31mg/kg 和 0.047～0.31mg/kg，STMR 分别为 0.30mg/kg、0.19mg/kg 和 0.18mg/kg[302]。

50％己唑醇可湿性粉剂于水稻分蘖期以 112.5g(a.i.)/hm² 剂量施药 1 次，其在植株、土壤和田水的原始沉积量最高分别达到了 12.86mg/kg、1.57mg/kg 和 3.61mg/kg，施药 5d 后，己唑醇在植株、土壤及田水中的消解率分别为＞51.19％、51.97％和76.59％，药后30d植株、土壤及田水中己唑醇的消解率分别在 97.72％、60.10％和98.16％以上。己唑醇在水稻植株、土壤以及田水中的消解动态规律均符合一级动力学方程，其半衰期分别为 4.12～7.33d、11.77～23.18d 和 2.89～7.17d。

50％己唑醇可湿性粉剂于水稻分蘖期施药以 75g(a.i.)/hm² 和高剂量按 112.5g(a.i.)/hm² 施药 2 次和 3 次，施药间隔期为 7d，其在水稻植株中的残留量在 0.02～2.65mg/kg 之间，在糙米中最终残留量为 0.02～0.32mg/kg，在土壤中最终残留量为 0.02～0.16mg/kg，在稻壳中最终残留量为 0.02～6.87mg/kg。施药后45d糙米中的己唑醇最终残留量为 0.0857mg/kg，低于我国规定的最大残留限量值 0.1mg/kg[122]。

己唑醇于 pH 值分别为 5、7、9 的缓冲液中配制成浓度为 2mg/L 的溶液，取 50mL 试验溶液于石英管中，盖塞，置于高压汞灯下光解。己唑醇在不同 pH 缓冲液中的光解效果顺序是 pH7＞pH9＞pH5，光解半衰期分别为 5.98min、9.20min 和 15.64min。50mL 己唑醇（2mg/L）和硝酸钠或亚硝酸钠（0mg/L、0.4mg/L、2mg/L、10mg/L、20mg/L）的反应溶液于石英试管中，盖塞，置于高压汞灯下光解。在己唑醇水溶液中添加不同浓度的 NO_3^- 及 NO_2^-，均会不同程度地影响己唑醇的光解速率。在 0～20mg/L 的浓度范围内，NO_3^- 对己唑醇的光解均表现为促进作用，且随着添加浓度的增大促进作用增强；NO_2^- 在 0.4mg/L 和 2mg/L 浓度下，对己唑醇的光解有一定的促进作用，而在 10～20mg/L 浓度时，表现为抑制作用[303]（表 3-34）。

3.5.5.3 丙硫菌唑（prothioconazole）

25％丙硫菌唑悬浮剂于裸露土壤和小麦植株以 337.5g(a.i.)/hm² 剂量施用 1 次。土壤样品的丙硫菌唑初始残留量为 0.142～2.34mg/kg。丙硫菌唑能迅速降解，半衰期低于5.82d。于裸露土壤和小麦植株以推荐的高剂量［225g（a.i.）/hm²］和1.5倍的推荐高剂量337.5g(a.i.)/hm²施用2次和3次，间隔时间为7天。在7～28天内，丙硫菌唑在土壤中的残留量低于1.02mg/kg。在小麦秸秆中，最终残留量为0.228～15.5mg/kg[30]。

0.4mg/L和4mg/L丙硫菌唑水溶液同时设置光照和黑暗处理，黑暗条件下丙硫菌唑可以在水中缓慢降解，半衰期17.77～34.65d；光照可以促进丙硫菌唑在水中的降解，半衰期为13.08～16.50d[304]。

小麦表面原始累积量为700～1800μg/kg的丙硫菌唑在小麦表面的降解半衰期在3.2～3.6d之间。无菌营养液中丙硫菌唑溶液的浓度为1mg/L和5mg/L，移栽小麦苗，在无苗对照组营养液中，丙硫菌唑的残留量低浓度和高浓度在14d后降低了93.1%和70.6%。降解趋势均符合一级反应动力学规律，半衰期在3.6～5.7d之间，处理组在1.06～2.62d之间。低浓度丙硫菌唑小麦根部浓度在培养的20h前快速增加并到达峰值，在48h前保持缓慢消解，在240h后保持稳定。高浓度丙硫菌唑小麦根部在10h前是快速吸收状态，10～192h浓度保持稳定在1300μg/kg左右，在192h后快速下降。小麦茎叶中的丙硫菌唑的浓度与根部的丙硫菌唑趋势大致相同，在20～24h到达峰值，低浓度的茎浓度为388μg/kg，低度叶为418μg/kg，高浓度茎丙硫菌唑浓度为779μg/kg，叶的浓度为573μg/kg[305]。

3.5.5.4 叶菌唑（metconazole）

叶菌唑于葡萄和土壤以90g(a.i.)/hm²剂量喷洒1次，喷施2h后，其在葡萄上、土壤中的初始沉积量分别为0.16～0.20mg/kg、0.11～0.16mg/kg，半衰期分别为11.75d、20.39d。叶菌唑于葡萄和土壤以60g(a.i.)/hm²、90g(a.i.)/hm²剂量喷洒2次和3次，间隔期7d。两种剂量下，在末次施药7d的葡萄和土壤中，叶菌唑残留量分别为0.01～0.19mg/kg和0.002～0.14mg/kg；14d后分别为0.002～0.03mg/kg和0.002～0.07mg/kg；21d后分别为0.002～0.02mg/kg和0.002～0.03mg/kg[33]。

叶菌唑于土壤以20mg/kg剂量施药1次，5天后叶菌唑降解率超过93%。土壤中叶菌唑降解缓慢，半衰期为7.79～9.90d，(S)-叶菌唑的半衰期（$t_{1/2}$）为3.61～9.90d，(R)-叶菌唑为3.45～7.79d[32]。

10%叶菌唑微乳剂于小麦植株以推荐剂量225g(a.i.)/hm²施药2次，施药间隔7d。其消解动态符合一级动力学方程。26d时各处理植株中的叶菌唑残留量为0.007～0.165mg/kg，降解率为98.26%～99.91%[306]。

8％叶菌唑悬浮剂于葡萄果实长至成熟一半大小以 100mg(a.i.)/hm² 剂量施用 1 次。叶菌唑在葡萄和土壤上的半衰期分别为 11.75～21.66d 和 20.39d。以低剂量 60g(a.i.)/hm²，高剂量 90g(a.i.)/hm²，施药 2 次和 3 次，贵州、安徽葡萄中叶菌唑的残留量为＜0.002～0.190mg/kg，土壤中叶菌唑的残留量为＜0.002～0.060mg/kg[307]。

在 pH 值为 4、7、9 的缓冲溶液中将叶菌唑甲醇母液稀释至初始浓度为 5mg/L 的溶液，取 20～30mL 反应液在紫外灯条件下照射，叶菌唑在中性条件下易光解，在酸性或碱性条件下中等光解，中性条件下的光解速率比酸性条件下提高了 9 倍。不同溶剂对叶菌唑光解的影响，分别用正己烷、乙酸乙酯、乙腈、甲醇和超纯水配制初始浓度为 5mg/L 的叶菌唑溶液，置于光稳定性试验箱中进行光化学降解试验。环境物质硝酸盐和亚硝酸盐均会对叶菌唑的光解起促进作用，高浓度时起抑制作用。使土壤叶菌唑质量初始浓度为 5mg/kg，叶菌唑在土壤中的降解半衰期为 36.1～60.3d，属于难降解农药[109]。

50％叶菌唑水分散粒剂于小麦田以推荐使用高剂量的 2 倍（有效成分 180g/hm²）喷雾施药 1 次。其在小麦植株中的消解规律符合一级动力学方程，其在小麦植株中的半衰期为 4.9～7.3d。以推荐使用高剂量（90g/hm²）及其 1.5 倍剂量（135g/hm²）分别施药 2 次和 3 次，施药间隔期为 7d。距最后一次施药间隔 14d 采样测定，麦粒中叶菌唑的残留量为 0.02～0.037mg/kg，STMR 为 0.02mg/kg；间隔 21d 时，残留量为 0.02～0.024mg/kg；间隔 28d 时，残留量为 0.02～0.022mg/kg[308]（表 3-34）。

3.5.5.5 苯醚甲环唑 (difenoconazole)

苯醚甲环唑于小麦田以 135g(a.i.)/hm² 剂量施药 1 次，施药后 2 小时，其在小麦秸秆中为 22.8～44.1mg/kg，在土壤中为 10.2～32.4mg/kg，苯醚甲环唑在小麦秸秆中的半衰期为 3.6～5.5d，在土壤中的半衰期为 4.9～5.8d。施药后 28d，所有试验点的麦秸和土壤中超过 95％的苯醚甲环唑被降解[309]。

10％苯醚甲环唑水分散粒剂于芹菜上以 120g/hm² 剂量在露地栽培条件下施药 3 次，施药后 2h 在芹菜叶、茎和土壤中的原始沉积量分别为 14.5～17.9mg/kg、2.9～4.4mg/kg 和 1.5～3.0mg/kg。苯醚甲环唑在芹菜叶、茎和土壤中消解动态均符合一级反应动力学方程，在芹菜叶、茎和土壤中的消解半衰期分别为 5.2～8.8d、8.0～8.2d 和 13.6～15.0d。以 120g/hm² 剂量喷施 3 次，施药间隔期 5d，距最后一次施药 5d 收获时苯醚甲环唑在芹菜叶中的残留量为 2.9～9.7mg/kg，茎中为 0.58～1.5mg/kg，土壤中为 1.1～2.0mg/kg[35]。

325g/L 苯醚甲环唑·嘧菌酯悬浮剂于金银花上以推荐最高剂量 325mg(a.i.)/kg 施药 2 次，间隔期 7d。苯醚甲环唑在金银花中降解动态符合一级动力学方程，消解半衰期为 4.7~5.2d。其中间隔 7d 采集的金银花中苯醚甲环唑的残留量在 0.096~0.25mg/kg 之间，残留中值为 0.16mg/kg；间隔 14d 采集的金银花样中苯醚甲环唑的残留量在 0.080~0.12mg/kg 之间，残留中值为 0.091mg/kg；间隔 21d 采集的金银花样中苯醚甲环唑的残留量在 0.024~0.056mg/kg 之间，残留中值为 0.040mg/kg[310]。

27.8% 噻呋酰胺·苯醚甲环唑悬浮剂于香蕉上以 417mg/kg 剂量施药 1 次，苯醚甲环唑在土壤中半衰期为 20d；苯醚甲环唑在全蕉中的半衰期为 16d。以 278mg/kg、417mg/kg 剂量各设 2 次施药和 3 次施药。苯醚甲环唑在样品中残留量的大小顺序为：土壤＞全蕉＞果肉。苯醚甲环唑的规范残留中值（STMR）和最高残留值（HR）均小于 0.040mg/kg[311]。

苯醚甲环唑于枸杞鲜果上以 1000 倍液喷雾施药 1 次，在施药 7d 后，枸杞鲜果中苯醚甲环唑消解率达到 68%~72%；在施药 14d 后，枸杞鲜果中苯醚甲环唑消解率达到 83%~90%，消解速率较快，消解动态符合一级反应动力学方程，苯醚甲环唑在枸杞鲜果中的半衰期为 2.2~5.9d。以 1500 倍液、1000 倍液 2 个剂量分别施药 1 次和 2 次，施药间隔时间为 7d。施药 5d 后，枸杞鲜果中苯醚甲环唑残留量为 0.21~0.47mg/kg，枸杞干果中的残留量为 0.72~1.46mg/kg；施药 7d 后，枸杞鲜果中苯醚甲环唑残留量为 0.18~0.36mg/kg，枸杞干果中的残留量为 0.49~0.97mg/kg；施药 10d 后，枸杞鲜果中的残留量为 0.12~0.29mg/kg，枸杞干果中的残留量为 0.43~0.86mg/kg[312]。

10% 苯醚甲环唑微乳剂于火龙果以 150g(a.i.)/hm² 、225g(a.i.)/hm² 剂量施药 1 次。施药后 2h，其在低、高浓度两处理组火龙果果实中原始沉积量分别为 5.78~6.57mg/kg 与 9.54~10.49mg/kg，第 30 天时均未检出。苯醚甲环唑低浓度处理组半衰期为 1.78~2.34d，高浓度处理组半衰期为 1.70~2.72d，表明苯醚甲环唑在火龙果中属于易降解农药，半衰期受喷施浓度影响不大[313]（表3-34）。

3.5.5.6 丙环唑（propiconazole）

丙环唑乳油于香蕉叶片以推荐剂量 250mg(a.i.)/L 喷洒 1 次，四种对映异构体的半衰期为 6.24~14.14d[314]。

18.7% 丙环·嘧菌酯悬乳剂施药于青豆与大豆以每亩 60mL（制剂量）施药 3 次。丙环唑在鲜叶、鲜茎、青豆上的最大残留量分别为 1.300mg/kg、0.059mg/

kg、0.029mg/kg，在干叶、干茎、大豆上的最大残留量分别为 0.581mg/kg、0.050mg/kg、<0.01mg/kg。鲜叶上丙环唑的半衰期为 5.8～7.3d，而在干叶上的半衰期为 8.4～9.0d[315]。

丙环唑于白菜以高浓度（375g/hm²）和低浓度（250g/hm²）剂量施药 2 次。其降解符合一级动力方程，半衰期为 1.98d。低剂量处理组降解率为 77.32%，高剂量处理组降解率为 83.83%；间隔 14d，高剂量处理组残留量下降到 0.036mg/kg，低剂量处理组下降到 0.033mg/kg[316]。

30%苯醚甲环唑·丙环唑乳油于水稻以 270g(a.i.)/hm² 剂量，用水量 50kg/亩稀释 1 次施药。苯醚甲环唑·丙环唑在稻田水、稻田土壤和水稻植株中的平均消解半衰期分别为 6.57d、7.87d、6.04d。苯醚甲环唑·丙环唑在稻田水、土壤和水稻植株中属易消解农药。在水稻分蘖期以 90g(a.i.)/hm² 和 135g(a.i.)/hm² 剂量分别施药 4 次和 5 次，施药间隔期为 7d。苯醚甲环唑·丙环唑在糙米中在最后一次施药后 7d 时的残留量为 0.035～0.076mg/kg；间隔 14d 时为 0.018～0.048mg/kg；间隔 21d 为 0.012～0.039mg/kg[317]。

丙环唑于玉米植株以为 294g/hm² 剂量施药 1 次，施药后 2h，其原始沉积量为 1.647～3.282mg/kg，消解半衰期为 3.3～4.7d。推荐剂量 196g(a.i.)/hm² 和 1.5 倍推荐剂量 294g(a.i.)/hm²，各设 2～3 次施药处理，两次施药间隔 10d，在距最后一次施药 20d 时，玉米植株中的最终残留量为 0.005～0.170mg/kg，在玉米籽粒中的最终残留量为 0.005mg/kg，在土壤中的最终残留量为 0.005～0.088mg/kg；在距最后一次施药 30d 时，在玉米植株中的最终残留量为 <0.005～0.150mg/kg，在玉米籽粒中的最终残留量为 <0.005mg/kg，在土壤中的最终残留量为 <0.005～0.027mg/kg[37]（表 3-34）。

3.5.5.7 氟环唑（epoxiconazole）

40%氟环唑于柑橘以 300mg(a.i.)/kg 剂量施药 1 次，施药 2h 后，柑橘中残留量为 0.092～0.493mg/kg，半衰期为 2.0～18.0d。以 200mg(a.i.)/kg、300mg(a.i.)/kg 剂量，间隔 7 天，喷洒 3 或 4 次，氟环唑的残留量为 0.002～0.403mg/kg、0.002～0.132mg/kg[318]。

12.5%氟环唑悬浮剂于苹果植株以 375mg(a.i.)/kg、750mg(a.i.)/kg 剂量施药 1 次。低剂量氟环唑在苹果植株中原始沉积量为 1.61mg/kg，降解符合一级动力方程式，半衰期为 10.8d，喷药 45d 残留量为 0.088mg/kg；高剂量氟环唑在苹果植株中原始沉积量为 2.95mg/kg，降解符合一级动力方程式，半衰期为 10.5d，喷药 45d 残留量为 0.134mg/kg[319]。

70％氟环唑水分散粒剂于小麦植株以 270g/hm^2 剂量施药 1 次，其在麦秆和土壤中的消解动态符合一级动力学方程，半衰期分别为 10.6～26.9d，在土壤中的半衰期为 6.3～24.0d。以 180g/hm^2、270g/hm^2 分别 2 次施药和 3 次施药，氟环唑在麦粒中的最终残留量为 0.002～0.337mg/kg，在麦秆中的最终残留量为 0.002～1.700mg/kg，在土壤中的最终残留量 0.002～0.411mg/kg。间隔期为 7d 时，氟环唑在麦粒中的残留量为 0.026～0.818mg/kg；间隔期为 14d 时，麦粒中的残留量为 0.014～0.398mg/kg；间隔期为 21d 时，麦粒中的残留量为 0.002～0.257mg/kg；间隔期为 30d 时，麦粒中的残留量为 0.002～0.006mg/kg[40]。

12.5％氟环唑悬浮剂于香蕉和土壤以 300mg(a.i.)/kg 剂量施药 1 次，其在香蕉和土壤中降解动态符合一级反应动力学方程，降解半衰期分别为 7.2～9.9d、8.0～10.0d。施药 35d 氟环唑在香蕉和土壤中的降解均大于 90％。以 300mg(a.i.)/kg、150mg(a.i.)/kg 剂量喷施 3～4 次，距 1 次施药后 42d，在香蕉和土壤中的残留量均低于 0.5mg/kg[41]。

戊唑醇在石榴、苹果、香蕉、猕猴桃等水果以及黄花菜、葱和水稻中的半衰期在 2.0～21.7d 之间，糙米中 0.001～0.638mg/kg；己唑醇在猕猴桃、番茄、马铃薯中半衰期在 2.6～17.8d 之间，在土壤中的半衰期在 12.6～25.8d 之间；丙硫菌唑在土壤中半衰期小于 5.82d，黑暗条件水中缓慢降解，半衰期为 17.77～34.65d；叶菌唑在葡萄、小麦中半衰期 4.9～11.75d，在土壤中半衰期 3.45～20.39d，残留量为 0.002～0.06mg/kg；丙环唑在香蕉叶片、青豆与大豆、水稻、玉米植株中半衰期为 1.98～14.14d，在土壤中残留 0.005～0.088mg/kg；氟环唑苹果植株、香蕉、小麦、柑橘中半衰期 2.0～26.9d，土壤半衰期 6.3～24.0d，残留量在 0.002～1.700mg/kg 之间（表 3-34）。

表 3-34　三唑类杀菌剂消解及残留数据

农药名称	施用对象	测试项目	施药情况	试验结果	参考文献
戊唑醇	洋葱	消解动态	187.5～375g（a.i.）/hm^2 剂量施用 1 次	初始沉积量为 0.628～1.228mg/kg；戊唑醇的 $t_{1/2}$: 5d	[290]
戊唑醇	石榴	消解动态	150g(a.i.)/hm^2、300g(a.i.)/hm^2 施药 2 次	全果中初始沉积量分别为 0.466mg/kg 和 0.783mg/kg。果实和石榴叶中 $t_{1/2}$: 11.2～12.6d。间隔 1d，全果、果皮和中果皮的残留量分别为 0.418～0.724mg/kg、3.238～5.28mg/kg、0.243～0.486mg/kg	[291]

农药名称	施用对象	测试项目	施药情况	试验结果	参考文献
戊唑醇	黄瓜与土壤	消解动态	321g（a.i.）/hm² 喷洒 1 次	黄瓜、土壤中初始沉积量分别为 314μg/kg、225μg/kg；在黄瓜、土壤中 $t_{1/2}$ 分别为 6.5～8.3d、11.6～12.2d	[292]
		最终残留	214g（a.i.）/hm² 和 321g（a.i.）/hm² 喷施 3 次和 4 次	施药 1d 后，残留量为 154～522μg/kg	
250g/L 戊唑醇水乳剂	梨树、土壤	消解动态	187.5mg（a.i.）/kg 施药 1 次	梨上的原始沉积量 0.581mg/kg，梨、土壤中 $t_{1/2}$ 分别为 4.70d、16.50d	[26]
		最终残留	125mg（a.i.）/kg、187.5mg（a.i.）/kg 施药 2 次，间隔 10 天	间隔 21d、28d，梨中的残留量均低于最低检出浓度 0.1mg/kg	
430g/L 戊唑醇悬浮剂	黄花菜	消解动态	193.5g（a.i.）/hm² 喷雾施药 1 次	黄花菜原始沉积量为 2.01～2.91mg/kg，$t_{1/2}$：2.0～2.3d；3d 降解 37.3%～51.5%，10d 降解 95.6%～96.7%	[293]
		最终残留	129.0g（a.i.）/hm²、193.5g（a.i.）/hm² 喷雾施药 3～4 次，施药间隔为 7d	间隔期 2h～10d 时，鲜黄花残留量为 0.01～3.60mg/kg，干黄花菜残留量为 0.04～58.67mg/kg	
25% 戊唑醇可湿性粉剂	猕猴桃	消解动态	150mg/kg 喷药 1 次	初始累积量为 0.67～0.89mg/kg；$t_{1/2}$：2.6～6.3d	[294]
		最终残留	100mg/kg、150mg/kg 喷药 2～3 次。施药间隔 7d	间隔 7d，残留量为 0.110～2.000mg/kg；14d 后，残留量为 0.069～1.740mg/kg；21d 后，残留量为 0.020～1.150mg/kg	
125g/L 戊唑醇	番茄和土壤	消解动态	281.25g（a.i.）/hm²、421.875g（a.i.）/hm² 施药 1 次	在番茄和土壤中 $t_{1/2}$ 分别为 8.2～12d 和 32～35d	[295]
40% 唑醚·戊唑醇悬浮剂	苹果	消解动态	100mg/kg 喷雾施药，次数 3 次，间隔 7d	苹果中原始沉积量为 0.229～0.315mg/kg，$t_{1/2}$：9.4～21.7d。施药后 35d，消解率达到 73%～96%	[296]
		最终残留	相同条件下施药 3 次	间隔 28d 和 35d，苹果中残留量为 0.010～0.191mg/kg，STMR 为 0.083mg/kg	

续表

农药名称	施用对象	测试项目	施药情况	试验结果	参考文献
430g/L戊唑醇悬浮剂	葱	消解动态	64.50g（a.i.）/hm² 96.75g（a.i.）/hm² 施药1次	葱上的初始沉积量为0.17～0.25mg/kg，$t_{1/2}$：8.77～9.90d	[297]
		最终残留	相同条件下施药2～3次	葱中的残留量在0.010～0.29mg/kg	
3%戊唑醇	水稻	消解动态	135g（a.i.）/hm² 施药1次	在植株、土壤和田水的原始沉积量最高分别为9.81mg/kg、0.056mg/kg和0.182mg/kg，$t_{1/2}$分别为4.29～6.23d、6.30～11.55d和0.92～3.15d	[118]
		最终残留	90g（a.i.）/hm²、135g（a.i.）/hm²施用2次和3次	水稻植株中0.0646～1.713mg/kg；糙米中0.001～0.638mg/kg；稻壳中0.001～4.119mg/kg；土壤中0.001～0.402mg/kg	
戊唑醇	香蕉及土壤	最终残留	225g（a.i.）/hm²、337.5g（a.i.）/hm²施药3～4次，施药间隔10d	间隔45d，0～0.100mg/kg；间隔60d，0～0.043mg/kg；间隔75d，0～0.046mg/kg；间隔60d、75d收获的香蕉中残留量均低于0.05mg/kg	[298]
40%嘧菌酯·戊唑醇悬浮剂	水稻	消解动态	180g（a.i.）/hm² 喷雾施药2次	糙米中初始沉积量分别为0.0602～0.1488mg/kg，稻壳中，0.9642～2.7862mg/kg，$t_{1/2}$：7.37～11.0d	[299]
		最终残留	与上述条件相同	间隔21d，糙米中残留量为0.05～0.1668mg/kg；间隔28d，为<0.05～0.1648mg/kg	
50g/L己唑醇悬浮剂	番茄	消解动态	225g（a.i.）/hm² 施药1次	番茄、土壤中初始沉积量分别为0.16～1.71mg/kg、0.34～0.49mg/kg，$t_{1/2}$分别为2.6～6.8d、12.6～25.8d	[300]
		最终残留	150g（a.i.）/hm² 喷施3次或4次，间隔7d	番茄中残留量均在0.19mg/kg以下，土壤中残留量在0.05～0.47mg/kg之间	

农药名称	施用对象	测试项目	施药情况	试验结果	参考文献
己唑醇	马铃薯	消解动态	$10g/hm^2$ 施药 2 次	植株块茎、叶、土壤初始沉积量分别为 $18.36 \sim 15.23\mu g/kg$、$49.67 \sim 49.58\mu g/kg$、$96.11 \sim 99.21\mu g/kg$。块茎、叶、土壤 $t_{1/2}$ 分别为 $13.07 \sim 14.43d$、$14.43 \sim 16.11d$、$13.86 \sim 14.14d$	[301]
		最终残留	$10g/hm^2$、$30g/hm^2$ 施药 3 次	块茎残留量为 $51.76\mu g/kg$；末次施用后38d，叶片含量为 $110.5\mu g/kg$，土壤含量为 $80.4\mu g/kg$	
己唑醇	猕猴桃	消解动态	$112.5mg$（a.i.）/kg 施药 1 次	猕猴桃中原始沉积量为 $0.56 \sim 0.64mg/kg$，$t_{1/2}$：$13.9 \sim 17.8d$；间隔 28d 在猕猴桃中的消解率在 76.5% 以上	[302]
		最终残留	$75mg$（a.i.）/kg、$112.5mg$（a.i.）/kg 分别施药 3 次和 4 次	猕猴桃最终残留量为 $0.017 \sim 1.18mg/kg$，间隔 14d、21d、28d 时，其残留值分别为 $0.075 \sim 0.90mg/kg$、$0.017 \sim 1.12mg/kg$、$0.047 \sim 1.18mg/kg$	
50%己唑醇可湿性粉剂	水稻（分蘖期）	消解动态	$112.5g$（a.i.）/hm² 施药 1 次	在植株、土壤和田水的原始沉积量最高，分别达到了 $12.86mg/kg$、$1.57mg/kg$ 和 $3.61mg/kg$；$t_{1/2}$ 分别为 $4.12 \sim 7.33d$、$11.77 \sim 23.18d$ 和 $2.89 \sim 7.17d$	[122]
		最终残留	$75g$（a.i.）/hm²、$112.5g$（a.i.）/hm² 施药 2 次和 3 次，施药间隔 7d	水稻植株中最终残留量 $0.02 \sim 2.65mg/kg$，在糙米中最终残留量 $0.02 \sim 0.32mg/kg$，土壤中最终残留量 $0.02 \sim 0.16mg/kg$，稻壳中最终残留量 $0.02 \sim 6.87mg/kg$	
己唑醇	pH 缓冲液、硝酸钠或亚硝酸钠（0、0.4、2、10、20mg/L）溶液	光解	pH 值分别为 5、7、9 的缓冲液、硝酸钠、亚硝酸钠溶液中己唑醇浓度为 2mg/L	光解快慢顺序是 pH 7＞pH 9＞pH 5，光解 $t_{1/2}$ 分别为 5.98min、9.20min 和 15.64min。NO_3^- 在 $0 \sim 20mg/L$ 的浓度范围内，对己唑醇的光解均表现为促进作用，NO_2^- 在 0.4mg/L 和 2mg/L 浓度下，对己唑醇的光解有一定的促进作用，而在 $10 \sim 20mg/L$ 浓度时，表现为抑制作用	[303]

农药名称	施用对象	测试项目	施药情况	试验结果	参考文献
25%丙硫菌唑悬浮剂	裸露土壤和小麦植株	消解动态	337.5g（a.i.）/hm² 施药1次	土壤样品初始沉积量为0.142～2.34mg/kg。丙硫菌唑能迅速降解，$t_{1/2}$ 低于5.82d	[30]
		最终残留	225g（a.i.）/hm²、337.5g（a.i.）/hm² 施药2次和3次，间隔为7d	在7～28天内，丙硫菌唑在土壤中的残留量低于1.02mg/kg。在小麦秸秆中，最终残留量为0.228～15.5mg/kg	
丙硫菌唑	水	光解	0.4mg/L和4mg/L丙硫菌唑水溶液，同时设置光照和黑暗处理	黑暗中在水中缓慢降解，半衰期17.77～34.65d；光照可以促进丙硫菌唑在水中的降解速率，$t_{1/2}$：13.08～16.50d	[304]
丙硫菌唑溶液	小麦苗	吸收累积	无菌营养液中丙硫菌唑溶液的浓度为1mg/L和5mg/L，移栽小麦苗	吸收20～24h到达峰值，低浓度的茎浓度为388μg/kg，叶为418μg/kg；高浓度茎浓度为779μg/kg，叶的浓度为573μg/kg	[305]
叶菌唑	葡萄和土壤	消解动态	90g（a.i.）/hm² 喷洒1次	叶菌唑在葡萄体内、土壤中的初始沉积量分别为0.16～0.20mg/kg、0.11～0.16mg/kg，$t_{1/2}$ 分别为11.75d、20.39d	[33]
		最终残留	60g（a.i.）/hm²、90g（a.i.）/hm² 喷洒2次和3次，间隔7d	两种剂量下，在葡萄和土壤中，7d残留量分别为0.01～0.19mg/kg，0.002～0.14mg/kg；14d为0.002～0.03mg/kg，0.002～0.07mg/kg；21d为0.002～0.02mg/kg，0.002～0.03mg/kg。叶菌唑在葡萄和土壤中的最终残留量为＜0.002～0.19mg/kg和0.002～0.06mg/kg	
叶菌唑	土壤	消解动态	20mg/kg施药1次	土壤中叶菌唑降解缓慢，$t_{1/2}$：7.79～9.90d，(S)-叶菌唑的 $t_{1/2}$ 为3.61～9.90d，(R)-叶菌唑为3.45～7.79d	[32]
10%叶菌唑微乳剂	小麦植株	消解及残留	225g（a.i.）/hm² 施药2次，施药间隔7d	间隔26d，各处理植株中的叶菌唑残留量0.007～0.165mg/kg，降解率为98.26%～99.91%	[306]

农药名称	施用对象	测试项目	施药情况	试验结果	参考文献
8%叶菌唑悬浮剂	葡萄	消解动态	100mg(a.i.)/hm² 施用1次	在葡萄和土壤上的 $t_{1/2}$ 分别为11.75～21.66d 和 20.39d	[307]
		最终残留	60g(a.i.)/hm²、90g(a.i.)/hm²，施药2次和3次	贵州、安徽葡萄中叶菌唑的残留量为<0.002～0.190mg/kg，土壤中叶菌唑的残留量为<0.002～0.060mg/kg	
叶菌唑甲醇溶液	在缓冲溶液；不同溶剂；土壤	光解	初始浓度为5mg/L 叶菌唑甲醇溶液	叶菌唑在中性条件下易光解，在酸性或碱性条件下中等光解；硝酸盐和亚硝酸盐加速光解，高浓度起抑制作用；在土壤中 $t_{1/2}$ 为36.1～60.3d	[109]
50%叶菌唑水分散粒剂	小麦	消解动态	180g/hm² 喷雾施药1次	小麦植株中的 $t_{1/2}$：4.9～7.3d	[308]
		最终残留	90g/hm²、135g/hm² 施药2次和3次，施药间隔为7d	间隔14d，麦粒中残留量0.02～0.037mg/kg，STMR 为 0.02mg/kg；间隔21d 时，残留量0.02～0.024mg/kg；间隔28d 时，残留量0.02～0.022mg/kg	
苯醚甲环唑	小麦田	消解动态	135g(a.i.)/hm² 施药1次	间隔2h，初始沉积量在小麦秸秆中为22.8～44.1mg/kg，在土壤中为10.2～32.4mg/kg。在小麦秸秆、土壤 $t_{1/2}$ 分别为 3.6～5.5d、4.9～5.8d	[309]
10%苯醚甲环唑水分散粒剂	芹菜、土壤	消解动态	120g/hm² 施药3次	芹菜叶、茎和土壤中的原始沉积量分别为 14.5～17.9mg/kg、2.9～4.4mg/kg 和 1.5～3.0mg/kg。在芹菜叶、茎和土壤中的 $t_{1/2}$ 分别为5.2～8.8d、8.0～8.2d 和 13.6～15.0d	[35]
		最终残留	120g/hm² 喷施3次，施药间隔期5d	间隔5d，芹菜叶：2.9～9.7mg/kg，茎中：0.58～1.5mg/kg，土壤：1.1～2.0mg/kg	
325g/L苯醚甲环唑·嘧菌酯悬浮剂	金银花	消解及残留	325mg(a.i.)/kg 施药2次，间隔期7d	$t_{1/2}$：4.7～5.2d。残留量，间隔7d：0.096～0.25mg/kg；间隔14d：0.080～0.12mg/kg；间隔21d：0.024～0.056mg/kg	[310]

农药名称	施用对象	测试项目	施药情况	试验结果	参考文献
27.8%噻呋酰胺·苯醚甲环唑悬浮剂	香蕉	消解动态	417mg/kg 施药 1 次	土壤 $t_{1/2}$ 为 20d；香蕉 $t_{1/2}$ 为 16d	[311]
		最终残留	278mg/kg、 417mg/kg 各设 2 次施药和 3 次施药	STMR、HR 均小于 0.040mg/kg	
苯醚甲环唑	枸杞鲜果	消解动态	1000 倍液喷雾施药 1 次	$t_{1/2}$：2.2～5.9d	[312]
		最终残留	1500 倍液、1000 倍液 2 个剂量分别施药 1 次和 2 次	鲜果：间隔 5d 残留量为 0.21～0.47mg/kg；间隔 7d 残留量为 0.18～0.36mg/kg；间隔 10d 残留量为 0.12～0.29mg/kg。枸杞干果间隔 5d、7d、10d 的残留量分别为：0.72～1.46mg/kg、0.49～0.97mg/kg、0.43～0.86mg/kg	
10%苯醚甲环唑微乳剂	火龙果	消解动态	150g(a.i.)/hm²、225g(a.i.)/hm²，施药一次	原始沉积量：低剂量 5.78～6.57mg/kg，$t_{1/2}$：1.78～2.34d；高剂量 9.54～10.49mg/kg，$t_{1/2}$：1.70～2.72d	[313]
丙环唑乳油	香蕉	消解动态	250mg（a.i.）/L 喷洒 1 次	丙环唑对映异构体 $t_{1/2}$：6.24～14.14d	[314]
18.7%丙环·嘧菌酯悬乳剂	青豆与大豆	消解动态	每亩 60mL 施药 3 次	鲜叶上 $t_{1/2}$：5.8～7.3d，干叶上 $t_{1/2}$：8.4～9.0d；鲜叶、鲜茎、青豆上的最大残留量分别为 1.300mg/kg、0.059mg/kg、0.029mg/kg；干叶、干茎、大豆上的最大残留量分别为 0.581mg/kg、0.050mg/kg、<0.01mg/kg	[315]
丙环唑	白菜	消解及残留	375g/hm² 和 250g/hm²，用水量为 3000L/hm² 施药 2 次	$t_{1/2}$：1.98d；间隔 14d：残留量高剂量处理组 0.036mg/kg，低剂量处理组 0.033mg/kg	[316]
30%苯醚甲环唑·丙环唑乳油	水稻	消解残留	270g(a.i.)/hm² 施药 1 次	稻田水、稻田土壤和水稻植株中的平均 $t_{1/2}$ 分别为：6.57d、7.87d、6.04d	[317]
		最终残留	90g(a.i.)/hm² 和 135g(a.i.)/hm² 分别施药 4 次和 5 次，施药间隔期为 7d	间隔 7d 残留量：0.035～0.076mg/kg；间隔 14d 残留量：0.018～0.048mg/kg；间隔 21d 残留量：0.012～0.039mg/kg	

农药名称	施用对象	测试项目	施药情况	试验结果	参考文献
丙环唑	玉米植株	消解动态	294g/hm² 施药 1 次	施药后 2h, 原始沉积量 1.647～3.282mg/kg, $t_{1/2}$: 3.3～4.7d	[37]
		最终残留	196g(a.i.)/hm² 和 294g(a.i.)/hm², 2～3 次施药, 施药间隔 10d	间隔 20d: 于玉米植株、玉米籽粒、土壤残留量分别为 ＜0.005～0.170mg/kg、＜0.005mg/kg、0.005～0.088mg/kg 间隔 30d: 于玉米植株、玉米籽粒、土壤残留量分别为 ＜0.005～0.150mg/kg、＜0.005mg/kg、0.005～0.027mg/kg	
40%氟环唑	柑橘	消解残留	300mg/kg 施药 1 次	施药 2h 后, $t_{1/2}$: 2.0～18.0d, 残留量: 0.092～0.493mg/kg	[318]
12.5%氟环唑悬浮剂	苹果植株	消解动态	375mg(a.i.)/kg、750mg(a.i.)/kg 施药 1 次	两种剂量下的原始沉积量分别为 1.61mg/kg、2.95mg/kg, $t_{1/2}$ 分别为 10.8d、10.5d。间隔 45d: 残留量分别为 0.088mg/kg、0.134mg/kg	[319]
70%氟环唑水分散粒剂	小麦及土壤	消解动态	270g/hm² 施药 1 次	麦秆中 $t_{1/2}$: 10.6～26.9d, 土壤中 $t_{1/2}$: 6.3～24.0d	[40]
		最终残留	180g/hm²、270g/hm² 分别 2 次施药和 3 次施药	麦粒中, 间隔 7d: 0.026～0.818mg/kg 间隔 14d: 0.014～0.398mg/kg 间隔 21d: 0.002～0.257mg/kg 麦粒、麦秆、土壤中最终残留量分别为: 0.002～0.337mg/kg、0.002～1.700mg/kg、0.002～0.411mg/kg	
12.5%氟环唑悬浮剂	香蕉和土壤	消解动态	300mg(a.i.)/kg 施药 1 次	在香蕉和土壤中的 $t_{1/2}$ 分别为 7.2～9.9d、8.0～10.0d	[41]
		最终残留	以 300mg(a.i.)/kg、150mg(a.i.)/kg, 喷施 3～4 次	间隔 42d, 在香蕉和土壤中的残留量均低于 0.5mg/kg	

3.5.6　甲氧基丙烯酸酯类杀菌剂

3.5.6.1　吡唑醚菌酯（pyraclostrobin）

吡唑醚菌酯于葡萄和土壤以 800g(a.i.)/hm² 剂量喷洒处理 1 次，其在葡萄中原始累积量为 2.39～2.44mg/kg，土壤中原始累积量为 0.41～0.68mg/kg；在葡萄和土壤中的降解半衰期为 3.6～7.0d。以 800g(a.i.)/hm^2 和 1000g(a.i.)/hm^2 剂量分别喷洒 3 次和 4 次，两种剂量下，在葡萄和土壤中的最终残留量分别为 0.05～0.32mg/kg 和 0.05～0.87mg/kg（表 3-35）[44]。

25％吡唑醚菌酯悬浮剂于香菜、韭菜、白菜、奶油生菜、萝卜菜、黄心乌白菜、奶油小白菜以 45mL/亩（制剂用量）施药 1 次，原始沉积量分别为 9.25mg/kg、6.40mg/kg、12.82mg/kg、5.59mg/kg、7.99mg/kg、12.45mg/kg、11.52mg/kg；半衰期为 1.36～6.93d。以 30mL/亩（制剂用量）和 45mL/亩（制剂用量）分别施药 2 次、3 次，间隔期为 7 天，距离末次施药 14～28d 后，7 种蔬菜中吡唑醚菌酯残留量为 0.001～4.95mg/kg[320]。

吡唑醚菌酯于马铃薯上以 273.6g/hm^2 剂量茎叶喷雾施药 1 次，施药后，其在马铃薯植株中的原始沉积量为 0.27～0.49mg/kg。吡唑醚菌酯在马铃薯植株中的降解符合一级反应动力学方程，半衰期为 5.0～7.2d，属易消解型农药。以 182.4g/hm^2 剂量施药 3 次，施药间隔 7d，吡唑醚菌酯在马铃薯块茎中末次施药后第 7d 的最终残留量为 <0.005～0.0058mg/kg，间隔 14d：<0.005mg/kg[321]。

5％吡唑醚菌酯悬浮剂于金银花上以 250mg/kg 剂量施药 2 次，施药间隔 7d，其在金银花中的消解动态曲线符合一级动力学方程，金银花（鲜）和金银花（干）半衰期分别为 2.1～2.7d 和 2.2～4.3d，金银花（鲜）和金银花（干）中吡唑醚菌酯的最终残留量分别为 0.017～0.041mg/kg 和 0.035～0.21mg/kg[322]。

吡唑醚菌酯于人参植株以 286.2g(a.i.)/hm^2 剂量施药 1 次，原始沉积量为 48.567～60.568mg/kg，其在人参植株中的消解过程符合一级动力学方程，半衰期为 0.2～8.4d。以 190.8g(a.i.)/hm^2、286.2g(a.i.)/hm^2 剂量茎叶喷雾施药 2 次和 3 次，施药间隔为 7d，收获期吡唑醚菌酯在鲜人参中的最终残留量为 0.01～0.139mg/kg，在人参干粉中的最终残留量为 0.01～0.203mg/kg[323]（表 3-35）。

3.5.6.2 嘧菌酯（azoxystrobin）

40％嘧菌酯·戊唑醇悬浮剂于水稻以 180g(a.i.)/hm^2 剂量喷雾施药 2 次，施药 2h 后，原始残留量分别为 0.3603mg/kg、1.3293mg/kg、0.9651mg/kg。其消解规律符合准一级动力学方程。以 180g(a.i.)/hm^2 施药两次，距末次施药时间 21d、28d 时糙米中嘧菌酯的残留量均小于 0.05mg/kg，其残留量均较低[299]。

嘧菌酯于石榴上以 325.1mg/kg 剂量施药 1 次，在石榴中的原始沉积量为 0.21～0.87mg/kg，嘧菌酯在石榴上的消解动态符合一级动力学方程，半衰期在

2.3~5.9d 之间。以 216.7mg/kg、325.1mg/kg，施药 3 次和 4 次，间隔 7d 时，石榴籽中的残留量在＜0.02~0.16mg/kg 之间；间隔 14d 时，石榴籽中的残留量为＜0.02~0.081mg/kg；采收间隔期为 21d 时，石榴籽中的残留量为＜0.02~0.050mg/kg[324]。

25%嘧菌酯悬浮剂于铁皮石斛以 300g/hm² 剂量，喷雾施药 1 次，嘧菌酯的原始沉积量为 0.934mg/kg，其消解动态符合一级动力学方程，消解半衰期为 11.25~12.46d。间隔 14d 时，铁皮石斛中嘧菌酯的残留量为 0.329mg/kg，ST-MR 为 0.350mg/kg；距最后一次施药 21d 时采收，嘧菌酯残留量为 0.169mg/kg，STMR 为 0.184mg/kg[325]。

75%戊唑醇·嘧菌酯水分散粒剂于葱、姜、萝卜和萝卜叶以 168.75g(a.i.)/hm² 剂量施药 2 次，间隔 14d，残留量分别为＜0.01mg/kg、＜0.01mg/kg、＜0.01mg/kg、0.030~3.27mg/kg；间隔 21d，残留量分别为＜0.01mg/kg、＜0.01~0.014mg/kg、＜0.01mg/kg、0.031~2.38mg/kg。相同条件施药于豇豆和甜瓜上，间隔期 7d，残留量分别为＜0.01~0.028mg/kg、＜0.01~0.053mg/kg；采收间隔期 10d 时，残留量分别为＜0.01~0.011mg/kg、＜0.01~0.044mg/kg。萝卜叶与其他 5 种基质中嘧菌酯残留量均存在差异[326]。

50%嘧菌酯水分散粒剂于洋葱上以 450g/hm² 剂量施药 1 次，洋葱植株上的降解半衰期分别为 3.8~3.9d。以 300g/hm²、450g/hm² 剂量施药 2 次和 3 次，施药间隔 7d，嘧菌酯在洋葱上残留量为＜0.010~1.08mg/kg[327]（表 3-35）。

3.5.6.3 肟菌酯 (trifloxystrobin)

肟菌酯于小麦植株中以 144g(a.i.)/hm² 剂量施用 2 次，间隔 7d，半衰期为 5.8~7.6d，在最后一次施用 28d 后，肟菌酯在小麦籽粒样品中的最大残留量为 0.023mg/kg[328]。

75%肟菌·戊唑醇水分散粒剂 3000 倍液施用于青花椒树上，施药 3 次，间隔期 7d，在青花椒中肟菌酯的消解动态符合一级动力学方程，半衰期为 3.4~3.9d，且在果实中的残留水平低于在叶片中，青花椒果实肟菌酯的最终残留量低于定量限 0.02mg/kg[329]。

40%肟菌酯·苯醚甲环唑水分散粒剂于苹果以 100mg/kg 剂量喷雾施药 3 次，施药间隔 7d。在末次施药后 21d 时，肟菌酯在苹果中的残留量为＜0.05~0.15mg/kg。在末次施药 28d 后，肟菌酯在苹果中的残留量为＜0.05~0.14mg/kg[330]。

肟菌酯在水稻植株中以 84.37g(a.i.)/hm² 剂量施药 1 次，在田水和土壤中，以 56.25g(a.i.)/hm^2 剂量施药 1 次，肟菌酯在田水、土壤和水稻植株中的消解规律符合一级动力学模型。肟菌酯在稻田水中的降解半衰期为 1.8～7.3d，在土壤中为 2.4～9.7d，在植株中为 1.4～12.4d。以 84.37g(a.i.)/hm^2、56.25g(a.i.)/hm^2，喷雾施药 3～4 次，每次施药间隔 7 天，将药液均匀喷施于水稻茎叶处，土壤样品中肟菌酯的最高残留量为 0.293mg/kg；植株样品中最高残留量为 4.435mg/kg；谷壳样品中最高残留量为 8.569mg/kg；糙米样品中最高残留量为 0.901mg/kg。绝大部分糙米样品中未检出肟菌酯残留[46]（表 3-35）。

3.5.6.4　烯肟菌酯（enestroburin）

烯肟菌酯于苹果以推荐剂量的 2 倍（450 倍稀释液）施药 1 次，在苹果中原始沉积量 0.4031～0.9184mg/kg，在土壤中原始沉积量 0.2366～0.6377mg/kg，苹果中降解的半衰期为 2.91～7.74d，土壤中降解的半衰期为 8.85～11.09d。以推荐剂量（900 倍稀释液）和推荐剂量的 2 倍（450 倍稀释液）施药 2～3 次，苹果和土壤间隔 21d 残留量，高剂量下残留量分别为 0.0612～0.0843mg/kg 和 0.1190～0.1013mg/kg；低剂量下残留量分别为 0.0428～0.0891mg/kg 和 0.0190～0.0322mg/kg。苹果收获时烯肟菌酯的消解率在 90% 以上[49]。

25% 烯肟菌酯·霜脲氰可湿性粉剂于葡萄及土壤中以 1200g(a.i.)/hm^2 剂量，施药 1 次。烯肟菌酯葡萄园土壤中的半衰期在 7.65～8.20d；在葡萄中的半衰期为 6.36～7.30d。以 800g/hm^2、1600g/hm^2 剂量于葡萄结果期分别施药 4 次和 5 次，施药间隔为 7d。烯肟菌酯在葡萄园土壤中的最终残留量为 0.00753～0.125mg/kg，在葡萄中的最终残留量为 0.00753～1.117mg/kg[331]（表 3-35）。

吡唑醚菌酯、嘧菌酯、肟菌酯、烯肟菌酯在香菜、韭菜、白菜、葱、姜、萝卜、豇豆、洋葱等蔬菜，以及葡萄、石榴、苹果和金银花、人参植株、水稻、铁皮石斛等半衰期多数在 0.2～12.46d，均小于 30d，属于易降解农药，1d 以后残留量在 0.001～4.95mg/kg 之间（表 3-35）。

表 3-35　甲氧基丙烯酸酯类杀菌剂消解及残留数据

农药名称	施用对象	测试项目	施药情况	试验结果	参考文献
吡唑醚菌酯	葡萄和土壤	消解动态	800g(a.i.)/hm^2 剂量喷洒处理 1 次	葡萄和土壤中原始累积量分别为 2.39～2.44mg/kg、0.41～0.68mg/kg；在两者中的 $t_{1/2}$：3.6～7.0d	[44]
		最终残留	800g(a.i.)/hm^2 和 1000g(a.i.)/hm^2 喷洒 3 次和 4 次	在葡萄和土壤中的最终残留量分别为 0.05～0.32mg/kg 和 0.05～0.87mg/kg	

农药名称	施用对象	测试项目	施药情况	试验结果	参考文献
25%吡唑醚菌酯悬浮剂	香菜、韭菜、白菜、奶油生菜、萝卜菜、黄心乌白菜、奶油小白菜	消解动态	45mL/亩施药1次	其中蔬菜的原始沉积量分别为9.25mg/kg、6.40mg/kg、12.82mg/kg、5.59mg/kg、7.99mg/kg、12.45mg/kg、11.52mg/kg；$t_{1/2}$：1.36～6.93d	[320]
		最终残留	30mL/亩和45mL/亩，分别施药2次、3次，施药间隔7d	间隔14～28d，7种蔬菜中残留量为0.001～4.95mg/kg	
吡唑醚菌酯	马铃薯	消解动态	273.6g/hm² 茎叶喷雾施药1次	原始累积量为0.27～0.49mg/kg，$t_{1/2}$：5.0～7.2d	[321]
		最终残留	182.4g/hm² 施药3次，施药间隔7d	残留量，间隔7d：<0.005～0.0058mg/kg；间隔14d：<0.005mg/kg	
5%吡唑醚菌酯悬浮剂	金银花	消解及残留	250mg/kg 施药2次，施药间隔7d	金银花（鲜）和金银花（干）$t_{1/2}$ 分别为2.1～2.7d和2.2～4.3d；金银花（鲜）和金银花（干）中最终残留量分别为0.017～0.041mg/kg和0.035～0.21mg/kg	[322]
吡唑醚菌酯	人参植株	消解动态	286.2g(a.i.)/hm²，施药1次	原始沉积量为48.567～60.568mg/kg，$t_{1/2}$：0.2～8.4d	[323]
		最终残留	190.8g(a.i.)/hm²、286.2g(a.i.)/hm² 施药2次和3次，施药间隔为7d	鲜人参中的最终残留量为0.01～0.139mg/kg；人参干粉中的最终残留量为0.01～0.203mg/kg	
40%嘧菌酯·戊唑醇悬浮剂	水稻	消解及残留	180g(a.i.)/hm² 喷雾施药2次	施药2h后，原始残留量分别为0.3603mg/kg、1.3293mg/kg、0.9651mg/kg间隔21d、28d时糙米中嘧菌酯的残留量均小于0.05mg/kg	[299]
嘧菌酯	石榴	消解动态	325.1mg/kg 施药1次	原始沉积量为0.21～0.87mg/kg；$t_{1/2}$：2.3～5.9d	[324]
		最终残留	216.7mg/kg、325.1mg/kg，施药3次和4次	石榴籽中残留量间隔7d：<0.02～0.16mg/kg；间隔14d：<0.02～0.081mg/kg；间隔21d：<0.02～0.050mg/kg	

农药名称	施用对象	测试项目	施药情况	试验结果	参考文献
25%嘧菌酯悬浮剂	铁皮石斛	消解动态	以 300g/hm² 剂量,喷雾施药 1 次	原始沉积量为 0.934mg/kg,$t_{1/2}$:11.25~12.46d	[325]
75%戊唑醇·嘧菌酯水分散粒剂	葱、姜、萝卜、豇豆和甜瓜	最终残留	168.75g (a.i.)/hm²,施药次数 2 次	间隔 14d:葱、姜、萝卜和萝卜叶分别为<0.01mg/kg、<0.01mg/kg、<0.01mg/kg、0.030~3.27mg/kg;间隔 21d:分别为<0.01mg/kg、<0.01~0.014mg/kg、<0.01mg/kg、0.031~2.38mg/kg;豇豆和甜瓜间隔 7d:残留量分别为<0.01~0.028mg/kg、<0.01~0.053mg/kg;间隔 10d 时:残留量分别为<0.01~0.011mg/kg、<0.01~0.044mg/kg	[326]
50%嘧菌酯水分散粒剂	洋葱植株	消解动态	450g/hm²施药 1 次	$t_{1/2}$:3.8~3.9d	[327]
		最终残留	300g/hm²、450g/hm²,施药 2 次和 3 次,施药间隔 7d	最终残留量值<0.010~1.08mg/kg	
肟菌酯	小麦	消解及残留	144g(a.i.)/hm² 施用 2 次,间隔 7d	$t_{1/2}$:5.8~7.6d;间隔 28d:小麦籽粒样品中的最大残留量为 0.023mg/kg	[328]
75%肟菌·戊唑醇水分散粒剂	青花椒	消解及残留	3000 倍液,施药 3 次,间隔期 7d	$t_{1/2}$:3.4~3.9d 青花椒果实肟菌酯的最终残留量小于 0.02mg/kg	[329]
40%肟菌酯·苯醚甲环唑水分散粒剂	苹果	最终残留	100mg/kg 喷雾施药 3 次,施药间隔 7d	末次施药残留量 21d:<0.05~0.15mg/kg 28d:<0.05~0.14mg/kg	[330]
肟菌酯	水稻植株、田水和土壤	消解动态	水稻:84.37g(a.i.)/hm² 施药 1 次 田水、土壤:56.25g(a.i.)/hm² 施药 1 次	稻田水、土壤、植株中的降解 $t_{1/2}$ 分别为 1.8~7.3d、2.4~9.7d、1.4~12.4d	[46]
		最终残留	84.37g(a.i.)/hm²、56.25g(a.i.)/hm²,施药 3 次、4 次,施药间隔 7 天	土壤样品、植株样品、谷壳样品中、糙米样品中最高残留量分别为:0.293mg/kg、4.435mg/kg、8.569mg/kg、0.901mg/kg	

农药名称	施用对象	测试项目	施药情况	试验结果	参考文献
烯肟菌酯	苹果	消解动态	推荐剂量的 2 倍（450 倍稀释液）施药 1 次	苹果中原始沉积量 0.4031～0.9184mg/kg，土壤中原始沉积量 0.2366～0.6377mg/kg；$t_{1/2}$ 分别为 2.91～7.74d、8.85～11.09d	[49]
		最终残留	900 倍稀释和 450 倍稀释，施药 2～3 次	苹果和土壤间隔 21d 残留量：低剂量下，0.0428～0.0891mg/kg 和 0.0190～0.0322mg/kg；高剂量下，0.0612～0.0843mg/kg 和 0.1190～0.1013mg/kg	
25%烯肟菌酯·霜脲氰可湿性粉剂	葡萄及土壤	消解动态	1200g（a.i.）/hm²，施药 1 次	葡萄园土壤、葡萄中 $t_{1/2}$ 分别为 7.65～8.20d、6.36～7.30d	[331]
		最终残留	800g/hm²、1600g/hm² 分别施药 4 次和 5 次，施药间隔 7d	土壤中的最终残留量在 0.00753～0.125mg/kg；在葡萄中的最终残留量 0.00753～1.117mg/kg	

3.5.7 琥珀酸脱氢酶抑制剂（SDHIs）-酰胺类杀菌剂

3.5.7.1 氟唑菌酰羟胺（pydiflumetofen）

20%氟唑菌酰羟胺于小麦上按照推荐用量分别施药 1 次和 2 次，原始积累量分别为 37.39μg/g 和 60.44μg/g，其在麦穗上的消解动态符合一级反应动力学方程，施药 1 次和 2 次的半衰期分别为 5.82d 和 5.72d[332]。于小麦上以 8g/亩剂量分别施药 1 次和 2 次，间隔期 7d，施药 1 次的原始积累量为 37.4～47.2μg/g，施药 2 次的原始积累量为 60.4～89.0μg/g。氟唑菌酰羟胺在麦穗上的消解动态符合一级反应动力学方程，施药 1 次和 2 次的半衰期分别为 3.2d 和 3.49～4.35d。收获的麦穗中，2017 年和 2018 年施药 1 次氟唑菌酰羟胺含量分别为 0.98μg/g 和 0.62μg/g，施药 2 次分别为 2.66μg/g 和 0.89μg/g，而 2 年试验收获的麦穗脱壳后，麦粒中氟唑菌酰羟胺含量均约为 0.12μg/g，氟唑菌酰羟胺大部分集中于麦穗表皮[333]（表 3-36）。

3.5.7.2 氟唑菌苯胺（penflufen）

氟唑菌苯胺在不同水体样品中的添加浓度分别为 0.2μg/L、1μg/L、10μg/L，其在酸性和中性条件下比较稳定，在碱性条件下水解速率较快，在 pH 3、pH 7 和 pH 11 缓冲液中的水解半衰期分别为 449.8d、392.7d 和 297d；在 25℃、35℃ 和 50℃ 条件下的水解率没有显著性差异，其降解半衰期分别为 383.8d、389.5d 和

417.3d。氟唑菌苯胺在蒸馏水、自来水和河水中的光解半衰期分别为221.0h、165.9h和167.3h；在不同pH值（3、7、11）的缓冲液中的光解半衰期分别为181.8h、159.9h和180.4h[334]（表3-36）。

3.5.7.3 苯并烯氟菌唑 （benzovindiflupyr）

质量浓度为2.0mg/L的苯并烯氟菌唑溶液的光化学降解符合一级动力学方程，在500W氙灯照射下，其在碱性条件下的光解速率明显慢于酸性，在pH4、7、9缓冲液中的半衰期分别为31.5d、33.0d、43.3d；在不同水样中的光解速率顺序为超纯水＞湖泊水＞稻田水；在500W汞灯光照下，1.0mg/L、5.0mg/L、10.0mg/L质量浓度的苯并烯氟菌唑在不同有机溶剂中的光解速率快慢为正己烷＞乙腈＞甲醇＞丙酮[335]（表3-36）。

3.5.7.4 啶酰菌胺 （boscalid）

50%啶酰菌胺水分散粒剂于草莓上以349.5g(a.i.)/hm^{2}和525.0g(a.i.)/hm^{2}剂量施用1次，半衰期分别为4.9d和6.4d[336]。

50%啶酰菌胺水分散粒剂于花椰菜、冬瓜、辣椒上以506.25g(a.i.)/hm^{2}剂量喷雾1次，其在花椰菜中的半衰期为3.0～3.3d，药后14d消解率达94.1%以上，在冬瓜中的半衰期为8.1～9.0d，药后14d消解率达76.9%以上，在辣椒中的半衰期为5.8～6.9d，药后14d消解率达60.6%以上。以337.5g(a.i.)/hm^2、506.25g(a.i.)/hm^{2}剂量喷雾2～3次，施药间隔7d。药后5～10d，冬瓜中啶酰菌胺残留量为＜0.004～0.26mg/kg；药后5～10d，辣椒中啶酰菌胺残留量为0.026～2.7mg/kg；药后3～7d，花椰菜中啶酰菌胺残留量为0.025～2.8mg/kg[337]（表3-36）。

3.5.7.5 氟唑环菌胺 （sedaxane）

20%氟唑环菌胺悬浮剂于水稻和小麦上以210g(a.i.)/hm^{2}剂量施药1次，其在水稻植株和小麦植株中的降解规律均满足一级动力学方程，其中对映体(1R,2S)-(＋)-氟唑环菌胺和(1R,2R)-(－)-氟唑环菌胺在水稻植株和小麦植株中降解的$t_{1/2}$（半衰期）分别是7.5d、6.5d以及9.9d、10.2d；对映体(1S,2S)-(＋)-氟唑环菌胺和(1S,2R)-(－)-氟唑环菌胺降解的$t_{1/2}$分别是7.4d、8.5d以及5.1d、6.2d[168]（表3-36）。

3.5.7.6 氟吡菌酰胺 （fluopyram）

氟吡菌酰于鲜烟叶中以最高推荐施药剂量（1000倍药液）喷雾施药1次，于末次施药后2h，在鲜烟叶中原始沉积量为13mg/kg，3d时样品中氟吡菌酰胺消解率超过 50%。烤前烟叶氟吡菌酰胺残留量为 74mg/kg，烤后烟叶残留量为 31mg/kg，氟吡菌酰胺消解率为 58.1%。以 5 倍最高推荐施药剂量（200 倍药液），喷雾施药 3 次，在陈化过程中，0d 时烟叶中氟吡菌酰胺残留量为 114mg/kg，7～360d 陈化期内，烟叶中氟吡菌酰胺残留量为 112～120mg/kg，氟吡菌酰胺在陈化过程中消解率为 1.8%[338]。

500g/L 氟吡菌酰胺・嘧霉胺悬浮剂于草莓上以 900g(a.i.)/hm² 剂量兑水喷雾 1 次。草莓中的原始沉积量为 0.340～0.368mg/kg，施药后 21d 消解率达 86.4%～87.6%，氟吡菌酰胺在草莓中的消解动态符合一级动力学方程，消解半衰期为 7.2～8.2d[339]。

43% 氟吡菌酰胺・肟菌酯悬浮剂，按制剂量 450mL/hm²（有效成分 225g/hm²），在人参灰霉病发病初期茎叶喷雾，均匀喷雾在人参植株上，施药 3 次，氟吡菌酰胺在植株中的半衰期为 6.5～9.8d，土壤中的半衰期为 9.1～11.4d；氟吡菌酰胺在植株和土壤中属易降解农药（$t_{1/2}$＜30d）。氟吡菌酰胺在植株中的最终残留量为 0.206～48.96mg/kg，鲜参中的最终残留量为＜0.01～0.092mg/kg，干参中的最终残留量为＜0.01～0.305mg/kg[59]（表 3-36）。

如表 3-36 所示，氟唑菌酰羟胺在麦穗上的消解动态符合一级反应动力学方程，半衰期为 3.2～5.82d；氟唑菌苯胺在酸性和中性条件下比较稳定，在碱性条件下水解速率较快，在 pH3、pH7 和 pH11 缓冲液中的水解半衰期分别为 449.8d、392.7d 和 297d，在缓冲液中的光解半衰期分别为 181.8h、159.9h 和 180.4h；苯并烯氟菌唑在碱性条件下的光解速率明显慢于酸性，pH4、7、9 的半衰期分别为 31.5d、33.0d、43.3d；啶酰菌胺在草莓、花椰菜、冬瓜、辣椒半衰期 3～9d，残留量＜0.004～2.8mg/kg；氟唑环菌胺对映体在水稻植株、小麦植株中半衰期为 5.1～10.2d；氟吡菌酰胺在鲜烟叶、草莓、人参中半衰期为 6.5～9.8d（表 3-36）。

表 3-36 酰胺类杀菌剂消解及残留数据

农药名称	施用对象	测试项目	施药情况	试验结果	参考文献
20% 氟唑菌酰羟胺	小麦	消解动态	65mL/亩 施药 1 次和 2 次	施药 1 次和 2 次原始积累量分别为 37.39μg/g 和 60.44μg/g；$t_{1/2}$ 分别为 5.82d 和 5.72d	[332]
20% 氟唑菌酰羟胺悬浮剂	小麦	消解动态	8g/亩分别施药 1 次和 2 次	1 次和 2 次的原始积累量分别为：37.4～47.2μg/g；60.4～89.0μg/g；$t_{1/2}$ 分别为 3.2d、3.49～4.35d	[333]

农药名称	施用对象	测试项目	施药情况	试验结果	参考文献
氟唑菌苯胺	不同水体样品	水解	添加氟唑菌苯胺浓度分别为0.2μg/L、1μg/L、10μg/L	pH3、pH7和pH11缓冲液中的水解$t_{1/2}$分别为449.8d、392.7d和297d；在25℃、35℃和50℃，降解半衰期分别为383.8d、389.5d和417.3d。蒸馏水、自来水和河水中的光解半衰期分别为221.0h、165.9h和167.3h；在不同pH值（3、7、11）的缓冲液中的光解半衰期分别为181.8h、159.9h和180.4h	[334]
苯并烯氟菌唑	水液样品	光解	质量浓度为2.0mg/L的溶液	pH4、7、9的$t_{1/2}$分别为31.5d、33.0d、43.3d，在不同水样中的光解速率顺序为超纯水>湖泊水>稻田水	[335]
50%啶酰菌胺水分散粒剂	草莓	消解动态	349.5g(a.i.)/hm²和525.0g(a.i.)/hm²施用1次	两种剂量下草莓的$t_{1/2}$分别为4.9d和6.4d	[336]
50%啶酰菌胺水分散粒剂	花椰菜、冬瓜、辣椒	消解动态	506.25g(a.i.)/hm²喷雾1次	在三种蔬菜上$t_{1/2}$分别为3.0~3.3d、8.1~9.0d、5.8~6.9d，间隔14d消解率分别达94.1%、76.9%、60.6%以上	[337]
		最终残留	337.5g(a.i.)/hm²、506.25g(a.i.)/hm²喷雾2~3次，间隔7d	药后5~10d，残留量：冬瓜为<0.004~0.26mg/kg，辣椒0.026~2.7mg/kg；药后3~7d，花椰菜残留量为0.025~2.8mg/kg	
20%氟唑环菌胺悬浮剂	水稻和小麦	消解动态	210g(a.i.)/hm²施药1次	对映体(1R,2S)-(+)-氟唑环菌胺和(1R,2R)-(−)-氟唑环菌胺在水稻植株和小麦植株中降解的$t_{1/2}$分别是7.5d、6.5d、9.9d、10.2d；对映体(1S,2S)-(+)-氟唑环菌胺和(1S,2R)-(−)-氟唑环菌胺降解的$t_{1/2}$分别是7.4d、8.5d、5.1d、6.2d	[168]
氟吡菌酰胺	烟叶	消解动态	最高推荐施药剂量（1000倍药液）喷雾施药1次	鲜烟叶中原始沉积量为13mg/kg；烤前烟叶氟吡菌酰胺残留量为74mg/kg，烤后烟叶残留量为31mg/kg	[338]
		陈化	200倍药液喷雾施药3次	0d时烟叶中残留量为114mg/kg，7~360d陈化期内，烟叶中残留量为112~120mg/kg	

农药名称	施用对象	测试项目	施药情况	试验结果	参考文献
500g/L 氟吡菌酰胺·嘧霉胺悬浮剂	草莓	消解动态	900g（a.i.）/hm² 剂量对水喷雾 1 次	原始沉积量为 0.340～0.368mg/kg；$t_{1/2}$：7.2～8.2d	[339]
43%（500g/L）氟吡菌酰胺·肟菌酯悬浮剂	人参植株	消解及残留	225g(a.i.)/hm²，施药 3 次	植株中的半衰期（$t_{1/2}$）：6.5～9.8d，土壤中的半衰期（$t_{1/2}$）：9.1～11.4d；最终残留量：鲜参中为＜0.01～0.092mg/kg，干参中为＜0.01～0.305mg/kg	[59]

3.5.8 抗生素类杀菌剂

3.5.8.1 井冈霉素（validamycin）

11%井冈·己唑醇悬浮剂于土壤中以 462g(a.i.)/hm² 剂量施药 1 次，土壤中的原始沉积量为 1.84～4.37mg/kg，在土壤中的半衰期为 1.5～2.9d。于水稻上以 231g(a.i.)/hm² 剂量施药 1 次，水稻植株中的原始沉积量为 7.67～8.60mg/kg，在水稻植株中半衰期为 1.6～1.7d。于水稻上以 57.75g(a.i.)/hm²、86.63g(a.i.)/hm² 施药 2～3 次，药后 30d，其在土壤中的最终残留量小于 0.1mg/kg，收获水稻中井冈霉素的残留量均未检出[174]。

6%井冈·嘧苷素水剂以 450mg/kg 进行喷雾施药 1 次，井冈霉素在杨梅上的原始沉积量为 0.517～1.901mg/kg。施药后 7d，降解率为 90.4%～99.6%，符合一级反应动力学方程。6%井冈·嘧苷素水剂在杨梅中的消解半衰期为 1.5～4.1d，属易降解农药。于杨梅上以 300mg/kg 和 450mg/kg 的剂量，施药 3 次和 4 次，施药间隔 7d，最后 1 次施药后 3d、5d、7d、14d，杨梅中 6%井冈·嘧苷素水剂最终残留量为 0.005～1.170mg/kg。井冈霉素在杨梅中的最终残留规律明显，残留量随着采收间隔期的延长而降低[340]（表 3-37）。

3.5.8.2 多抗霉素（polyoxins）

16%多抗霉素 B 可溶粒剂于西瓜和土壤中以每亩 127.5g 剂量喷药 1 次。在西瓜中多抗霉素 B 的原始残沉积量为 0.319～0.398mg/kg。多抗霉素 B 在西瓜和土壤中的降解动态曲线均符合一级动力学方程，半衰期分别为 1.9～3.4d 和 1.6～2.2d。以每亩 85g、127.5g 剂量施药 3 次和 4 次，多抗霉素 B 在西瓜全瓜、瓜肉和土壤的残留量均＜0.100mg/kg，在土壤中多抗霉素 B 的残留量为 0.829～

0.927mg/kg；施药后 3d，两地的多抗霉素 B 在西瓜上消解率均＞50％，5d 后残留量均＜0.100mg/kg[62]。

多抗霉素于表层土壤以 0.30g/m² 剂量施药 1 次，土壤中多抗霉素最大残留量为 0.066mg/kg，最终残留量均小于 LOD（0.010mg/kg）；当施药量分别为 0.10g/m²、0.20g/m²、0.30g/m² 时，水中多抗霉素最终残留最低为 0.011mg/L，最高为 0.096mg/L[176]。

3.5.8.3 申嗪霉素（phenazine-1-carboxylic acid）

1％申嗪霉素悬浮剂在人参叶片及其田间土壤以 2.7kg/hm² 剂量施药 1 次，消解半衰期分别为 3.4d 和 3.0d。以 1.8kg/hm² 和 2.7kg/hm² 施药 3 次，距最后一次施药后 7d、14d 和 21d，采收的人参鲜根和干根中申嗪霉素的最终残留量均低于检测限（0.002mg/kg）[341]。

1％申嗪霉素悬浮剂于水稻中以 31.5g(a.i.)/hm² 的剂量对叶面均匀喷雾 1 次，其在田水中的原始沉积量为 0.0625～0.0785mg/kg，降解半衰期分别为 2.06～3.61d；在稻秆中申嗪霉素的原始沉积量为 0.105～0.161mg/kg，降解半衰期分别为 1.96～2.53d。以 7.5g(a.i.)/hm²、11.25g(a.i.)/hm²，施药 2～3 次，无论是稻秆、稻壳、稻米还是土壤样品，药后 14d、21d、30d 取样检测，最终残留量均＜最低检测浓度[177]。

1％申嗪霉素悬浮剂于辣椒、土壤以 36g(a.i.)/hm² 剂量施药 1 次，分别于药后当天、1d、3d、5d、7d、14d 采集辣椒样本，在第 14d 辣椒已检不出农药残留，半衰期 5.4～6.6d；申嗪霉素在土壤中前期降解比较快，后期降解速率趋于缓和，在土壤中持续时间较长，21d 后仍检出残留农药，半衰期 8～8.7d。以 18g(a.i.)/hm²、36g(a.i.)/hm²，施药 3～4 次，分别于第 3 次和第 4 次施药后的第 3d、5d、7d 采集辣椒、土壤样品，无论是推荐施药量还是 2 倍的推荐施药量，申嗪霉素在辣椒、土壤中残留量均较低，在辣椒中的最高残留量仅 0.044mg/kg[65]（表 3-37）。

井冈霉素在水稻、杨梅、土壤中半衰期为 1.5～4.1d，在土壤中的最终残留量小于 0.1mg/kg；多抗霉素在西瓜和土壤中半衰期为 1.6～3.4d，土壤中多抗霉素残留量小于 0.010mg/kg；申嗪霉素在人参叶片及其田间土壤、水稻、辣椒中半衰期为 1.96～8.7d，稻秆、稻壳、稻米和土壤样品最终残留量均＜最低检测浓度，辣椒中的最高残留量仅 0.044mg/kg（表 3-37）。

表 3-37　抗生素类杀菌剂消解及残留数据

农药名称	施用对象	测试项目	施药情况	试验结果	参考文献
11%井冈·己唑醇悬浮剂	土壤、水稻植株	消解残留	土壤、水稻分别以 462g（a.i.）/hm² 、231g（a.i.）/hm² 剂量施药 1 次	土壤、水稻植株的原始沉积量分别为 1.84 ～ 4.37mg/kg、7.67 ～ 8.60mg/kg；$t_{1/2}$ 分别为 1.5～2.9d、1.6～1.7d	[174]
		最终残留	57.75g（a.i.）/hm² 、86.63g（a.i.）/hm² 施药 2～3 次	末次施药 30d，其在土壤中的最终残留量小于 0.1mg/kg，收获水稻中井冈霉素的残留量均未检出	
6%井冈·嘧苷素水剂	杨梅	消解动态	450mg/kg 进行喷雾施药 1 次	杨梅上的原始沉积量为 0.517～1.901mg/kg；$t_{1/2}$：1.5～4.1d	[340]
		最终残留	300mg/kg 和 450mg/kg 施药 3 次和 4 次，间隔 7d	间隔 3～14d，最终残留量为 0.005～1.170mg/kg	
16%多抗霉素B可溶粒剂	西瓜和土壤	消解动态	每亩 127.5g 喷药 1 次	西瓜中原始残沉积量为 0.319～0.398mg/kg；西瓜和土壤中 $t_{1/2}$ 分别为 1.9～3.4d 和 1.6～2.2d	[62]
		最终残留	每亩 85g、127.5g 施药 3 次和 4 次	在西瓜全瓜、瓜肉和土壤的残留量均<0.100mg/kg；在土壤中的残留量为 0.829～0.927mg/kg	
多抗霉素	土壤和水样	最终残留	土壤以 0.30g/m² 剂量施药 1 次；水样施药剂量分别为 0.10g/m² 、0.20g/m² 、0.30g/m²	最大残留量为 0.066mg/kg，土壤中多抗霉素残留量均小于 LOD（0.010mg/kg）；水中最终残留量最低为 0.011mg/L，最高为 0.096mg/L	[176]
1%申嗪霉素悬浮剂	人参及土壤	消解动态	2.7kg/hm² 剂量施药 1 次	$t_{1/2}$ 分别为 3.4d 和 3.0d	[341]
		最终残留	1.8kg/hm² 和 2.7kg/hm² 施药 3 次	末次施药后 7d、14d 和 21d，人参鲜根和干根中最终残留量均低于检测限（0.002mg/kg）	

续表

农药名称	施用对象	测试项目	施药情况	试验结果	参考文献
1%申嗪霉素悬浮剂	水稻	消解动态	31.5g（a.i.）/hm² 对叶面均匀喷雾 1 次	田水、稻秆中原始沉积量分别为 0.0625～0.0785mg/kg、0.105～0.161mg/kg；$t_{1/2}$ 分别为 2.06～3.61d、1.96～2.53d	[177]
		最终残留	7.5g（a.i.）/hm²、11.25g（a.i.）/hm²，施药 2～3 次	稻秆、稻壳、稻米和土壤样品，药后 14d、21d、30d 取样检测，最终残留量均<最低检测浓度	
1%申嗪霉素悬浮剂	辣椒、土壤	消解动态	36g（a.i.）/hm² 剂量施药 1 次	14d 辣椒已检不出农药残留，$t_{1/2}$：5.4～6.6d；土壤 $t_{1/2}$：8～8.7d	[65]
		最终残留	18g（a.i.）/hm²、36g（a.i.）/hm²，施药 3～4 次	在辣椒中的最高残留量仅 0.044mg/kg	

3.6 总结与展望

在全球使用的农药总量中，估计有80%的农药由于各种原因如利用率低、风、雨、蒸发以及水的流动等，直接或间接地进入大气、土壤、地下水（湖、河、海洋）等生态环境中。存在于环境中的农药可通过接触、呼吸、饮水和食物链等方式，直接或间接地进入人、动物或其他生物体中，使人体健康和其他有益生物（蜂、鸟、两栖动物、鱼和小型哺乳动物）受到极大的威胁。上文列出了多杀菌素微生物源杀虫剂、防治刺吸式口器害虫非烟碱类杀虫剂、新烟碱类杀虫剂等多种绿色农药在环境中的消解速率、残留量、对环境有益生物的影响，从中可以看出绿色农药在自然水、土壤等环境中降解快，半衰期较短（绝大多数都小于30d），在环境中绝大部分属于易降解农药。随着时间的推移，这些绿色农药在环境中的残留量均快速下降，大部分绿色农药在施药后 7～10d 在自然土壤和水环境中的降解率都达到90%以上。

绿色农药对靶标有害生物高效，在环境中易降解，残留低，为农业的发展做出了卓越贡献。随着农药学科的快速发展及公众对环境生态学意识的不断提高，对农药在人畜、有益生物（蜜蜂、家蚕、鱼类、昆虫天敌等）毒性和环境友好性等方面的要求越来越高。在上述绿色农药对环境有益生物的毒性研究报道中发现，这些绿色农药对蚯蚓都显示出低毒，然而较多绿色农药对水生生物或昆虫天敌毒性较高，很难有一种绿色农药能对所有的有益生物低毒，即使是来源于自然的生物农药（植物源农药及微生物源农药）也不例外，都或多或少对某些有益生物产生较高的毒性。因此，按照农药标签规定的使用方法与风险降低措施合理规范地使用绿色农药，对保护生态环境、实现我国现代化农业的可持续性发展有着重要的意义。同时，明确绿色农药对天敌害虫的毒性是协调生物防治和化学防治的理论基础，可为害虫综合防治及减轻农药对天敌的不良影响提供科学依据。

参考文献

[1] Liu Y P, Sun H B, Wang S W. Dissipation and residue of spinosad in zucchini under field conditions. B. Environ. Contam. Tox., 2013, 91(2): 256-259.

[2] 陈国，朱勇，赵健，等. 乙基多杀菌素在稻田水、土壤和水稻植株中的残留及消解动态. 农药学学报，2014, 16(2): 153-158.

[3] 王天玉，林媚，姚周麟，等. 乙基多杀菌素在杨梅果实和土壤中的残留消解特征及其安全性评价. 浙江大学学报(农业与生命科学版)，2021, 47(01): 43-51.

[4] Liu X, Zhu Y, Dong X J, et al. Dissipation and residue of flonicamid in cucumber, apple and soil under field conditions. Int. Environ. An. Ch., 2014, 94(7): 652-660.

[5] 钱训，郑振山，陈勇达，等. 螺虫乙酯及其代谢物在梨和土壤中的残留及消解动态. 农药学学报，2019, 21(3): 338-344.

[6] Hou X A, Qiao T, Zhao Y L, et al. Dissipation and safety evaluation of afidopyropen and its metabolite residues in supervised cotton field. Ecotox. Environ. Safe., 2019, 180: 227-233.

[7] 方楠. 氟吡呋喃酮在人参中的残留特性及其环境行为研究. 长春：吉林农业大学，2021.

[8] 郭亚军，赵明，陈小军，等. 三氟苯嘧啶在稻田中的降解动态和残留分析. 江苏农业科学，2021, 49(02): 71-75＋80.

[9] Wen S F, Liu C, Wang Y W, et al. Oxidative stress and DNA damage in earthworm (Eisenia fetida) induced by triflumezopyrim exposure. Chemosphere, 2020, 264: 128499.

[10] 黄丽，邓毅书，浦恩堂，等. HPLC测定氯虫苯甲酰胺在烟草和土壤中的残留与消解动态. 西南农业学报，2020, 33(02): 395-400.

[11] 陈国峰，刘峰，张晓波. 氯虫苯甲酰胺在大豆和土壤中的残留及降解行为. 农业环境科学学报，2016, 35(5): 894-900.

[12] Tang Q, Wang P P, Liu H J, et al. Effect of chlorantraniliprole on soil bacterial and fungal diversity and community structure. Heliyon, 2023, 9(2): e13668.

[13] 赵坤霞，孙建鹏，秦冬梅，等. 溴氰虫酰胺及其代谢物在土壤和葱中残留行为. 环境科学与技术，2014, 37(02): 89-95.

［14］ Sun J P，Feng N，Tang C F，et al．Determination of cyantraniliprole and its major metabo
lite residues in pakchoi and soil using ultra-performance liquid chromatography-tandem mass
spectrometry. B. Environ. Contam. Tox，2012，89(2)：845-852.

［15］ 刘超.溴氰虫酰胺和三氟苯嘧啶对蚯蚓的生态毒理效应研究.泰安：山东农业大学，2020.

［16］ 王洋.氟苯虫酰胺在玉米上的残留动态及最大残留限量标准制定.长春：吉林农业大
学，2016.

［17］ Shrinivas S J，David M. Modulatory impact of flubendiamide on enzyme activities in tropical
black and red agriculture soils of Dharwad (North Karnataka)，India［J］. Int. J. Agric.
Food Sci.，2015，5(2)：43-49.

［18］ Liu Y P，Zhang Y，Liu S Q，et al. Distribution and degradation kinetics of cyhalodiamide in
Chinese rice field environment［J］. Chinese J. Chem. Eng.，2018，26(10)：2185-2191.

［19］ 陈朗，袁善奎，姜辉，等.双酰胺类杀虫剂环境风险问题浅析.农药科学与管理，2019，40
(03)：19-26.

［20］ Kaushik E，Dubey J K，Patyal S K，et al. Persistence of tetraniliprole and reduction in its
residues by various culinary practices in tomato in India. Environ. Sci. Pollut. Res，2019，
26(22)：22464-22471.

［21］ Ahlawat S，Chauhan R. Quantitative analysis of translocation of tetraniliprole as a seed
dresser. Environ. Monit. Assess，2020，192(1)：1-7.

［22］ 谭海军.双酰胺类杀虫剂四唑虫酰胺的特点、合成与应用.世界农药，2021，43(09)：32-42
＋56.

［23］ 浙江宇龙生物科技股份有限公司.硫虫酰胺.农药科学与管理，2022，43(02)：52-54.

［24］ Xie G，Zhou W W，Jin M X，et al. Residues analysis and dissipation dynamics of broflanilide
in rice and its related environmental samples. Int. J. Anal. Chem.，2020，8845387(1)：
1-14.

［25］ Xie G，Li B T，Tang L M，et al. Adsorption- desorption and leaching behaviors of broflani-
lide in four texturally different agricultural soils from China. J. Soil. Sediment.，2021，21
(2)：724-735.

［26］ 高美静，沈燕，卢莉娜，等.3种杀菌剂在梨和土壤中的残留及消解特征.中国农学通报，
2023，39(07)：116-121.

［27］ Saha A，Pipariya A，Bhaduri D. Enzymatic activities and microbial biomass in peanut field
soil as affected by the foliar application of tebuconazole. Environ. Earth Sc.，2016，75(7)：
1-13.

［28］ 陈耀，刘一平，刘照清，等.己唑醇在水稻田中的残留及消解动态.农药科学与管理，
2016，37(12)：30-36.

［29］ Ju C，Xu J，Wu X H，et al. Effects of hexaconazole application on soil microbes community and nitrogen transformations in paddy soils. Sci. Total Environ.，2017，609：655-663.

［30］ Lin H F，Dong B，Hu J Y. Residue and intake risk assessment of prothioconazoleand its metabolite prothioconazole-desthio in wheat field. Environ. Monit. Assess.，2017，189(5)：1-9.

［31］ 董旭，孙明娜，褚玥，等. 丙硫菌唑在不同类型土壤中的降解特性. 现代农药，2020，19(06)：34-39.

［32］ Zhai W J，Zhang L L，Liu H，et al. Enantioselective degradation of prothioconazole in soil and the impacts on the enzymes and microbial community. Sci. Total Environ.，2022，824：153658.

［33］ Guo W，Chen Y，Jiao H，et al. Dissipation，residues analysis and risk assessment of metconazole in grapes under field conditions using gas chromatography-tandem mass spectrometry. Qual. Assur. Saf. Crop.，2021，13(4)：84-97.

［34］ He M，Jia C H，Zhao E，et al. Concentrations and dissipation of difenoconazole and fluxapyroxad residues in apples and soil，determined by ultrahigh-performance liquid chromatography electrospray ionization tandem mass spectrometry. Environ. Sci. Pollut. R.，2016，23(6)：5618-5626.

［35］ 陈武瑛，陈昂，李凯龙，等. 苯醚甲环唑在芹菜和土壤中的残留行为及风险评估. 农药学学报，2022，24(6)：8.

［36］ 王飞菲，赵恒科，张剑峰，等. 苯醚甲环唑对温室土壤微生物及土壤酶活性的影响. 水土保持学报，2015，29(02)：299-304.

［37］ 刘烨潼，王俊平，郭永泽，等. 丙环唑和嘧菌酯在玉米田中的残留及消解行为. 天津农业科学，2015，21(12)：43-47.

［38］ 雷雨豪，张翠芳，王壮，等. 环境激素农药三唑类杀菌剂在土壤中的残留与风险评价. 农药，2019，58(09)：660-663.

［39］ Satapute P，Kamble M V，Adhikari S S，et al. 2019. Influence of triazole pesticides on tillage soil microbial populations and metabolic changes. Sci. Total Environ.，2019，651：2334-2344.

［40］ 刘磊，李娜，李晶，等. 70％氟环唑 WG 在小麦及土壤中的消解动态研究. 现代农药，2015，14(04)：32-34.

［41］ 孙海滨，刘艳萍，刘景梅. 氟环唑在香蕉和土壤中的残留消解动态. 农药，2011，50(03)：206-208.

［42］ 薛鹏飞，刘潇威，赵刘清，等. 手性三唑类杀菌剂氟环唑对土壤微生物的立体选择性影响. 农业环境科学学报，2022，41(06)：1284-1295＋1391.

［43］ Zhao Z X，Sun R X，Su Y，et al. Fate，residues and dietary risk assessment of the fungicides epoxiconazole and pyraclostrobin in wheat in twelve different regions，China. Ecotox. Environ. Safe.，2021，207：111236.

[44] Wang S Y，Zhang Q T，Yu Y R，et al. Residues，dissipation kinetics，and dietary intake risk assessment of two fungicides in grape and soil. Regul. Toxicol. Pharm.，2018，100：72-79.

[45] 乔思佳，侯志广，王利华，等. 嘧菌酯对土壤脲酶活性的影响研究. 中国农学通报，2013，29(03)：199-202.

[46] 段劲生，朱玉杰，孙海滨，等. 超高效液相色谱-串联质谱法测定稻田中肟菌酯及其代谢物的残留. 中国农学通报，2017，33(35)：57-62.

[47] 袁雅洁. 肟菌酯在辣椒地中的残留及其在土壤中的吸附-解吸. 长沙：湖南农业大学，2015.

[48] Xiao Z Y，Hou K X，Zhou T T，et al. Effects of the fungicide trifloxystrobin on the structure and function of soil bacterial community. Envir. Toxicol. Pharm.，2023，99：104104.

[49] 秦冬梅，徐应明，黄永春，等. 烯肟菌酯在苹果及土壤中的残留动态研究. 环境化学，2007(06)：753-756.

[50] 智沈伟. 氟唑菌酰羟胺在西瓜中残留及土壤中吸附行为研究. 沈阳：沈阳农业大学，2018.

[51] Gulkowska A，Buerge I J，Poiger T，et al. Time-dependent sorption of two novel fungicides in soils within a regulatory framework. Pest Manag. Sci.，2016，72(12)：2218-2230.

[52] 张翼翾. 广谱、持效期长的杀菌剂——苯并烯氟菌唑. 世界农药，2015，37(05)：58-59.

[53] 杨霄鸿，赵楠楠，赵文文，等. 38%唑醚·啶酰菌悬浮剂在草莓和土壤中的残留及消解动态. 农药学学报，2018，20(01)：67-74.

[54] 刘倩宇，刘颖超，董丰收，等. 超高效液相色谱-串联质谱检测桃中吡唑醚菌酯和啶酰菌胺残留和消解. 现代农药，2020，19(01)：40-43＋56.

[55] 郑尊涛，孙建鹏，简秋，等. 啶酰菌胺在番茄和土壤中的残留及消解动态. 农药，2012，51(09)：672-674.

[56] Ernst G，Agert J，Heinemann O，et al. Realistic exposure of the fungicide bixafen in soil and its toxicity and risk to natural earthworm populations after multi-year use in cereal. Integr. Environ. Asses.，2021，18(3)：734-747.

[57] Sverdrup E L，Bjørge C，Eklo M O，et al. Risk assessment of the fungicide bontima with the active substances cyprodinil and isopyrazam. Eur J. Nutr. 2022，14(4)：6-8.

[58] 李本坤. 手性杀菌剂氟唑环菌胺立体选择性降解、活性和生物毒性研究. 合肥：安徽农业大学，2021，Ⅱ.

[59] 冯达. 氟吡菌酰胺和肟菌酯在人参上残留消解及膳食风险评估. 长春：吉林农业大学，2020.

[60] Hussan M N H. 氟吡菌酰胺等10农药在中国和苏丹典型农产品和土壤中的残留分析研究. 北京：中国农业科学院，2014.

[61] 杜良伟，徐秋红，王彦辉. 井冈霉素在水稻和土壤上残留及消解动态. 农药，2012，51(04)：284-286.

[62] 常培培, 贺洪军, 张自坤, 等. 16%多抗霉素B在西瓜和土壤中的残留及消解动态. 果树学报, 2019, 36(03): 359-365.

[63] 陶宁. 多抗霉素在烟田生态系统中的残留降解及生态效应. 长沙: 湖南农业大学, 2012.

[64] 李玉杰, 周敏, 马永钧, 等. 毛细管电泳-电致化学发光法测定土壤中的多抗霉素B. 分析测试学报, 2011, 30(05): 537-542.

[65] 赵莉, 沈秋光, 杨挺. 申嗪霉素在辣椒和土壤中的残留动态. 农药, 2008(04): 277-278＋285.

[66] 孔伟浩, 高薇珊, 范咏梅. 多杀菌素和乙基多杀菌素对斑马鱼胚胎发育的影响. 热带生物学报, 2018, 9(3): 267-273＋338.

[67] 许迪, 潘竟林, 刘万强, 等. 多杀菌素、阿维菌素乳油和高效氯氰菊酯3种农药对环境生物的安全性评价. 生态毒理学报, 2013, 8(6): 897-902.

[68] 史雪岩. 多杀菌素类杀虫剂的环境降解及抗性机制研究进展. 农药学学报, 2018, 20(5): 557-567.

[69] 李江, 赖柯华, 冯青, 等. 螺虫乙酯对斑马鱼的急性毒性及细胞凋亡的影响. 热带农业科学, 2015, 35(5): 45-49.

[70] 赖柯华. 螺虫乙酯对斑马鱼的毒性评价. 海口: 海南大学, 2016.

[71] 江盛菊. 新型杀虫剂螺虫乙酯对热带爪蟾和中华大蟾蜍毒性效应的比较研究. 杭州: 浙江农林大学, 2014.

[72] 陈颖, 陶芳怡, 刘训悦, 等. 螺虫乙酯对大型溞的急性和慢性毒性效应. 农药学学报, 2018, 20(01): 118-123.

[73] Lavarias S M L, Arrighetti F, Landro S M, et al. Sensitivity of embryos and larvae of the freshwater prawn *Macrobrachium borellii* to the latest generation pesticide spirotetramat. Ecotoxicol. Environ Saf, 2022, 248 (15): 114257.

[74] 吕珍珍, 郭南, 侯新港, 等. 氟啶虫酰胺的光解和水解特性. 农药, 2022, 61(6): 428-433.

[75] 罗泽伟, 孔玄庆, 雷琪, 等. 氟啶虫酰胺对3种水生生物的急性毒性. 安徽农业科学, 2022, 50(17): 124-127.

[76] Yin X H, Jiang S, Yu. J, et al. Effects of spirotetramat on the acute toxicity, oxidative stress, and lipid peroxidation in Chinese toad (*Bufo bufo gargarizans*) tadpoles. Environ. Toxico Phar, 2014, 37(3): 1229-1235.

[77] 孟志远. 螺虫乙酯的环境行为研究. 扬州: 扬州大学, 2017.

[78] 谭海军. 新型生物源杀虫剂双丙环虫酯. 世界农药, 2019, 41(2): 61-64.

[79] 李晨雨, 臧传江, 朱少杰, 等. 新烟碱类杀虫剂氟吡呋喃酮的研究开发现状与展望. 农药, 2018, 57(11): 785-788.

[80] 郭亚军, 赵明, 陈小军, 等. 三氟苯嘧啶在稻田中的降解动态和残留分析. 江苏农业科学, 2021, 49(2): 71-75＋80.

[81] 张祥丹. 氯虫苯甲酰胺在水环境中的化学行为研究. 广州：广东工业大学，2013.

[82] 宋玥颐. 氯虫苯甲酰胺和氟苯虫酰胺在斑马鱼体内的富集和毒性效应研究. 扬州：扬州大学，2020.

[83] 黄伟康. 两种双酰胺类杀虫剂对斑马鱼胚胎毒性机理初步研究. 海口：海南大学，2017.

[84] 张琳，张紫溪，陈秀，等. 双酰胺类农药生物活性、生态毒性及残留行为研究进展. 农药学学报，2023，25(2)：1-15.

[85] 于振海，朱永安，郑玉珍，等. 氯虫苯甲酰胺对克氏原螯虾的急性毒性试验. 水产科技情报，2017，44(5)：286-288.

[86] 徐成滨. 溴氰虫酰胺对罗非鱼肝脏 DNA 损伤以及斑马鱼眼部细胞凋亡的毒性机理初探. 海口：海南大学，2019.

[87] 徐成滨，王宇心，孔伟浩，等. 溴氰虫酰胺对羊角月牙藻的急性毒性效应. 热带生物学报，2019，10(2)：135-139+164.

[88] 逯洲. 四氯虫酰胺在水环境中的降解行为研究. 长春：吉林大学，2022.

[89] 郑世祥，张太宇，郭雨昭，等. 四氯虫酰胺对斑马鱼急性毒性及黑色素合成的影响. 热带生物学报，2023(3)：1-9.

[90] Meng Z F, Wang Z C, Chen X J, et al. Bioaccumulation and toxicity effects of flubendiamide in zebrafish (*Danio rerio*). Environ, Sci. Pollut. R, 2022, 29(18): 26900-26909.

[91] 孟志远，王平，陈小军，等. 氯虫苯甲酰胺、氟苯虫酰胺在不同水体中降解特性. 江西农业大学学报，2015(1)：79-83.

[92] 李俊，陈蓓蓓，谢婷婷，等. 30%唑虫酰胺悬浮剂对 3 种水生生物的急性毒性评价. 贵州科学，2022，40(4)：20-24.

[93] 新型酰胺类杀虫剂——硫虫酰胺. 农药科学与管理，2022，43(2)：52-54.

[94] Wang K, Qi Z Q, Duan M M, et al. Sub-chronic toxicity of broflanilide on the nervous system of zebrafish (*Danio rerio*). Chem. Ecol, 2023, 39(2): 137-152.

[95] 谢谷艾. 溴虫氟苯双酰胺的稻田环境行为、生物活性及毒性研究. 南昌：江西农业大学，2021.

[96] 段劲生，王梅，董旭，等. 氯虫苯甲酰胺在水稻及稻田环境中的残留动态. 植物保护，2016，42(1)：93-98.

[97] Xu C, Fan Y, Zhang X, et al. DNA damage in liver cells of the tilapia fish *Oreochromis mossambicus* larva induced by the insecticide cyantraniliprole at sublethal doses during chronic exposure. Chemosphere, 2020, 238: 124586.

[98] Cui F, Chai T T, Qian L, et al. Effects of three diamides (chlorantraniliprole, cyantraniliprole and flubendiamide) on life history, embryonic development and oxidative stress biomarkers of Daphnia magna. Chemosphere, 2017, 169: 107-116.

[99] 盛佳联. 氯氟氰虫酰胺的环境行为研究. 广州：华南农业大学，2020.

[100] 曹梦超，王全胜，王义虎，等. 氯氟氰虫酰胺在稻田环境中的残留及消解特性. 农药学学报，2015，17(04)：447-454.

[101] 宋璐璐，艾大朋，巨修练，等. 新型双酰胺类杀虫剂——溴虫氟苯双酰胺. 农药学学报，2022，24(4)：671-681.

[102] 吴迟，刘新刚，何明远，等. 戊唑醇对斑马鱼的急性毒性及生物富集效应. 生态毒理学报，2017，12(4)：302-309.

[103] Han J J，Jiang J Z，Su H，et al. Bioactivity，toxicity and dissipation of hexaconazole enantiomers. Chemosphere，2013，93(10)：2523-2527.

[104] 谢易文. 手性三唑类杀菌剂丙硫菌唑及其代谢物在水中的降解. 合肥：安徽农业大学，2022.

[105] 郭宝元，张洋，王松雪. 丙硫菌唑对斑马鱼的安全性评价及其生物富集行为研究. 生态毒理学报，2019，14(6)：311-316.

[106] 孙永祺. 丙硫菌唑对斑马鱼胚胎发育影响和心血管毒性. 杭州：浙江农林大学，2019.

[107] 卓凌. 丙硫菌唑对斑马鱼生长繁殖的影响研究. 合肥：湖南农业大学，2018.

[108] An X H，Lui X J，Jiang J H，et al. Acute and chronic toxicities of prothioconazole and its metabolite prothioconazole-desthio in *Daphnia magna*. Environ. Sci. and Pollut. R.，2022，29(36)：54467-54475.

[109] 周自豪. 叶菌唑环境行为及在麦田的残留分析方法研究. 南京：南京农业大学，2017.

[110] 李如美，戴争，王维，等. 叶菌唑对斑马鱼的急性毒性及生物富集效应. 生态毒理学报，2019，14(5)：326-330.

[111] 孙健. 苯醚甲环唑和咯菌腈对稻田周边水生生态底栖生物的毒性效应. 杭州：浙江农林大学，2020.

[112] 穆希岩. 苯醚甲环唑对斑马鱼毒性及作用机制研究. 北京：中国农业大学，2015.

[113] Chen X G，Zheng J Y，Zhang J，et al. Exposure to difenoconazole induces reproductive toxicity in zebrafish by interfering with gamete maturation and reproductive behavior. Sci Total Environ. 2022，838：155610.

[114] 王瑶. 三种三唑类手性农药在斑马鱼体内的生物富集行为和毒性效应研究. 北京：中国农业大学，2017.

[115] 宋宁慧，张静，吴文铸，等. 氟环唑在斑马鱼体内的生物富集作用与结果不确定度评定. 农药，2014，53(01)：42-44.

[116] 刘春晓. 手性农药氟环唑对映体对斜生栅藻的毒性效应差异以及选择性生物富集研究. 贵阳：贵州大学，2015.

[117] Kaziem A E，Gao B，Li L，et al. Enantioselective bioactivity，toxicity，and degradation in different environmental mediums of chiral fungicide epoxiconazole. J. Hazard. Mate.，2020，386：121951.

[118] 李梦龙，刘一平，刘春来，等. 戊唑醇在水稻田中的残留及消解动态. 农药科学与管理，
      2017，38(1)：36-42.

[119] 葛兆悦，袁善奎，张小军，等. 不同粒径10%戊唑醇悬浮剂对非靶标生物毒性和抑菌活性
      比较. 农药科学与管理，2022，43(12)：16-21.

[120] Wang Y H，Chen C，Yang G L，et al. Combined lethal toxicity, biochemical responses,
      and gene expression variations induced by tebuconazole, bifenthrin and their mixture in ze-
      brafish (Danio rerio). Ecotox. Environ. Safe.，2022，230：113116.

[121] 龚会琴，杨鸿波，申鹰，等. 戊唑醇对2种水生生物的毒性试验研究. 贵州科学，2014，32
      (2)：74-77.

[122] 陈耀，刘一平，刘照清，等. 己唑醇在水稻田中的残留及消解动态. 农药科学与管理，
      2016，37(12)：30-36.

[123] 廖朝选，李俊，魏杰，等. 己唑醇对3种水生生物的毒性效应与环境暴露风险. 农药，
      2022，61(9)：655-660.

[124] 黄沛玲. 叶菌唑对水华微囊藻的对映体选择性毒性及其与抗生素复合污染研究. 泉州：华
      侨大学，2021.

[125] 王壮. 丙环唑和苯醚甲环唑在禾花鲤体内的富集与激素干扰效应的研究. 南宁：广西大
      学，2021.

[126] 陈源，陈昂，蒋桂芳，等. 苯醚甲环唑对水生生物急性毒性评价. 农药，2014，53(12)：
      900-903.

[127] 张月，张学强，王素茹. 苯醚甲环唑和丙环唑对罗非鱼的急性毒性研究. 现代农药，2011，
      10(4)：30-31+34.

[128] 郭赛男，童美玲，陈文君，等. 烯唑醇·苯醚甲环唑和咪鲜胺锰盐对饰纹姬蛙蝌蚪的急性
      和联合毒性. 安徽农业科学，2014，(27)：9350-9353.

[129] 封天佑，刘一平，胡菁，等. 苯醚甲环唑在水稻田中的残留消解动态研究. 广东化工，
      2016，43(22)：17-18+32.

[130] 姚金刚. 三环唑和丙环唑在水稻和土壤中残留污染行为研究. 北京：中国农业科学
      院，2013.

[131] 葛婧，蒋金花，蔡磊明. 3种三唑类杀菌剂对斑马鱼的毒性研究. 浙江农业学报，2018，30
      (5)：744-755.

[132] 李祥英，梁慧君，何裕坚，等. 5种杀菌剂对3种水生生物的急性毒性与安全性评价. 广东
      农业科学，2014，41(16)：125-128.

[133] 吴龙飞. 氟环唑在稻田中的残留及降解动态研究. 长沙：湖南农业大学，2016.

[134] 李祥英，李志鸿，张宏涛，等. 吡唑醚菌酯对不同阶段斑马鱼的毒性效应评价. 生态毒理
      学报，2017，12(4)：234-241.

[135] 刘小波. 吡唑醚菌酯对斑马鱼安全性评价. 长沙：湖南农业大学，2015.

［136］黄学屏. 吡唑醚菌酯对斑马鱼的急性致毒途径及微囊化降毒调控机制. 泰安：山东农业大学，2022.

［137］常宣丽. 吡唑醚菌酯纳米控释剂对斑马鱼的安全性. 武汉：华中农业大学，2022.

［138］罗跃，吴小毛，胡贤锋，等. 吡唑醚菌酯的降解代谢及毒理研究进展. 农业资源与环境学报，2022，39(4)：651-663.

［139］Zhang C，Wang J，Zhang S，et al. Acute and subchronic toxicity of pyraclostrobin in zebrafish (*Danio rerio*). Chemosphere，2017，188：510-516.

［140］李治. 吡唑醚菌酯对鲮鱼的毒性试验. 渔业致富指南，2021 (11)：64-68.

［141］Cui F，Chai T T，Liu X X，et al. Toxicity of three strobilurins (kresoxim-methyl, pyraclostrobin, and trifloxystrobin) on *Daphnia magna*. Environ Toxicol Chem，2017，36(1)：182-189.

［142］穆希岩，黄瑛，罗建波，等. 通过多阶段暴露试验评价嘧菌酯对斑马鱼的急性毒性与发育毒性. 环境科学学报，2017，37(3)：1122-1132.

［143］王卢燕，张昌朋，王祥云，等. 肟菌酯在斑马鱼中的生物富集效应研究. 农药学学报，2023，25(1)：220-226.

［144］Li H，Cao F J，Zhao F，et al. Developmental toxicity, oxidative stress and immunotoxicity induced by three strobilurins (pyraclostrobin, trifloxystrobin and picoxystrobin) in zebrafish embryos. Chemosphere，2018，207：781-790.

［145］Zhu B，Liu G L，Liu L，et al. Assessment of trifloxystrobin uptake kinetics, developmental toxicity and mRNA expression in rare minnow embryos. Chemosphere，2015，120：447-455.

［146］马腾达. 吡唑醚菌酯的光解与水解特性研究. 长春：吉林农业大学，2012.

［147］宋雯，王强，张怡，等. 水培蕹菜使用吡唑醚菌酯的水生生态系统风险评估. 农业环境科学学报，2022，41(6)：1202-1210.

［148］杨丽娟，柏亚罗. 甲氧基丙烯酸酯类杀菌剂——吡唑醚菌酯. 现代农药，2012，11(04)：46-50+56.

［149］高云. 不同加工剂型吡唑醚菌酯对水生生物毒性的影响. 泰安：山东农业大学，2017.

［150］刘晓旭. 嘧菌酯的水解和光解特性研究. 长春：吉林农业大学，2013.

［151］瞿唯钢，杨淞霖，王会利，等. 3种杀菌剂及其复配剂对斑马鱼的急性毒性. 生态毒理学报，2017，12(2)：233-237.

［152］林琊，王开运，许辉，等. 5种新型杀菌剂对4种鱼的急性毒性及安全性评价. 世界农药，2014，36(2)：34-38.

［153］王林. 肟菌酯及其代谢物在水稻和稻田中的残留研究. 郑州：河南农业大学，2014.

［154］欧阳小庆，吴迟，王长宾，等. 肟菌酯对环境生物急性毒性及安全性评价. 生态毒理学报，2017，12(4)：327-336.

[155] 新农药介绍:烯肟菌酯(暂定). 农药科学与管理,2003,024(4):47.

[156] Zhu Y X, Zheng Y Q, Jiao B, et al. Photodegradation of enestroburin in water by simulated sunlight irradiation: Kinetics, isomerization, transformation products identification and toxicity assessment. Sci. Total Environ., 2022, 849: 157725.

[157] Wang Z, Tan Y T, Li Y H, et al. Comprehensive study of pydiflumetofen in *Danio rerio*: Enantioselective insight into the toxic mechanism and fate. Environ. Int., 2022, 167: 107406.

[158] 温宏伟. 手性杀菌剂氟唑菌苯胺对蛋白核小球藻的立体选择性毒性效应与生物富集研究. 合肥:安徽农业大学,2022.

[159] https://pubchem.ncbi.nlm.nih.gov/compound/11674113.

[160] An X K, Pan X L, Li R N, et al. Comprehensive evaluation of novel fungicide benzovindiflupyr at the enantiomeric level: Bioactivity, toxicity, mechanism, and dissipation behavior. Sci. Total Environ., 2023, 860: 160535.

[161] 臧晓霞. 啶酰菌胺对斑马鱼的毒性与在鱼体内的富集性研究. 沈阳:沈阳农业大学,2017.

[162] Qian L, Qi S Z, Zhang J, et al. Exposure to boscalid induces reproductive toxicity of zebrafish by gender-specific alterations in steroidogenesis. Environ. Sci. Technol., 2020, 54 (22): 14275-14287.

[163] 袁铭瑞. 联苯吡菌胺对斑马鱼早期发育的毒性效应及机制. 泉州:华侨大学,2021.

[164] Yuan M R, Li W H, Xiao P. Bixafen causes cardiac toxicity in zebrafish (*Danio rerio*) embryos. Environ. Sci. Pollut. Res., 2021, 28(27): 36303-36313.

[165] Li W H, Yuan M R, Wu Y Q, et al. Bixafen exposure induces developmental toxicity in zebrafish (*Danio rerio*) embryos. Environ. Res., 2020, 189: 109923.

[166] Yao H Z, Xu X, Zhou Y, et al. Impacts of isopyrazam exposure on the development of early-life zebrafish (*Danio rerio*). Environ. Sci. Pollut. Res., 2018, 25(24): 23799-23808.

[167] 姚鸿州. 三种琥珀酸脱氢酶抑制剂类杀菌剂对斑马鱼的毒性效应研究. 杭州:浙江工业大学,2019.

[168] 李本坤. 手性杀菌剂氟唑环菌胺立体选择性降解、活性和生物毒性研究. 合肥:安徽农业大学,2021,29-32.

[169] 卞传飞. 氟唑菌酰羟胺对水稻纹枯病的防效及其在稻田生态系统中的环境行为研究. 南昌:江西农业大学,2022.

[170] 韩平. 氟唑菌苯胺的环境行为研究. 北京:中国农业大学,2017.

[171] https://pubchem.ncbi.nlm.nih.gov/compound/Bixafen.

[172] Tong Z, Chu Y, Wen H W, et al. Stereoselective bioactivity, toxicity and degradation of novel fungicide sedaxane with four enantiomers under rice-wheat rotation mode. Ecotoxicol.

Environ. Safe., 2022, 241: 113784.

[173] https://pubchem.ncbi.nlm.nih.gov/compound/Fluopyram.

[174] 杜良伟, 徐秋红, 王彦辉. 井冈霉素在水稻和土壤上残留及消解动态. 农药, 2012, 51 (4): 284-286.

[175] 邵乃麟. 黄鳝-克氏原螯虾-水稻高效生态种养模式的探索. 上海: 上海海洋大学, 2015.

[176] 许天委, 郝慧华, 李国寅, 等. 多抗霉素在海滨雀稗草坪根系层土壤和水中的残留研究. 热带农业工程, 2018, 42(1): 37-39.

[177] 占绣萍, 平新亮. 申嗪霉素1%悬浮剂在水稻及稻田环境中的残留动态研究. 农药科学与 管理, 2010, 31(11): 29-33.

[178] https://pubchem.ncbi.nlm.nih.gov/compound/Saflufenacil.

[179] https://pubchem.ncbi.nlm.nih.gov/compound/Butafenacil.

[180] https://pubchem.ncbi.nlm.nih.gov/compound/Flumioxazin.

[181] https://pubchem.ncbi.nlm.nih.gov/compound/Flumiclorac.

[182] https://pubchem.ncbi.nlm.nih.gov/compound/Halauxifen-methyl.

[183] https://pubchem.ncbi.nlm.nih.gov/compound/Bicyclopyrone.

[184] Li R, Jin J. Modeling of temporal patterns and sources of atmospherically transported and deposited pesticides in ecosystems of concern: A case study of toxaphene in the Great Lakes. J. Geophys. Res. - Atmos., 2013, 118(20): 11863-11874.

[185] 林栋. 多杀菌素的提取纯化工艺研究. 武汉: 武汉轻工大学, 2016.

[186] 陈辉. 杀虫剂乙基多杀菌素对人源肝组织 HepG2 细胞的毒性研究. 上海: 华东理工大学, 2019.

[187] 日本石原产业株式会社. 氟啶虫酰胺[10%氟啶虫酰胺水分散粒剂(铁壁)]. 农药科学与管理, 2007, 148(11): 58.

[188] 德国拜耳作物科学公司. 螺虫乙酯. 农药科学与管理, 2010, 31(05): 58.

[189] 谭海军. 新型介离子嘧啶酮类杀虫剂三氟苯嘧啶及其开发. 现代农药, 2019, 18(5): 42-46, 56.

[190] 李东阳. 氯虫苯甲酰胺降解分离株 GW13 的分离筛选及降解特性研究. 武汉: 华中农业大学, 2018.

[191] 付启明, 欧晓明, 刘红玉, 等. 新农药氯虫酰胺在醇液中的光解. 生态环境学报, 2010, 19 (3): 532-536.

[192] 韩帅兵, 张耀中, 于淼, 等. 氟苯虫酰胺在大白菜中的残留、消解动态及长期膳食风险评估. 农药科学与管理, 2022, 43(09): 46-53.

[193] 谭海军. 新型邻甲酰氨基苯甲酰胺类杀虫剂环溴虫酰胺及其开发应用. 精细与专用化学品, 2020, 28(2): 31-37.

[194] 盛祝波，汪杰，裴鸿艳，等. 新型杀虫剂四唑虫酰胺. 农药，2021，60(1)：52-56＋60.

[195] 崔蕊蕊，刘钰，庄占兴，等. 戊唑醇的开发现状及前景展望. 山东化工，2017，46(4)：48-50＋54.

[196] 刁雪. 戊唑醇和己唑醇对映体对禾谷镰刀菌产 DON 毒素的影响研究. 广州：华南农业大学，2018.

[197] 关爱莹，李林，刘长令. 新型三唑硫酮类杀菌剂丙硫菌唑. 农药，2003，2003(9)：42-43.

[198] 江苏辉丰生物农业股份有限公司. 叶菌唑. 农药科学与管理，2019，40(11)：59-61.

[199] Rashidi M A，Mouden O E，Chakir A，et al. The heterogeneous photo-oxidation of difenoconazole in the atmosphere. Atmos. Environ，2011，45(33)：5997-6003.

[200] 李峥嵘. 氟环唑农残检测及其在食品中应用的研究. 芜湖：安徽工程大学，2018.

[201] 徐雅琦. 嘧菌酯在四种土壤中对蚯蚓的急性与慢性毒性效应. 泰安：山东农业大学，2019.

[202] 德国拜耳作物科学公司. 肟菌酯. 农药科学与管理，2010，31(4)：57-58.

[203] 顾林玲. 吡唑酰胺类杀菌剂——氟唑菌苯胺. 现代农药，2013，12(2)：44-47.

[204] 亦冰. 新颖杀菌剂——啶酰菌胺. 世界农药，2006，(5)：51-53.

[205] 罗梁锋. 新一代琥珀酸脱氢酶抑制剂联苯吡菌胺. 世界农药，2018，40(01)：63-64.

[206] 赫彤彤，杨吉春，刘允萍. 新型除草剂苯嘧磺草胺. 农药，2011，50(06)：440-442.

[207] 刘长令，张希科. 新型除草剂氟丙嘧草酯. 农药，2002，(10)：45-46.

[208] 谭金妮. 丙炔氟草胺防除棉田杂草的应用研究. 泰安：山东农业大学，2017.

[209] 顾林玲，柏亚罗. 新颖芳基吡啶甲酸酯类除草剂——氟氯吡啶酯和氯氟吡啶酯. 现代农药，2017，16(02)：44-48.

[210] 陈国珍，盛祝波，裴鸿艳，等. 新型 PPO 抑制剂类除草剂三氟草嗪. 农药，2022，61(07)：517-522.

[211] 包娜，段亚玲，陈迎丽，等. 戊唑醇的挥发特性研究. 贵州科学，2014，32(3)：80-85.

[212] Zhang X，Zhang X M，Zhang Z F，et al. Pesticides in the atmosphere and seawater in a transect study from the Western Pacific to the Southern Ocean：The importance of continental discharges and air-seawater exchange. Water Res. ，2022，217：118439.

[213] Coscollá C，Munoz A，Borrás E，et al. Particle size distributions of currently used pesticides in ambient air of an agricultural Mediterranean area. Atmos. Environ. ，2014，95：29-35.

[214] Socorro J，Durand A，Temime-Roussel B，et al. The persistence of pesticides in atmospheric particulate phase：An emerging air quality issue. Sci. Rep-UK. ，2016，6(1)：1-7.

[215] Mattei C，Wortham H，Quivet E. Heterogeneous atmospheric degradation of current-use pesticides by nitrate radicals. Atmos. Environ. ，2019，211：170-180.

[216] 赵亚洲，席培宇，李景壮，等. 氟环唑的挥发特性研究. 现代农药，2014，13(4)：32-35.

[217] Karaca H. The effects of ozone-enriched storage atmosphere on pesticide residues and physi-cochemical properties of table grapes. Ozone-Sci. Eng.，2019，41(5)：404-414.

[218] Manna S，Singh N，Singh V P. Effect of elevated CO_2 on degradation of azoxystrobin and soil microbial activity in rice soil. Environ. Monit. Assess.，2013，185：2951-2960.

[219] 亢春雨，吴刚. 多杀菌素和氟虫腈对瓢虫、寄生蜂和菜缢管蚜选择性的研究. 华东昆虫学报，2006，(4)：294-297.

[220] 刘飞雨，任怡静，金欣，等. 多杀菌素对天敌昆虫白蛾周氏啮小蜂的毒力评估. 生物安全学报，2020，29(4)：279-283.

[221] Rabea E I，Nasr H M，Badawy M E I. Toxic effect and biochemical study of chlorflua-zuron，oxymatrine，and spinosad on honey bees (Apis mellifera). Arch. Environ. Con. Tox.，2010，58(3)：722-732.

[222] 王欢，徐希莲. 乙基多杀菌素和联苯肼酯对地熊蜂的毒性及风险评估. 昆虫学报，2019，62(3)：334-342.

[223] 戴建忠，陈伟国，林蔚红，等. 生物杀虫剂多杀霉素和乙基多杀菌素对家蚕毒性测定. 蚕桑茶叶通讯，2018，(5)：1-4.

[224] 闫浩浩，仇月，杨帅，等. 不同剂型氟啶虫酰胺对家蚕的急性毒性. 蚕业科学，2020，46(5)：650-654.

[225] 张亮. 亚致死剂量啶虫脒和双丙环虫酯对异色瓢虫和棉蚜茧蜂的影响. 武汉：华中农业大学，2022.

[226] 张高杰. 吡虫啉和氟吡呋喃酮对异色瓢虫的亚致死效应研究. 长春：吉林农业大学，2020.

[227] 王瑜，陈浩，林清彩，等. 果园六种常用杀虫剂对凹唇壁蜂的毒性及生态风险评估. 山东农业科学，2020，52(1)：115-119.

[228] 王烁，谢丽霞，陈浩，等. 八种新烟碱类杀虫剂对地熊蜂工蜂的毒性及风险评估. 昆虫学报，2020，63(1)：29-35.

[229] Jing G，Yi G，Jin C，et al. Acute oral toxicity，apoptosis，and immune response in nurse bees (Apis mellifera) induced by flupyradifurone. Front. Physiol.，2023，14：479.

[230] 戴建忠，陈伟国，林蔚红，等. 新型水稻杀虫剂三氟苯嘧啶对家蚕的安全风险评价. 中国蚕业，2020，41(3)：32-35.

[231] 朱亚娟，顾林玲. 作用于烟碱乙酰胆碱受体的杀虫剂新品种的应用开发进展. 现代农药，2018，17(4)：1-7.

[232] 潘美良，杨一平，戴建忠，等. 溴氰虫酰胺和氯虫苯甲酰胺对家蚕的急性毒性及残毒期比较. 蚕业科学，2021，47(6)：589-594.

[233] 林涛，游泳，郑丽祯，等. 三种双酰胺类杀虫剂制剂对环境非靶标生物的急性毒性. 农药学学报，2015，17(6)：757-762.

[234] Nawaz M，Cai W L，Jing Z，et al. Toxicity and sublethal effects of chlorantraniliprole on the development and fecundity of a non-specific predator，the multicolored Asian lady beetle，*Harmonia axyridis* (Pallas). Chemosphere，2017，178：496-503.

[235] 游泳. 三种二酰胺类杀虫剂对意大利蜜蜂的毒性作用. 福州：福建农林大学，2017.

[236] Kim J，Chon K，Kim B S，et al. Assessment of acute and chronic toxicity of cyantraniliprole and sulfoxaflor on honey bee (*Apis mellifera*) larvae. Pest. Manag. Sci.，2022，78 (12)：5402-5412.

[237] Cong Y B，Chen J X，Xie Y P，et al. Toxicity and sublethal effects of diamide insecticides on key non-target natural predators，the larvae of *Coccinella septempunctata* L. (Coleoptera：Coccinellidae). Toxics，2023，11(3)：270.

[238] 周浩，翟一凡，胡泽章，等. 地熊蜂对设施农业6种常用杀菌剂的敏感性研究. 河北农业科学，2016，20(3)：35-37.

[239] 祝小祥，苍涛，王彦华，等. 三唑类杀菌剂对三种赤眼蜂成蜂的急性毒性及风险评估. 昆虫学报，2014，57(6)：688-695.

[240] 金磊，张文哲，张传清，等. 戊唑醇等9种农药对螟黄赤眼蜂的毒性评价. 农药学学报，2021，23(4)：716-723.

[241] 莫秀芳，李星翰，王晓岚，等. 苯醚甲环唑和嘧菌酯对家蚕的生长发育毒性. 农药学学报，2018，20(6)：758-764.

[242] 黄深惠，蒋满贵，黄旭华，等. 15种农药对家蚕的安全性评价. 农药，2023，62(2)：110-113＋133.

[243] 徐华强，薛明，赵海朋，等. 嘧菌酯等杀菌剂及其混配制剂对赤眼蜂的安全性评价. 环境昆虫学报，2014，36(3)：381-387.

[244] 张勇，李沛明，周凤艳，等. 三唑类杀菌剂对蜜蜂的急性毒性及风险性评价. 农药，2016，55(4)：269-271＋274.

[245] 李肇丽，蔡磊明，赵玉艳，等. 3种新型农药对赤眼蜂的急性毒性和安全性评价. 农药，2009，48(6)：435-436.

[246] 吕露，吴声敢，王强，等. 几种杀菌剂对葡萄园典型陆生生物的初级风险评估. 浙江农业学报，2022，34(11)：2512-2521.

[247] 刘文光，刘惠芬，衣葵花，等. 啶酰菌胺和溴菌腈对家蚕真菌病防治效果研究. 北方蚕业，2017，38(1)：15-17＋23.

[248] 王子辰，田俊策，王国荣，等. 稻田非鳞翅目害虫靶标农药对稻螟赤眼蜂的安全性评价. 中国生物防治学报，2016，32(1)：19-24.

[249] 俞瑞鲜，王彦华，吴声敢，等. 21种杀菌剂对家蚕的急性毒性与风险评价. 生态毒理学报，2011，6(6)：643-648.

[250] Mandal K，Jyot G，Singh B. Dissipation kinetics of spinosad on cauliflower (*Brassica oler-*

acea var. *Botrytis* L.) under subtropical conditions of Punjab，India. B. Environ. Cont-
am. Tox. ，2009，83(6)：808-811.

[251] 何灿. 多杀菌素和甲维盐在豇豆上的残留及降解动态. 广州：华南农业大学，2017.

[252] Li H X，Zhong Q，Luo F J，et al. Residue degradation and metabolism of spinetoram in
tea：A growing，processing and brewing risk assessment. Food Control，2021，125
(1)：107955.

[253] Malhat F，Abdallah O. Residue distribution and risk assessment of two macrocyclic lactone
insecticides in green onion using micro-liquid-liquid extraction (MLLE) technique coupled
with liquid chromatography tandem mass spectrometry. Environ Monit. Assess，2019，191
(9)：584.

[254] Malhat M F. Simultaneous determination of spinetoram residues in tomato by high per-
formance liquid chromatography combined with QuEChERS method. B. Environ. Contam.
Tox. ，2013，90(2)：222-226.

[255] Lin H F，Liu L，Zhang Y T，et al. Residue behavior and dietary risk assessment of spine-
toram (XDE-175-J/L) and its two metabolites in cauliflower using QuEChERS method cou-
pled with UPLC-MS/MS. Ecotox. Environ. Safe，2020，202：110942.

[256] 史梦竹，李建宇，刘文静，等. 6 种杀虫剂在上海青中的残留消解动态及膳食风险评估.
食品安全质量检测学报，2021，12(02)：646-652.

[257] 吴淑春，梁赤周，虞淼，等. 乙基多杀菌素及其代谢物在杨梅中的残留及消解动态. 农药
科学与管理，2019，40(03)：40-47.

[258] Zhang T，Xu Y，Zhou X，et al. Dissipation kinetics and safety evaluation of flonicamid in
four various types of crops. Molecules，2022，27(23)：8615.

[259] 吴燕，杨静，陈翔，等. 氟啶虫酰胺、噻螨酮和烯唑醇在枸杞上的残留安全性分析. 农药，
2023，62(3)：194-199.

[260] 邱莉萍，陈盼盼，刘秀群，等. 草莓中氟啶虫酰胺残留消解动态及膳食风险评估. 农产品
质量与安全，2019，102(6)：53-56.

[261] Li K L，Chen W Y，Xiang W，et al. Determination，residue analysis and risk assessment of
thiacloprid and spirotetramat in cowpeas under field conditions. Sci. Rep-UK. ，2022，12
(1)：3470.

[262] 毛江胜，陈子雷，李慧冬，等. 毒死蜱、吡虫啉、螺虫乙酯及其代谢物和苯醚甲环唑在梨中
的残留消解动态. 农药学学报，2019，21(03)：395-400.

[263] 羊河. 螺虫乙酯及其代谢产物在 4 种水果上的残留安全性评价. 阿拉尔：塔里木大
学，2017.

[264] 刘艳萍，王潇楠，常虹，等. 螺虫乙酯及其代谢物和氯虫苯甲酰胺在龙眼上的残留动态.
农药学学报，2021，23(06)：1235-1240.

[265] Guo M M，Sun H Z，Wang X R，et al. Residue behavior and risk assessment of afidopyropen and its metabolite M440I007 in tea. Food Chem.，2023，404：134413.

[266] Xie J，Zheng Y X，Liu X G，et al. Human health safety studies of a new insecticide：dissipation kinetics and dietary risk assessment of afidopyropen and one of its metabolites in cucumber and nectarine. Regul. Toxicol. Pharm.，2019，103：150-157.

[267] 郭明明，李兆群，刘岩，等. 双丙环虫酯对小贯小绿叶蝉的防治效果及残留评价. 茶叶科学，2022，42(03)：358-366.

[268] Wen Y J，Meng H Y，Zhao C，et al. Evaluation of flupyradifurone for the management of the Asian citrus psyllid *Diaphorina citri* via dripping irrigation systems. Pest Manag. Sci.，2021，77(5)：2584-2590.

[269] Fan T L，Chen X J，Xu Z Y，et al. Uptake and translocation of triflumezopyrim in rice plants. J. Agric. Food Chem.，2020，68(27)：7086-7092.

[270] Kar A，Mandal K，Singh B. Decontamination of chlorantraniliprole residues on cabbage and cauliflower through household processing methods. B. Environ. Contam. Tox.，2012，88：501-506.

[271] Sharma N，Mandal K，Kumar R，et al. Persistence of chlorantraniliprole granule formulation in sugarcane field soil. Environ. Monit. Assess.，2014，186：2289-2295.

[272] Ramasubramanian T，Paramasivam M，Jayanthi R，et al. Persistence and dissipation kinetics of chlorantraniliprole 0. 4 G in the soil of tropical sugarcane ecosystem. Environ. Monit. Assess.，2016，188：1-6.

[273] 孙星，刘川静，杨邦保，等. 氯虫苯甲酰胺在桃中的残留行为及膳食风险评估. 农产品质量与安全，2023，121(01)：50-55.

[274] 付岩，王全胜，张亮，等. 氯虫苯甲酰胺在山楂中的残留行为及膳食暴露风险评估. 食品安全质量检测学报，2021，12(12)：4735-4741.

[275] 赵民娟，王猛强，邵华，等. 氯虫苯甲酰胺在菜薹中的残留及消解动态研究. 农产品质量与安全，2019，97(1)：35-38.

[276] Liao M，Liang Z H，Wu R F，et al. Residue behavior of cyantraniliprole and its ecological effects on *Procambarus clarkii* associated with the rice-crayfish integrated system. Pest Manag. Sci.，2023，79：1868-1875.

[277] Hu X Q，Zhang C P，Zhu Y H，et al. Determination of residues of cyantraniliprole and its metabolite J9Z38 in watermelon and soil using ultra-performance liquid chromatography/mass spectrometry. J. Aoac Int.，2013，96(6)：1448-1452.

[278] 玉霞，莫仁甫，周其峰，等. 溴氰虫酰胺在甘蔗中残留和消解动态. 农药，2012，60(10)：743-746＋750.

[279] 李安英，张少军，陈勇达，等. 溴氰虫酰胺和吡蚜酮在南瓜中的残留消解动态. 中国蔬菜，

2021，383(01)：79-83.

[280] 蒋梦云，巩文雯，刘庆菊，等. 辣椒及土壤中咯菌腈、精甲霜灵和溴氰虫酰胺的残留及消解动态研究. 广东农业科学，2018，45(11)：60-67.

[281] 洪文英，吴燕君，尉吉乾，等. 溴氰虫酰胺对小菜蛾的田间防效及其在花椰菜中的残留与消解动态. 农药学学报，2017，19(2)：211-216.

[282] Sahoo S K，Sharma R K，Battu R S，et al. Dissipation kinetics of flubendiamide on chili and soil. B. Environ. Contam. Tox.，2009，83(3)：384-387.

[283] Takkar R，Sahoo S K，Singh G，et al. Dissipation pattern of flubendiamide in/on brinjal (*Solanum melongena* L.). Environ. Monit. Assess.，2012，184(8)：5077-5083.

[284] 赵金浩，侯志广，杨航，等. 氟苯虫酰胺光解动力学及机理研究. 中国农学通报，2015，31 (10)：204-207.

[285] 熊彩云，陈秋荣，王文辉，等. 氯氟氰虫酰胺注干剂在松树体内的残留动态. 生物灾害科学，2021，44(4)：431-435.

[286] 何秀玲. 新型双酰胺类杀虫剂环溴虫酰胺(cyclaniliprole). 世界农药，2016，38(3)：60-61.

[287] 余苹中，赵尔成，张锦伟，等. 四唑虫酰胺及其代谢物 BCS-CQ63359 在番茄中的消解规律与储藏稳定性研究. 食品安全质量检测学报，2021，12(24)：9428-9435.

[288] 李卫. 四唑虫酰胺对水稻二化螟的防效及其环境行为研究. 南昌：江西农业大学，2020.

[289] 徐赛. 溴虫氟苯双酰胺对水稻主要害虫的生物活性及其在水稻环境中的残留. 南昌：江西农业大学，2018.

[290] Mohapatra S，Deepa M，Jagdish G K. Residue dynamics of tebuconazole and quinalphos in immature onion bulb with leaves，mature onion bulb and soil. B. Environ. Contam. Tox.，2011，87：703-707.

[291] Matadha N Y，Mohapatra S，Siddamallaiah L. Distribution of fluopyram and tebuconazole in pomegranate tissues and their risk assessment. Food Chem.，2021，358：129909.

[292] Wang W M，Sun Q，Li Y B，et al. Simultaneous determination of fluoxastrobin and tebuconazole in cucumber and soil based on solid-phase extraction and LC-MS/MS method. Food Anal. Method.，2018，11(3)：750-758.

[293] 唐树怀，代雪芳，邓毅书，等. 戊唑醇在黄花菜上的残留行为及膳食风险评估. 江苏农业科学，2022，50(16)：196-203.

[294] 付岩，张亮，王全胜，等. 戊唑醇在猕猴桃中的残留行为及膳食摄入风险评估. 农产品质量与安全，2022，115(1)：57-62.

[295] 朱宇珂，石凯威，朱光艳，等. 嘧菌环胺和戊唑醇在番茄和土壤中的残留行为及风险评估. 农药科学与管理，2021，42(4)：37-44.

[296] 梁亚杰，李晓梅，许春琦，等. 戊唑醇和吡唑醚菌酯在苹果中的残留行为及膳食暴露风险

145

评估. 果树学报，2021，38(05)：771-781.

[297] 赵俊龙. 手性杀菌剂戊唑醇立体选择性环境行为及残留风险评估研究. 广州：华南农业大学，2020.

[298] 赵方方，林靖凌，葛会林. 香蕉和土壤中戊唑醇的残留分析. 西南大学学报(自然科学版)，2014，36(10)：19-23.

[299] 陈燕，蔡灵，杨丽华，等. 嘧菌酯和戊唑醇在水稻上的残留行为及膳食安全风险评估. 农药，2022，59(3)：209-214＋222.

[300] Liang H W，Li L，Li W，et al. The decline and residues of hexaconazole in tomato and soil. Environ. Monit. Assess.，2012，184：1573-1579.

[301] Devi R，Singh R P，Sachan A K. Dissipation kinetics of hexaconazole and lambda-cyhalothrin residue in soil and potato plant. Potato Res.，2019，62：411-422.

[302] 姚杰，刘传德，兰丰，等. 己唑醇在猕猴桃中的残留动态及安全性评价. 农药学学报，2020，20(5)：903-908.

[303] 韩玲娟，宋稳成，王鸣华. 己唑醇在水溶液中的光化学降解研究. 环境科学学报，2012，32(08)：1822-1826.

[304] 谢易文. 手性三唑类杀菌剂丙硫菌唑及其代谢物在水中的降解. 合肥：安徽农业大学，2022.

[305] 张成智. 丙硫菌唑及其代谢物在小麦植株中的残留分析和初级膳食风险评估. 合肥：安徽农业大学，2022.

[306] 林宛玫. 2种叶菌唑制剂对小麦赤霉病的田间防效及其在小麦上的残留行为. 合肥：安徽农业大学，2022.

[307] 陈玉. 叶菌唑在葡萄和土壤中的残留分析及消解动态研究. 贵阳：贵州大学，2018.

[308] 石凯威，汤丛峰，李莉，等. 叶菌唑在小麦中的残留消解及膳食风险评价. 农药学学报，2015，17(3)：307-312.

[309] Zhang Z Y，Jiang W Y，Jian Q，et al. Residues and dissipation kinetics of triazole fungicides difenoconazole and propiconazole in wheat and soil in Chinese fields. Food Chem，2015，168：396-403.

[310] 杨志富，欧晓明，李建明，等. 苯醚甲环唑和嘧菌酯在金银花中的残留消解及安全性评价. 农药，2021，60(8)：601-605.

[311] 周旻，何秀芬，董存柱，等. 苯醚甲环唑和噻呋酰胺在香蕉上的残留消解及膳食风险评估. 热带作物学报，2020，41(3)：596-602.

[312] 吴燕，马小龙，李瑞，等. 苯醚甲环唑在枸杞上残留消解和最终残留状态分析. 宁夏农林科技，2020，61(11)：38-40.

[313] 张利强，邢淑莲，林丽云，等. 手性杀菌剂苯醚甲环唑在火龙果中的残留消解行为研究. 热带农业科学，2018，38(8)：72-77.

[314] 唐守英. 丙环唑对映异构体在香蕉叶上的残留分析. 贵阳：贵州大学，2022.

[315] 周启圳，何翎，刘丰茂，等. 嘧菌酯和丙环唑在大豆上残留分布及降解动态研究. 农业资源与环境学报，2022，39(6)：1263-1270.

[316] 黄健祥，叶倩，陈汉才，等. 丙环唑对普通白菜株高和产量的影响及其残留研究. 热带作物学报，2018，39(7)：1290-1296.

[317] 胡瑞兰. 苯醚甲环唑和丙环唑在稻田中的残留消解与吸附. 长沙：湖南农业大学，2010.

[318] Zhang Y，Zhou Y，Duan T T，et al. Dissipation and dietary risk assessment of carbendazim and epoxiconazole in citrus fruits in China. J. Sci. Food Agr.，2022，102(4)：1415-1421.

[319] 方丽萍，杜红霞，李瑞菊，等. 丙环唑、氟环唑在苹果中的残留及风险评估. 山东农业科学，2015，47(9)：127-131.

[320] 张昕淳，李荣玉，湛兴瑜，等. 25％吡唑醚菌酯悬浮剂在7种蔬菜中的消解动态. 山地农业生物学报，2023，42(1)：87-92.

[321] 姚杰，兰丰，柳璇，等. 马铃薯中戊唑醇和吡唑醚菌酯的残留行为. 植物保护，2022，48(6)：326-331＋335.

[322] 王俊晓，安莉，马欢，等. 25％吡唑醚菌酯悬浮剂在金银花上的残留行为及膳食风险评估. 现代农药，2022，21(4)：43-47.

[323] 李忠华，杨金慧，李迎东，等. 人参中吡唑醚菌酯和氟唑菌酰胺的残留分析及膳食风险评估. 农药，2020，59(6)：445-449＋468.

[324] 王素琴，沈莹华，于福利. 苯醚甲环唑和嘧菌酯在石榴中的残留行为与合理使用评价. 现代农药，2017，16(6)：41-44＋51.

[325] 顾梦影，刘志可，吴佩玲，等. 精甲霜灵和嘧菌酯在铁皮石斛中的残留消解及风险评估. 中国现代中药，2022，24(8)：1531-1535.

[326] 吴绪金，李萌，马婧玮，等. 5种果蔬中嘧菌酯残留量检测及膳食摄入风险评估. 农药，2022，61(6)：438-443.

[327] 李春勇，金静，王霞，等. 嘧菌酯在洋葱中的残留量及消解动态分析. 现代农药，2021，20(1)：38-41.

[328] Feng Y Z，Qi X X，Wang X Y，et al. Residue dissipation and dietary risk assessment of trifloxystrobin，trifloxystrobin acid，and tebuconazole in wheat under field conditions. Int. J. Environ. An. Ch.，2022，102(7)：1598-1612.

[329] 杨双昱，何志强，曾全，等. 戊唑醇、肟菌酯和吡唑醚菌酯在青花椒中的残留行为. 现代农药，2022，21(3)：54-57.

[330] 李文博，苏龙. 肟菌酯及其代谢产物在苹果中的残留与膳食风险评估. 湖南农业大学学报（自然科学版），2023，49(1)：94-99，120.

[331] 刘明洋. 霜脲氰及其混剂在葡萄园中的残留行为与效应研究. 长沙：湖南农业大

学，2009.

[332] 毕风兰，何东兵. 基于高效液相色谱法检测氟唑菌酰羟胺在小麦上的残留量. 江苏农业科学，2022，50(24)：151-155.

[333] 吴琴燕，陈宏州，李冬冬，等. UPLC-MS/MS法检测麦穗中氟唑菌酰羟胺的残留和消解动态. 植物保护，2021，47(2)：164-168.

[334] 韩平. 氟唑菌苯胺的环境行为研究. 北京：中国农业大学，2017.

[335] 樊雨鑫，张晟，侯胜楠，等. 苯并烯氟菌唑的光降解影响因素. 农药，2022，61(10)：739-742.

[336] Chen L，Zhang S Z. Dissipation and residues of boscalid in strawberries and soils. B. Environ. Contam. Tox.，2010，84：301-304.

[337] 李瑞娟，刘同金，梁慧，等. 啶酰菌胺在冬瓜、辣椒和花椰菜中的残留特征及使用安全性评价. 农药，2012，60(12)：909-912+932.

[338] 谭菲菲，高政绪，高强，等. 氟吡菌酰胺及其代谢物在烟草种植和加工过程中的降解特征. 中国烟草科学，2021，42(5)：69-74.

[339] 贾春虹，吴俊学，赵尔成，等. 超高效液相色谱-串联质谱检测草莓中氟吡菌酰胺和嘧霉胺的残留与消解. 农药，2021，60(1)：42-45.

[340] 梁赤周，虞淼，秦丽，等. 井冈霉素在杨梅中残留及消解动态. 农药科学与管理，2018，39(5)：46-50.

[341] 方明，邹吉伟，吴加伦，等. 高效液相色谱法检测申嗪霉素在人参及其土壤中的残留. 农药学学报，2016，18(3)：358-366.

[342] Maniere I，Bouneb F，Fastier A，et al. AGRITOX-Database on pesticide active substances. Toxicol Lett，205S，S231-S232.

[343] Spinetoram. https：//www. fao. org/fileadmin/templates/agphome/documents/Pests_Pesticides /JMPR/Evaluation08/Spinetoram. pdf

[344] Flonicamid. https：//pubchem. ncbi. nlm. nih. gov/compound/9834513＃section＝Environmental-Fate-Exposure-Summary

[345] Spirotetramat. https：//www. fao. org/fileadmin/templates/agphome/documents/Pests _ Pesticides /JMPR/Evaluation08/Spirotetramat. pdf

[346] Flupyradifurone. https：//www. fao. org/fileadmin/templates/agphome/documents/Pests_ Pesticides /JMPR/Evaluation2016/FLUPYRADIFURONE. pdf

[347] Chlorantraniliprole. https：//www. fao. org/fileadmin/templates/agphome/documents/Pests _ Pesticides/JMPR/Evaluation08/Chlorantraniliprole. pdf

[348] Flubendiamide. https：//www. fao. org/fileadmin/templates/agphome/documents/Pests _ Pesticides /JMPR/Evaluation10/Flubendiamide. pdf

[349] Tebuconazole. https：//pubchem. ncbi. nlm. nih. gov/compound/86102＃section＝Environ-

mental-Fate-Exposure-Summary

［350］Goodarzi M，Ortiz E V，Coelho LD，et al. Linear and non-linear relationships mapping the Henry's law parameters of organic pesticides. Atmos. Environ. ，2020，44：3179-3186.

［351］Duchowicz P R，Aranda J F，Bacelo D E，et al. QSPR study of the Henry's law constant for heterogeneous compounds. Chem. Eng. Res. Des. ，2020，154：115-121.

［352］Propiconazole. https：//pubchem. ncbi. nlm. nih. gov/compound/43234 ♯ section＝Environ-mental-Fate-Exposure-Summary

［353］Pyraclostrobinaf. https：//www. fao. org/fileadmin/templates/agphome/documents/Pests_ Pesticides /JMPR/Evaluation04/Pyraclostrobinaf. pdf

［354］Azoxystrobin. https：//www. fao. org/fileadmin/templates/agphome/documents/Pests _ Pesticides /JMPR/Evaluation08/Azoxystrobin. pdf

［355］Trifloxystrobin. https：//www. fao. org/fileadmin/templates/agphome/documents/Pests _ Pesticides /JMPR/Evaluation04/TRIFLOXYSTROBIN. pdf

［356］boscalid. https：//www. fao. org/fileadmin/templates/agphome/documents/Pests _ Pesti-cides /JMPR/Evaluation06/boscalid. 06. pdf

［357］王琛. UPLC-MS/MS 检测马铃薯饲料中氟吡菌酰胺及其代谢物的残留及风险评估. 天津：天津农学院，2023.

［358］程功. 除草剂丙炔氟草胺残留分析及环境降解行为研究. 沈阳：沈阳农业大学，2018.

［359］Broflanilide. https：//www. regulations. gov/document/EPA-HQ-OPPT-2023-0538-0026.

4 绿色农药与健康风险

 农药毒性的评估是保障农业生产和人类健康安全的重要环节，正确评估农药毒性对于减少农药对人类健康和环境的不良影响具有重要意义。农药毒性是指农药对人、畜、禽等生物体可产生直接或间接的毒害作用，使其生理功能受到破坏。习惯上把农药对靶标生物的损害称为毒力，对人畜等的损害称为毒性。农药的毒性评估通常是通过大白鼠、小白鼠、狗、兔等温血动物进行测定的，以评估农药对人体的潜在危害。根据农药对机体所致损害的性质或持续时间进行分类，一般可分急性、亚慢性、慢性毒性等。

 所谓急性毒性，是指一次经口、皮肤接触或通过呼吸道吸入等途径，接受了一定剂量的农药，在短时间内能引起急性病理反应的毒性，它是比较农药毒性大小的重要依据之一，通常是以致死中量（LD_{50}）或致死中浓度（LC_{50}）来表示急性毒性程度的指标。中毒死亡所需农药剂量越小，其毒性越大；反之所需农药剂量越大，其毒性越小。根据中国农业农村部第 2569 号公告附件农药产品毒性分级标准，依据急性经口、经皮、吸入农药致死中量（LD_{50}）和致死中浓度（LC_{50}）数值，可将农药的毒性分为剧毒（经口 $LD_{50} \leqslant 5mg/kg$，经皮 $LD_{50} \leqslant 20mg/kg$，吸入 $LC_{50} \leqslant 20mg/m^3$）、高毒（经口 $LD_{50} > 5 \sim 50mg/kg$，经皮 $LD_{50} > 20 \sim 200mg/kg$，吸入 $LC_{50} > 20 \sim 200mg/m^3$）、中毒（经口 $LD_{50} > 50 \sim 500mg/kg$，经皮 $LD_{50} > 200 \sim 2000mg/kg$，吸入 $LC_{50} > 200 \sim 2000mg/m^3$）、低毒（经口 $LD_{50} > 500 \sim 5000mg/kg$，经皮 $LD_{50} > 2000 \sim 5000mg/kg$，吸入 $LC_{50} > 2000 \sim 5000mg/m^3$）、微毒（经口 $LD_{50} > 5000mg/kg$，经皮 $LD_{50} > 5000mg/kg$，吸入 $LC_{50} > 5000mg/m^3$）五个等级。

 亚急性毒性指动物在较长时间内（一般连续投药观察三个月）服用或接触少量农药而引起的中毒现象。慢性毒性指小剂量农药长期（一般为 1～2 年）连续服用后，在体内积蓄，造成体内机能损害所引起的中毒现象。在亚慢性、慢性毒性问题中，农药的致癌性、致畸性、致突变（三致效应）等特别引人重视。亚急性毒性和慢性毒性的大小通常以无可见有害作用剂量（NOAEL）和最低可见有害作用剂量（LOAEL）来表示。

4.1 绿色农药品种急性毒性、亚急性/亚慢性毒性效应

4.1.1 多杀菌素微生物源杀虫剂

4.1.1.1 多杀菌素（spinosad）

通过经口或者经皮方式给药，多杀菌素急性毒性为低毒。在急性经口、急性经皮、吸入后急性毒性也为低毒，大鼠和小鼠急性经口的 LD_{50} 值都＞2000mg/kg，一般≥5000mg/kg；急性经皮处理家兔的 LD_{50}＞5000mg/kg，大鼠急性吸入的 LC_{50} 为＞5.2mg/L，结果见表4-1。

对小鼠、大鼠和狗的短期研究发现，组织空泡化是 LOAEL 的一致观察结果。在对小鼠为期90天的研究中，总 NOAEL 为 6mg/(kg·d)，在 LOAEL 中也观察到肝脏重量的增加。在大鼠的90天研究中，NOAEL 为 8.6mg/(kg·d)，在28天研究中为 21mg/(kg·d)。

对狗28天的研究中的 LOAEL 为 6.5mg/(kg·d)；在90天的研究中，NOAEL 为 4.9mg/(kg·d)；观察到甲状腺重量增加[1]。

4.1.1.2 乙基多杀菌素（spinetoram）

乙基多杀菌素急性毒性很低，以大鼠为受试动物，其急性经口给药的 LD_{50} 值＞5000mg/kg bw，急性经皮给药的 LD_{50}＞5000mg/kg bw，4h急性吸入 LC_{50}＞4.44mg/L。在限制剂量分别为5000mg/kg bw 和 4.4mg/L 时，没有死亡率。乙基多杀菌素对皮肤或眼睛没有刺激性，结果见表4-1。

以大鼠为受试动物，进行为期28天的亚慢性毒性研究，研究表明：在大鼠中，NOAEL 为 24.5mg/(kg·d)，在 LOAEL 为 10.8mg/(kg·d) 的作用下，大鼠表现出甲状腺滤泡上皮和肾小管上皮的空泡化，红细胞和白细胞数目增加。对小鼠的90天毒性研究的 NOAEL 为 7.5mg/(kg·d)，在 LOAEL 的雌鼠中有轻微的脾髓外造血。在大鼠中，90天毒性研究的 NOAEL 为 48mg/(kg·d)[2]。

表 4-1　多杀菌素微生物源杀虫剂的急性毒性和亚急性/亚慢性毒性数据

农药	动物	急性毒性			亚急性/亚慢性毒性		参考文献
		吸入 LC_{50}/(mg/L)或 LD_{50}/(mg/kg bw)	毒性分级	备注	表现	NOAEL 或 LOAEL/[mg/(kg·d)]	
多杀菌素	大鼠	$LD_{50}>2000$ $LC_{50}>5.2$	低毒		组织空泡化	8.6(N 90d)21(N 28d)	[1]
	小鼠	$LD_{50}>2000$			肝脏重量的增加,且淋巴系统的空泡化比甲状腺更敏感	6(N 90d)	
乙基多杀菌素	大鼠	$LD_{50}>5000$ $LC_{50}>4.44$	低毒	对皮肤或眼睛没有刺激性	甲状腺滤泡上皮和肾小管上皮的空泡化,红细胞和白细胞数目增加	24.5(N 28d)48(N 90d)10.8(L 28d)	[2]
	小鼠				雌鼠有轻微的脾髓外造血	7.5(N 90d)	

注：NOAEL 为未观察到有害作用剂量水平；LOAEL 为观察到有害作用最低剂量水平。

4.1.2　防治刺吸式口器害虫非烟碱类杀虫剂

4.1.2.1　氟啶虫酰胺（flonicamid）

结果见表 4-2。以大鼠为受试动物，氟啶虫酰胺毒性低毒，其急性经口毒性为 $LD_{50}=884mg/kg$，急性经皮毒性为 $LD_{50}>5000mg/kg$，急性吸入毒性为 $LC_{50}>4.90mg/L$。对兔子的皮肤和眼睛没有刺激作用，对豚鼠也不是皮肤增敏剂。

在对大鼠 90 天的研究中，基于雄性大鼠在氟啶虫酰胺剂量为 $60mg/(kg·d)$ 时肾脏重量增加，肾小管呈颗粒状铸型和嗜碱性改变增多，其 NOAEL 为 $12.11mg/(kg·d)$[3]。

4.1.2.2　螺虫乙酯（spirotetramat）

防治刺吸式口器害虫非烟碱类杀虫剂的急性毒性和亚急性/亚慢性毒性数据结果见表 4-2。以大鼠为受试动物，螺虫乙酯急性经口毒性和急性经皮毒性的 LD_{50} 值均$>2000mg/kg$，急性吸入毒性 LC_{50} 值$>4.18mg/L$。

以小鼠和狗为受试动物，进行为期 28 天的毒性研究结果表明，在重复剂量研究中，小鼠给予最高剂量为 $1415mg/(kg·d)$、$1305mg/(kg·d)$ 和 1022mg/

（kg・d），没有观察到毒理学影响，在 6400mg/kg 时观察到狗体重减轻并伴有胸腺退化和萎缩的组织学证据。对大鼠进行 14 周的毒性饮食研究，其体重增加减少，异常精子和精子症的发生率增加，其 NOAEL 为 148mg/（kg・d），管状变性的发生率增加[4]。

4.1.2.3　双丙环虫酯（afidopyropen）

双丙环虫酯急性毒性和亚急性/亚慢性毒性数据结果见表 4-2。双丙环虫酯对大鼠急性经口、经皮：$LD_{50}>2000mg/kg$；大鼠急性毒性吸入：$LC_{50}>5.48mg/L$。对兔眼睛有轻微刺激性，对兔皮肤无刺激性，对豚鼠皮肤无致敏性[5]。

表 4-2　防治刺吸式口器害虫非烟碱类杀虫剂的急性毒性和亚急性/亚慢性毒性数据

农药	动物	急性毒性			亚急性/亚慢性毒性		参考文献
		LD_{50}/（mg/kg bw）或吸入 LC_{50}/（mg/L）	毒性分级	备注	表现	NOAEL 或 LOAEL/[mg/（kg・d）]	
氟啶虫酰胺	大鼠	LD_{50} 884（经口）$LD_{50}>5000$（经皮）$LC_{50}>4.90$	中等急性经口，低急性经皮毒性和低急性吸入毒性		在实验浓度为 60mg/（kg・d）时肾脏重量增加，肾小管呈颗粒状铸型或嗜碱性改变增多	12.11（N）（90d）	[3]
	小鼠				黑色肝脏，肝细胞脂肪变化	26.9（N 28d）	
螺虫乙酯	大鼠	$LD_{50}>2000$（经口、经皮）$LC_{50}>4.18$	低毒		体重增加减少，异常精子和精子症发生率增加	148（N 98d）	[4]
双丙环虫酯	大鼠	$LD_{50}>2000$ $LC_{50}>5.48$	低毒	兔眼睛有轻微的刺激			[5]

注：NOAEL 为未观察到有害作用剂量水平；LOAEL 为观察到有害作用最低剂量水平。

4.1.3　新烟碱类杀虫剂

4.1.3.1　氟吡呋喃酮（flupyradifurone）

氟吡呋喃酮的急性毒性和亚急性/亚慢性毒性数据结果见表 4-3。以大鼠为受试动物，氟吡呋喃酮急性经口毒性 LD_{50} 值介于 $300\sim2000mg/kg$，急性经皮毒性

的 LD_{50} 值＞2000mg/kg，急性吸入毒性 LC_{50} 值＞4.67mg/L。

以狗为受试动物，进行为期 28 天的毒性研究，以不同浓度［雄性：0、16、62、118mg/(kg·d)，雌性：0、18、77、131mg/(kg·d)］的氟吡呋喃酮喂食狗，结果表明在 118mg/(kg·d) 时观察到，受试狗的体重减轻，肝细胞糖原积累减少[6]。

以大鼠为受试动物，进行为期 28 天的毒性试验，雄性小鼠饲喂剂量为 0、17、68 和 243mg/(kg·d)，雌性大鼠饲喂剂量为 0、19、72 和 273mg/(kg·d)。结果表明，其 NOAEL 为 243mg/(kg·d)，并观察到大鼠血糖降低[6]。

4.1.3.2　三氟苯嘧啶 (triflumezopyrim)

三氟苯嘧啶的急性毒性和亚急性/亚慢性毒性数据结果见表 4-3。以大鼠为受试动物，三氟苯嘧啶急性经口毒性 LD_{50} 值≥4390mg/kg，急性经皮毒性的 LD_{50} 值＞5000mg/kg，急性吸入毒性 LC_{50} 值＞5mg/L；对家兔皮肤无刺激性，对兔子的眼睛没有或只有非常轻微的刺激影响，对豚鼠的皮肤不敏感。

以大鼠为受试动物，进行为期 28 天的毒性试验。雄性大鼠饲喂剂量为 0、34、129、416 和 1100mg/kg bw，雌性大鼠饲喂剂量为 0、41、161、504 和 1340mg/kg bw。结果表明，其 NOAEL 值为 416mg/(kg·d)，出现体重增加、饲料利用率持续下降、肝细胞肥大等症状。在为期 90 天的小鼠喂养研究中，雄性的饮食剂量分别为 0、31、125、417 和 1130mg/(kg·d)，雌性分别为 0、44、177、476 和 1530mg/(kg·d)。基于雄性小鼠在剂量为 1130mg/(kg·g) 时肾上腺增生，其 NOAEL 为 417mg/(kg·d)，此外，两个最高剂量水平的研究结果证实了 28 天研究中看到的适应性肝脏效应，但没有血液学研究结果[7]。

表 4-3　新烟碱类杀虫剂的急性毒性和亚急性/亚慢性毒性数据

农药	动物	急性毒性			亚急性/亚慢性毒性		参考文献
		LD_{50}/(mg/kg bw) 或吸入 LC_{50}/(mg/L)	毒性分级	备注	表现	NOAEL 或 LOAEL/[mg/(kg·d)]	
氟吡呋喃酮	大鼠	LD_{50} 300～2000（经口）LD_{50}＞2000（经皮）LC_{50}＞4.67	低毒		血糖降低	243(N 28d)	[6]

农药	动物	急性毒性			亚急性/亚慢性毒性		参考文献
		LD_{50}/(mg/kg bw) 或吸入 LC_{50}/(mg/L)	毒性分级	备注	表现	NOAEL 或 LOAEL/[mg/(kg·d)]	
三氟苯嘧啶	大鼠	$LD_{50} > 4390$（经口），$LD_{50} > 5000$（经皮），$LC_{50} > 5$		对家兔皮肤无刺激性,对兔子的眼睛没有或只有非常轻微的刺激影响,对豚鼠的皮肤不敏感	体重增加、饲料利用率持续下降、肝细胞肥大等	416(N 28d)	[7]
	小鼠				雄性小鼠肾上腺增生	417(N 90d)	

注：NOAEL 为未观察到有害作用剂量水平，LOAEL 为观察到有害作用最低剂量水平。

4.1.4 双酰胺类杀虫剂

4.1.4.1 氯虫苯甲酰胺 (chlorantraniliprole)

氯虫苯甲酰胺的急性毒性和亚急性/亚慢性毒性数据结果见表4-4。以小鼠为受试动物，氯虫苯甲酰胺急性经口毒性和急性经皮毒性的 LD_{50} 值均 >5000mg/kg，急性吸入毒性 LC_{50} 值 >5.1mg/L。对家兔和豚鼠皮肤无刺激性，对兔子眼睛有刺激性。

在对小鼠经口氯虫苯甲酰胺（灌胃或饮食）的短期研究中，未观察到任何剂量的不良反应，即 28d NOAEL 为 1443mg/(kg·d)。在大鼠饲喂试验中，28d NOAEL 为 1188mg/(kg·d)[8]。

4.1.4.2 溴氰虫酰胺 (cyantraniliprole)

溴氰虫酰胺的急性毒性和亚急性/亚慢性毒性数据结果见表4-4。以大鼠为受试动物，溴氰虫酰胺急性经口毒性 LD_{50} 值 >5000mg/kg），急性经皮毒性的 LD_{50} 值 >2000mg/kg，急性吸入毒性 LC_{50} 值 >5.2mg/L，对兔子的皮肤、眼睛无刺激性。

以大鼠为受试动物，进行为期28天的毒性试验。雄性大鼠饲喂剂量为 0、53、175、528 和 1776mg/(kg·d)，雌性大鼠饲喂剂量为 0、62、188、595 和 1953mg/(kg·d)。结果表明，其 NOAEL 为 53mg/(kg·d)，基于在 175mg/(kg·d) 时，雌雄大鼠均表现出肝肥大和甲状腺滤泡细胞肥大。在对小鼠进行 90 天的经口毒性研究中，喂养浓度为 0、7.2、47.1、150 和 1091mg/(kg·d)，其

NOAEL 为 204mg/（kg·d），肝脏坏死的剂量为 1344mg/（kg·d）[9]。

4.1.4.3　四氯虫酰胺（tetrachlorantraniliprole）

四氯虫酰胺的急性毒性结果见表 4-4。雌、雄大鼠急性经口 $LD_{50}>5000$mg/kg，雌、雄大鼠急性经皮 $LD_{50}>2000$mg/kg[10]。

4.1.4.4　氟苯虫酰胺（flubendiamide）

氟苯虫酰胺的急性毒性和亚急性/亚慢性毒性数据结果见表 4-4。以大鼠为受试动物，氟苯虫酰胺急性经口毒性和急性经皮毒性的 LD_{50} 值均>2000mg/kg，急性吸入毒性 LC_{50} 值>0.0685mg/L，对家兔和豚鼠皮肤无刺激性，对兔子的眼睛刺激。

以大鼠和小鼠为受试动物，进行为期 90 天的亚慢性毒性研究，结果表明：大鼠经口的 NOAEL 为 2mg/（kg·d），小鼠重复给药的 NOAEL 为 26.9mg/（kg·d），大鼠表现为：肝脏重量增加，色深和扩大，门脉周围脂肪改变，肝细胞肥大和细胞改变，血红蛋白、红细胞计数、平均红细胞体积和平均红细胞血红蛋白减少（表明细胞贫血），甲状腺效应（滤泡细胞肥大）[11]。

4.1.4.5　环溴虫酰胺（cyclaniliprole）

环溴虫酰胺的急性毒性和亚急性/亚慢性毒性数据结果见表 4-4。以豚鼠为受试动物，环溴虫酰胺急性经口毒性和急性经皮毒性的 LD_{50} 值均>2000mg/kg，急性吸入毒性 $LC_{50}>4.62$mg/L，对兔皮肤无刺激，但对兔眼有轻微刺激，在小鼠和豚鼠中没有引起皮肤致敏。

以大鼠为受试动物，进行为期 28 天的毒性试验，雄性大鼠饲喂剂量为 0、26.4、107、426 和 1778mg/（kg·d），雌性大鼠饲喂剂量为 0、26.4、113、443 和 1800mg/（kg·d），结果表明，在最高剂量下观察到肝脏重量轻微增加，不被认为是不利的[12]。

以大鼠为受试动物，进行为期 90 天的毒性试验，测试饮食浓度雄性大鼠：0、39.9、402 和 1331mg/（kg·d），雌性大鼠：0、43.3、467 和 1594mg/（kg·d），结果表明其 NOAEL 是 1331mg/（kg·d）[12]。

4.1.4.6　四唑虫酰胺（tetraniliprole）

四唑虫酰胺的急性毒性和亚急性/亚慢性毒性数据结果见表 4-4。原药大鼠急性经口毒性的 LD_{50} 值>2000mg/kg，大鼠急性经皮毒性的 LD_{50} 值>2000mg/kg，大鼠急性吸入毒性的 LC_{50} 值（4h）>5.01mg/L[13]。

4.1.4.7　硫虫酰胺（thiorantraniliprole）

硫虫酰胺的急性毒性和亚急性/亚慢性毒性数据结果见表 4-4。硫虫酰胺原药对大鼠急性经口毒性 LD_{50} 值雌、雄性均＞5000mg/kg，急性经皮毒性 LD_{50} 雌、雄性均＞2000mg/kg，急性吸入毒性 LD_{50} 雌、雄性均＞2000mg/m³，对兔皮肤无刺激作用，但对兔眼有轻微刺激作用。

对大鼠 90d 亚慢性喂养毒性试验表明，NOAEL：雄性为 200mg/(kg·d)，雌性为 200mg/(kg·d)[14]。

4.1.4.8 溴虫氟苯双酰胺（broflanilide）

溴虫氟苯双酰胺的急性毒性和亚急性/亚慢性毒性结果见表 4-4。研究表明，溴虫氟苯双酰胺原药对大鼠急性经口毒性（LD_{50}＞2000mg/kg）、急性经皮（LD_{50}＞5000mg/kg），毒性均较低[15]。

表 4-4 双酰胺类杀虫剂的急性毒性和亚急性/亚慢性毒性数据

| 农药 | 动物 | 急性毒性 | | | 亚急性/亚慢性毒性 | | 参考文献 |
		LD_{50}/(mg/kg bw) 或吸入 LC_{50}/(mg/L)	毒性分级	备注	表现	NOAEL 或 LOAEL/[mg/(kg·d)]	
氯虫苯甲酰胺	大鼠	LD_{50}＞5000 LC_{50}＞5.1	低毒	对家兔和豚鼠皮肤无刺激性，对兔子的眼睛有刺激性	在经口（灌胃或饮食）的短期研究中，未观察到任何剂量的不良反应	1188（N 大鼠 28d）1443（N 小鼠 28d）	[8]
溴氰虫酰胺	大鼠	LD_{50}＞5000（经口）LD_{50}＞2000（经皮）LC_{50}＞5.2	低毒	对兔子的皮肤、眼睛无刺激性	在 175mg/(kg·d) 时，雌雄大鼠表现出肝肥大和甲状腺滤泡细胞肥大	53（N 28d 大鼠）204（N 90d 小鼠）	[9]
四氯虫酰胺	大鼠	LD_{50}＞5000（经口）LD_{50}＞2000（经皮）	低毒				[10]
氟苯虫酰胺	大鼠	LD_{50}＞2000 LC_{50}＞0.0685	较低	对家兔和豚鼠皮肤无刺激性，对兔子的眼睛刺激	肝脏重量增加，色深和扩大，门脉周围脂肪改变，细胞贫血，滤泡细胞肥大	2（N 大鼠 90d），26.9（N 小鼠 90d）	[11]

农药	动物	急性毒性			亚急性/亚慢性毒性		参考文献
		LD_{50}/(mg/kg bw) 或吸入 LC_{50}/(mg/L)	毒性分级	备注	表现	NOAEL 或 LOAEL /[mg/ (kg·d)]	
环溴虫酰胺	豚鼠	$LD_{50}>2000$ $LC_{50}>4.62$	低毒				
	大鼠				在最高剂量下观察到肝脏重量轻微增加	1331 (N 90d)	[12]
四唑虫酰胺	大鼠	$LD_{50}>2000$ （经口） $LD_{50}>2000$ （经皮） $LC_{50}(4h)>5.01$	低毒				[13]
硫虫酰胺	大鼠	$LD_{50}>5000$ （经口） $LD_{50}>2000$ （经皮）	低毒	对兔皮肤无刺激作用，但对兔眼有轻微刺激作用	未发现不良反应的	200 (N 90d)	[14]
溴虫氟苯双酰胺	大鼠	$LD_{50}>2000$ （经口） $LD_{50}>5000$ （经皮）	低毒				[15]

注：NOAEL 为未观察到有害作用剂量水平；LOAEL 为观察到有害作用最低剂量水平。

4.1.5 麦角甾醇生物合成抑制剂 (EBIs)-三唑类杀菌剂

4.1.5.1 戊唑醇 (tebuconazole)

戊唑醇的急性毒性和亚急性/亚慢性毒性数据结果见表 4-5。戊唑醇为低毒，大鼠急性经口毒性的 LD_{50} 值约等于 4000mg/kg，雌、雄小鼠急性经口毒性的 LD_{50} 值分别为 3933mg/kg 和 2000mg/kg，大鼠急性经皮毒性的 LD_{50} 值 > 5000mg/kg。

以大鼠为受试动物，进行为期 28 天的毒性试验，结果表明：当每天摄入 100mg/kg 和 300mg/kg 时，大鼠的血红蛋白浓度和血细胞质量值下降，肝脏和脾脏重量增加。每天摄入 100mg/kg 时，大鼠脾脏中铁含量降低，其 NOAEL 为 30mg/(kg·d)[16]。

在一项为期90天的狗毒性饲喂研究中，基于体重增加减少和食物消耗量其NOAEL为8.5mg/(kg·d)[16]。

4.1.5.2　己唑醇（hexaconazole）

己唑醇的急性毒性和亚急性/亚慢性毒性数据结果见表4-5。大鼠急性经口毒性的LD_{50}值为6071mg/kg（雌）、2189mg/kg（雄），大鼠急性经皮毒性的LD_{50}值＞2000mg/kg，大鼠急性吸入毒性（4h）＞5.9mg/L[17]。

4.1.5.3　丙硫菌唑（prothioconazole）

丙硫菌唑的急性毒性和亚急性/亚慢性毒性数据结果见表4-5。以大鼠为受试动物，丙硫菌唑急性经口毒性LD_{50}值≥6200mg/kg，急性经皮毒性的LD_{50}值≥2000mg/kg，4h急性吸入毒性LC_{50}值＞4.9mg/L。

在对大鼠进行14周的灌胃研究中，基于水分消耗量增加，排尿量减少，NOAEL为100mg/(kg·d)[18]。

4.1.5.4　叶菌唑（metconazole）

叶菌唑的急性毒性和亚急性/亚慢性毒性数据结果见表4-5。以大鼠为受试动物，急性经口毒性LD_{50}值＞5000mg/kg，急性经皮毒性的LD_{50}值＞2000mg/kg，急性吸入毒性LC_{50}值＞5.6mg/L。

以大鼠为受试动物，进行为期28天的经口毒性试验，研究结果表明：在剂量为1000、3000mg/kg时体重增加和食物消耗减少，肝酶水平增加，血糖和胆固醇水平降低。脾和肾重量增加，其28d LOAEL为90.5mg/(kg·d)。高剂量的叶菌唑处理后动物的肝脏、肾脏和脾脏也有组织病理学变化。大鼠亚慢性皮肤暴露（21天）对身体体重没有影响[19]。

4.1.5.5　苯醚甲环唑（difenoconazole）

苯醚甲环唑的急性毒性和亚急性/亚慢性毒性数据结果见表4-5。苯醚甲环唑急性毒性较低，大鼠急性经口毒性LD_{50}值＞1453mg/kg，小鼠急性经口毒性LD_{50}值＞2000mg/kg，大鼠急性吸入毒性LC_{50}值＞3.3mg/L。对皮肤有非常轻微和短暂的刺激，对兔子的眼睛有中度和短暂的刺激。

由大鼠90天的短期饮食研究知，NOAEL是17mg/(kg·d)；在小鼠饮食研究中，肝重量发生变化，小叶中心肝细胞肥大发生率增加，NOAEL是34.2mg/(kg·d)[20]。

4.1.5.6　丙环唑（propiconazole）

丙环唑的急性毒性和亚急性/亚慢性毒性数据结果见表4-5。以大鼠为受试动物，丙环唑急性经口毒性LD_{50}值1517mg/kg，大鼠急性经皮毒性LD_{50}值＞

4000mg/kg，大鼠急性吸入毒性 LC_{50} 值＞1.264mg/L(3h)，对兔的眼睛没有刺激，但对兔的皮肤有刺激作用，是豚鼠的皮肤致敏剂。

以小鼠为研究对象，进行 28d 的亚慢性毒性研究，给予小鼠≥850mg/kg 的丙环唑后，根据其肝脏重量增加，血清胆固醇浓度降低，肝细胞肥大、空泡化和坏死增加，其 NOAEL 为 65～85mg/(kg·d)[21]。

丙环唑对狗的局部效应敏感，表现为≥8.4mg/(kg·d) 的胃肠道刺激；90d 给药的 NOAEL 为 6.9mg/(kg·d)。

4.1.5.7 氟环唑 （epoxiconazole）

氟环唑的急性毒性和亚急性/亚慢性毒性数据结果见表 4-5。氟环唑毒性表现为大鼠急性吸入 LC_{50}(4h)＞5.3mg/L，大鼠急性经皮 LD_{50}＞2000mg/kg，雄性大鼠急性经口的 LD_{50}＞3160mg/kg，雌性大鼠急性经口的 LD_{50}＞5000mg/kg。

在对大鼠、小鼠和狗的重复剂量研究中，研究了氟环唑的短期毒性，其特点是对三种动物的肝脏都有影响。在一项为期对大鼠 21 天的皮肤研究中，根据肝脏效应（体重增加、肥厚）得出的 NOAEL 为 400mg/(kg·d)。对大鼠 90 天的经口研究中，基于临床肝脏参数增加、肝细胞肥大、肝脏和肾上腺重量增加，NOAEL 设定为 7mg/(kg·d)[22]。

表 4-5　三唑类杀菌剂的急性毒性和亚急性/亚慢性毒性数据

| 农药 | 动物 | 急性毒性 | | | 亚急性/亚慢性毒性 | | 参考文献 |
		LD_{50}/(mg/kg bw) 或吸入 LC_{50}/(mg/L)	毒性分级	备注	表现	NOAEL 或 LOAEL /[mg/(kg·d)]	
戊唑醇	大鼠	LD_{50} 4000（经口）LD_{50}＞5000（经皮）	低毒		血红蛋白浓度和血细胞质量值下降，肝脏和脾脏重量增加，脾脏中铁含量降低	30(N 28d)	[16]
	小鼠	LD_{50} 3933（雌）LD_{50} 2000（雄）					
己唑醇	大鼠	LD_{50} 6071（雌）、LD_{50} 2189（雄）（经口）LD_{50}＞2000（经皮）LC_{50}(4h)＞5.9	低毒				[17]

续表

农药	动物	急性毒性			亚急性/亚慢性毒性		参考文献
		LD$_{50}$/(mg/kg bw) 或吸入 LC$_{50}$/(mg/L)	毒性分级	备注	表现	NOAEL 或 LOAEL /[mg/(kg·d)]	
丙硫菌唑	大鼠	LD$_{50}$≥6200（经口）LD$_{50}$≥2000（经皮）LC$_{50}$>4900	低毒		水分消耗量增加，排尿量减少	100（N 14 周）	[18]
叶菌唑	大鼠	LD$_{50}$>5000（经口）LD$_{50}$>2000（经皮）LC$_{50}$>5.6	低毒		体重增加和食物消耗减少，肝酶水平增加，血糖和胆固醇水平降低。脾和肾重量增加	90.5(L 28d)	[19]
苯醚甲环唑	大鼠	LD$_{50}$>1453 LC$_{50}$>3.3	较低	对皮肤有非常轻微和短暂的刺激，对兔子的眼睛有中度和短暂的刺激	肝重量变化和小叶中心肝细胞肥大发生率增加	17(N 90d)	[20]
	小鼠	LD$_{50}$>2000	低毒			34.2(N 90d)	
丙环唑	大鼠	LD$_{50}$ 1517（经口）LD$_{50}$>4000（经皮）LC$_{50}$>1.264	低毒	对兔的眼睛没有刺激，但对兔的皮肤有刺激作用，是豚鼠的皮肤增敏剂	肝脏重量增加，血清胆固醇浓度降低，肝细胞肥大、空泡化和坏死增加	65~85（N 28d）6.9(N 90d 狗)	[21]
氟环唑	大鼠	LC$_{50}$(4h)>5.3 LD$_{50}$>2000（经皮）LD$_{50}$>3160（雄）LD$_{50}$>5000（雌）（经口）	低毒		临床肝脏参数增加、肝细胞肥大、肝脏和肾上腺重量增加		[22]

注：NOAEL 为未观察到有害作用剂量水平；LOAEL 为观察到有害作用最低剂量水平。

4.1.6 甲氧基丙烯酸酯类杀菌剂

4.1.6.1 吡唑醚菌酯（pyraclostrobin）

吡唑醚菌酯的急性毒性和亚急性/亚慢性毒性数据结果见表 4-6。吡唑醚菌酯急性经口和急性经皮毒性较低。以大鼠为受试动物，急性经口毒性 LD_{50} 值＞5000mg/kg，急性经皮毒性 LD_{50} 值＞2000mg/kg，急性吸入毒性 LC_{50} 值为 0.31～1.07mg/L。

在重复剂量约 120mg/(kg·d) 的小鼠中，短期研究观察到与脾脏髓外造血相关的轻度贫血。在每天接受 120mg/kg 的吡唑醚菌酯处理的大鼠中，没有相关临床化学参数或其他肝损伤的组织学证据显著改变的情况，观察到肝细胞肥大，小鼠经口处理的 NOAEL 为 4mg/(kg·d)，大鼠皮肤处理的 NOAEL 为 100mg/(kg·d)[23]。

4.1.6.2　嘧菌酯（azoxystrobin）

嘧菌酯的急性毒性和亚急性/亚慢性毒性数据结果见表 4-6。嘧菌酯急性经口毒性、急性经皮毒性、急性吸入毒性均很低。以大鼠为受试动物，急性经口毒性 LD_{50} 值＞5000mg/kg，急性经皮毒性 LD_{50} 值＞2000mg/kg，急性吸入毒性 LC_{50} 值为 0.7mg/L。

由大鼠和狗的短期研究结果知，主要的毒理学结果包括体重减少或体重增加，往往伴随着食物消耗和利用减少，在狗和小鼠中观察到肝脏重量的变化，通常伴随着临床化学性质的变化。小鼠肾脏重量的变化没有伴随着任何组织病理学的结果，其 NOAEL 值为 37.5mg/(kg·d)[24]。

由一项为期 90d 的大鼠毒性饮食研究结果知，用 221.0mg/(kg·d) 和 443mg/(kg·d) 的嘧菌酯处理时，大鼠体重增加。在 4000mg/kg 时，雄性大鼠食物消耗、食物利用率减少，临床化学参数变化，肝和肾重量增加，肝细胞增生和淋巴结肿大，尿总蛋白减少。NOAEL 为 20.4mg/(kg·d)。

4.1.6.3　肟菌酯（trifloxystrobin）

肟菌酯的急性毒性和亚急性/亚慢性毒性数据结果见表 4-6。肟菌酯急性经口毒性、急性经皮毒性、急性吸入毒性均很低。大鼠和小鼠急性经口毒性 LD_{50} 值＞5000mg/kg，大鼠急性经皮毒性 LD_{50} 值＞2000mg/kg，大鼠急性吸入毒性 LC_{50} 值＞4.65mg/L。

雄性和雌性小鼠进行为期 90d 的毒性研究结果表明：显微镜下发现，肝脏重量增加、肝细胞肥大和单细胞坏死。当使用剂量≥315mg/(kg·d) 时，脾脏髓外造血功能的发生率也有所增加，这些影响的 NOAEL 为 77mg/(kg·d)[25]。

4.1.6.4　烯肟菌酯（enestroburin）

烯肟菌酯的急性毒性和亚急性/亚慢性毒性数据结果见表 4-6。烯肟菌酯属低毒农药，对大鼠急性经口 LD_{50} 值：926（雄性）、794mg/kg（雌性）[26]。

表 4-6　甲氧基丙烯酸酯类杀菌剂的急性毒性和亚急性/亚慢性毒性数据

| 农药 | 动物 | 急性毒性 | | | 亚急性/亚慢性毒性 | | 参考文献 |
		LD_{50}/(mg/kg bw) 或吸入 LC_{50}(mg/L)	毒性分级	备注	表现	NOAEL 或 LOAEL /[mg/(kg·d)]	
吡唑醚菌酯	大鼠	$LD_{50}>5000$（经口） $LD_{50}>2000$（经皮） LC_{50} 0.31~1.07	低毒		肝细胞肥大	100（N 皮下）	[23]
	小鼠				观察到与脾脏髓外造血相关的轻度贫血	4（N 经口）	
嘧菌酯	大鼠	$LD_{50}>5000$（经口） $LD_{50}>2000$（经皮） LC_{50} 0.7	低毒		体重减少或体重增加，食物消耗和利用减少	20.4（N 90d）	[24]
	小鼠				肾脏重量发生变化	37.5（N）	
肟菌酯	大鼠	$LD_{50}>5000$（经口） $LD_{50}>2000$（经皮） $LC_{50}>4.65$	低毒				[25]
	小鼠	$LD_{50}>5000$（经口）			肝脏重量增加、肝细胞肥大和单细胞坏死。脾脏髓外造血功能的发生率也有所增加	77（N 90d）	
烯肟菌酯	大鼠	LD_{50} 926（雄性） LD_{50} 794（雌性）	低毒				[26]

注：NOAEL 为未观察到有害作用剂量水平；LOAEL 为观察到有害作用最低剂量水平。

4.1.7　琥珀酸脱氢酶抑制剂（SDHIs）-酰胺类杀菌剂

4.1.7.1　氟唑菌酰羟胺（pydiflumetofen）

氟唑菌酰羟胺的急性毒性和亚急性/亚慢性毒性数据结果见表 4-7。氟唑菌酰羟胺急性毒性低，大鼠经口剂量的 $LD_{50}>5000$mg/kg，两个试验在 5000mg/kg 剂量时仅引起大鼠活动减少。

成年大鼠在亚慢性（同时伴有肝毒性）和慢性经口暴露后体重下降，小鼠在慢性暴露后体重下降并伴有肝毒性症状。亚慢性饮食暴露剂量大于或等于 587mg/(kg·d) 时，大鼠甲状腺滤泡细胞肥大的发生率和严重程度也呈剂量依赖性增加。一般来说，成年啮齿动物对短时间和中等持续时间的重复剂量经口暴露具有良好的耐受性[27]。

4.1.7.2 苯并烯氟菌唑（benzovindiflupyr）

苯并烯氟菌唑的急性毒性和亚急性/亚慢性毒性数据结果见表 4-7。苯并烯氟菌唑原药对大鼠急性经口 LD_{50}（雌性）55mg/kg（高毒），大鼠急性经皮 LD_{50}＞2000mg/kg（低毒），大鼠急性吸入毒性 LC_{50}＞0.56mg/L（中毒），对兔眼睛有微弱的刺激作用，对兔皮肤有微弱刺激作用。NOAEL 值：小鼠 15.6mg/(kg·d)（28d 饲喂），大鼠 36mg/(kg·d)（28d 饲喂）[28]。

4.1.7.3 啶酰菌胺（boscalid）

啶酰菌胺的急性毒性和亚急性/亚慢性毒性数据结果见表 4-7。大鼠（雄/雌）急性经口 LD_{50}＞5000mg/kg，大鼠（雄/雌）急性经皮 LD_{50}＞2000mg/kg，大鼠（雄/雌）急性吸入 LC_{50}(4h)＞6.7mg/L，对兔皮肤和眼睛无刺激性，对皮肤无致敏性[29]。

4.1.7.4 联苯吡菌胺（bixafen）

联苯吡菌胺的急性毒性和亚急性/亚慢性毒性数据结果见表 4-7。以大鼠为受试动物，联苯吡菌胺急性经口毒性 LD_{50} 值和急性经皮毒性 LD_{50} 值均＞2000mg/kg，急性吸入毒性 LC_{50}＞5.383mg/L[30]。

4.1.7.5 吡唑萘菌胺（isopyrazam）

吡唑萘菌胺的急性毒性和亚急性/亚慢性毒性数据结果见表 4-7。以大鼠为受试动物，吡唑萘菌胺急性经口毒性 LD_{50}＞2000mg/kg（雌性大鼠），具有低急性经口毒性；急性经皮毒性 LD_{50}＞5000mg/kg，急性吸入毒性 LC_{50} 值＞5.28mg/L。对皮肤没有刺激，对眼睛只有轻微的刺激。

以大鼠为受试动物，进行为期 91 天的毒性试验，结果表明：大鼠饲料消耗量减少和体重增加。肝重量增加的同时也伴有肝细胞肥大。在最高剂量水平下，雌雄鼠的相对脑重量均下降。甘油三酯和胆红素水平在 106.3mg/(kg·d) 及以上时下降。根据临床化学变化，其 NOAEL 为 21.3mg/(kg·d)[31]。

4.1.7.6 氟唑环菌胺（sedaxane）

氟唑环菌胺的急性毒性和亚急性/亚慢性毒性数据结果见表 4-7。以大鼠为受试动物，氟唑环菌胺急性经口毒性的 LD_{50} 为 5000mg/kg，大鼠急性经皮毒性

$LD_{50} > 2000mg/kg$，大鼠急性吸入毒性 $LC_{50} > 5.2mg/L$。

评价小鼠、大鼠和狗的短期经口毒性，其中主要影响是体重和肝脏重量增加。在 28 天的小鼠毒性研究中，在剂量高达 1268mg/(kg•d) 时，没有观察到毒性，在 90 天的研究中，根据大鼠体重的下降，其 NOAEL 为 566mg/(kg•d)[32]。

4.1.7.7 氟吡菌酰胺 (fluopyram)

氟吡菌酰胺的急性毒性和亚急性/亚慢性毒性数据结果见表 4-7。急性毒性结果显示，大鼠急性经口 $LD_{50} > 2000mg/kg$，大鼠经皮 $LD_{50} > 2000mg/kg$，大鼠鼻吸入半数致死浓度 (LC_{50}) $> 5.11mg/L$ (暴露 4h)，对兔子无皮肤刺激性，仅对兔的眼睛有轻微刺激，在小鼠局部淋巴结试验中也不是皮肤致敏剂。

以大鼠为受试动物，进行为期 28、90 天的毒性试验，结果表明，28 天研究中，在浓度 1000mg/kg 和 1000mg/kg 以上时，对肝脏和肾上腺 (束带肥大) 有影响，NOAEL 为 24.7mg/(kg•d)。在时间为 90 天的研究中，浓度为 1000mg/kg 对肝脏 (肝细胞坏死) 和肾上腺 (皮质空泡化) 有影响，NOAEL 为 26.6mg/(kg•d)[33]。

表 4-7 琥珀酸脱氢酶抑制剂-酰胺类杀菌剂的急性毒性和亚急性/亚慢性毒性数据

| 农药 | 动物 | 急性毒性 | | | 亚急性/亚慢性毒性 | | 参考文献 |
		LD_{50}/(mg/kg bw) 或 吸入 LC_{50}/(mg/L)	毒性分级	备注	表现	NOAEL 或 LOAEL /[mg/(kg•d)]	
氟唑菌酰羟胺	大小鼠	LD_{50} 5000 (经皮)	毒性较低	仅引起大鼠活动减少	有肝毒性，引起体重下降、甲状腺滤泡细胞肥大		[27]
苯并烯氟菌唑	大小鼠	LD_{50} 55 (经口) $LD_{50} > 2000$ (经皮) $LC_{50} > 0.56$	高毒、低毒、微毒	对兔眼睛和皮肤有微弱刺激作用	生殖细胞染色体畸变试验均为阴性，未见致突变作用	大小鼠 (28d 饲养) 15.6 (N)、36 (N)	[28]
啶酰菌胺	大鼠	$LD_{50} > 5000$ (经口) $LD_{50} > 2000$ (经皮) $LC_{50} > 6.7$	低毒	对兔皮肤和眼睛无刺激性，对皮肤无致敏性			[29]
联苯吡菌胺	大鼠	$LD_{50} > 2000$ (经口、经皮) $LC_{50} > 5.383$	低毒				[30]

农药	动物	急性毒性			亚急性/亚慢性毒性		参考文献
		$LD_{50}/(mg/kg\ bw)$ 或吸入 $LC_{50}/(mg/L)$	毒性分级	备注	表现	NOAEL 或 LOAEL /[mg/(kg·d)]	
吡唑萘菌胺	大鼠	$LD_{50} > 2000$（经口） $LD_{50} > 5000$（经皮） $LC_{50} > 5.28$	低毒	对皮肤没有刺激，对眼睛只有轻微的刺激	饲料消耗量减少和体重增加、肝重量增加、肝细胞肥大	21.3 (N)	[31]
氟唑环菌胺	大鼠	$LD_{50}\ 5000$（经口） $LD_{50} > 2000$（经皮） $LC_{50} > 5.2$	低毒		体重增加，剂量高达 1268mg/(kg·d) 时，没有观察到毒性	566(N 90d)	[32]
氟吡菌酰胺	大鼠	$LD_{50} > 2000$（经口、经皮） $LC_{50} > 5.11$	低毒	对兔的眼睛有轻微刺激，不是皮肤致敏剂	肝脏（肝细胞坏死）和肾上腺（皮质空泡化）	24.7（28d N），26.6（90d N）	[33]

注：NOAEL 为未观察到有害作用剂量水平；LOAEL 为观察到有害作用最低剂量水平。

4.1.8 抗生素类杀菌剂

4.1.8.1 井冈霉素（validamycin）

井冈霉素的急性毒性和亚急性/亚慢性毒性数据结果见表 4-8。井冈霉素的毒理试验表明其对哺乳动物安全无毒。急性毒性试验中，大鼠 LD_{50} 值达到 20000mg/kg，小鼠 LD_{50} 值也达到 2000mg/kg[34]。

4.1.8.2 多抗霉素（polyoxin）

多抗霉素的急性毒性和亚急性/亚慢性毒性数据结果见表 4-8。多抗霉素原药对大、小鼠经口毒性 LD_{50} 值 > 2000mg/kg bw，急性经皮毒性 $LD_{50} > 1200mg/kg$，急性吸入毒性 $LC_{50} > 10mg/L$，为低毒。对兔的皮肤和眼睛无刺激性[35]。

4.1.8.3 申嗪霉素（phenazino-1-carboxylic acid）

申嗪霉素的急性毒性和亚急性/亚慢性毒性数据结果见表 4-8。申嗪霉素对大鼠急性经口半数致死量（LD_{50}）大于 5000mg/kg bw，急性经皮 LD_{50} 大于 2000mg/kg bw，属于低毒农药[36]。

表 4-8　抗生素类杀菌剂的急性和亚急性/亚慢性毒性

农药	动物	急性毒性			亚急性/亚慢性毒性		参考文献
		LD_{50}/(mg/kg bw) 或吸入 LC_{50}（mg/L）	毒性分级	备注	表现	NOAEL 或 LOAEL /[mg/(kg·d)]	
井冈霉素	大小鼠	LD_{50} 2000（小鼠），LD_{50} 20000（大鼠）	安全无毒		长期使用对人无毒		[34]
多抗霉素	大小鼠	LD_{50}＞2000（经口）LC_{50}＞10 LD_{50}＞1200（经皮）	低毒	对兔的皮肤和眼睛无刺激性			[35]
申嗪霉素	大鼠	LD_{50}＞5000（经口）LD_{50}＞2000（经皮）	低毒				[36]

注：NOAEL 为未观察到有害作用剂量水平；LOAEL 为观察到有害作用最低剂量水平。

4.1.9　新型农药除草剂

4.1.9.1　苯嘧磺草胺（saflufenacil）

苯嘧磺草胺的急性毒性和亚急性/亚慢性毒性数据结果见表 4-9。苯嘧磺草胺对大鼠急性经皮毒性的 LD_{50}＞2000mg/kg，大鼠急性经口毒性的 LD_{50}＞2000mg/kg，大鼠急性吸入毒性 LC_{50}（4h）＞5.3mg/L。苯嘧磺草胺对兔眼睛刺激轻微，对兔皮肤无刺激，不是豚鼠的皮肤致敏剂[37]。

在对小鼠进行的 28 天和 90 天的毒性研究中，观察到小细胞低色素性贫血、临床化学改变（丙氨酸转氨酶、天冬氨酸转氨酶、尿素和总胆红素含量增加）和肝脏病理（体重增加和小叶中心脂肪改变）。此外，在为期 90 天的毒性研究中，还观察到体重下降和体重增加。在对小鼠进行的为期 28 天和 90 天的毒性研究中，NOAEL 为 12.5mg/(kg·d)，LOAEL 为 36.7mg/(kg·d)[38]。

在一项对大鼠进行的 28 天毒性研究中，NOAEL 为 13.4mg/(kg·d)，基于小细胞低色素贫血（MHA）为 110mg/(kg·d)。除 MHA 外，在大鼠进行的 90 天的毒性研究中观察到总蛋白含量下降和球蛋白含量下降。在为期 90 天的毒性研究中，NOAEL 为 10.5mg/(kg·d)，LOAEL 为 32.3mg/(kg·d)[38]。

4.1.9.2 丙炔氟草胺 (flumioxazin)

丙炔氟草胺的急性毒性和亚急性/亚慢性毒性数据结果见表 4-9。丙炔氟草胺对大鼠急性经口毒性的 $LD_{50}>5000mg/kg$，大鼠急性经皮毒性的 $LD_{50}>2000mg/kg$，急性经口吸入毒性的 $LC_{50}>0.969mg/L$。对兔的眼睛和皮肤无刺激性。

由狗进行 90 天饮食重复给药毒性研究知，其 NOAEL 为 $10mg/(kg \cdot d)$，表现为肝毒性；对大鼠进行 21 天的皮肤重复给药毒性研究，其 NOAEL 为 $300mg/(kg \cdot d)$，对大鼠健康没有明显的影响[39]。

4.1.9.3 氟氯吡啶酯 (halauxifen-methyl)

大鼠在氟氯吡啶酯中经口暴露后的主要靶器官是肝脏，这是肠肝循环暴露的结果。在对大鼠进行的亚慢性（28 天和 90 天）饲喂给药研究中，两项研究在相同剂量下观察到大鼠肝重量增加、肝细胞肥大、肝细胞有丝分裂数增加、胆固醇水平升高和组织学上一致。这些影响在两项研究中都表现不明显。对大鼠进行 90 天经口毒性研究，表明 Cyplal 表达水平在（比对照组高 52 倍）$10mg/(kg \cdot d)$ 时，没有实际的不良反应，具有温和的肝脏影响。研究表明 LOAEL 为 $53mg/(kg \cdot d)$，大鼠的 NOAEL 为 $\geqslant323mg/(kg \cdot d)$[40]。

4.1.9.4 三氟草嗪 (trifludimoxazin)

三氟草嗪的急性毒性和亚急性/亚慢性毒性数据结果见表 4-9。三氟草嗪原药具有较低的急性经口、经皮和吸入毒性。三氟草嗪原药对哺乳动物（褐家鼠）$LD_{50}>2000mg/kg$，对兔眼睛和皮肤都不具有刺激性，对皮肤无致敏性。

在一项为期 28d 的大鼠皮肤毒性研究中，以 $1000mg/(kg \cdot d)$ 高剂量对大鼠重复给药，没有任何相关的不良反应和生理效应[41]。

表 4-9 绿色除草剂的急性和亚急性/亚慢性毒性

农药	动物	急性毒性			亚急性/亚慢性毒性		参考文献
		$LD_{50}/(mg/kg)$	毒性分级	备注	表现	NOAEL 或 LOAEL /[mg/(kg·d)]	
苯嘧磺草胺	大鼠	$LD_{50}>2000$（经口）$LD_{50}>2000$（经皮）	低毒	对眼睛刺激轻微，对兔皮肤无刺激，不是豚鼠的皮肤增敏剂	总蛋白含量下降和球蛋白含量下降	13.4(N 28d) 10.5(N 90d) 32.3(L 90d)	[38]
	小鼠				MHA、临床化学改变和肝脏病理	12.5(28d N)，36.7(28d L)	

续表

| 农药 | 动物 | 急性毒性 | | | 亚急性/亚慢性毒性 | | 参考文献 |
		LD$_{50}$/(mg/kg)	毒性分级	备注	表现	NOAEL 或 LOAEL /[mg/(kg·d)]	
丙炔氟草胺	大鼠	LD$_{50}$>5000（经口） LD$_{50}$>2000（经皮）	低毒	对兔子的眼睛和皮肤没有刺激	对大鼠健康没有明显的影响	300(N 21d)	[39]
氟氯吡啶酯	大鼠				Cyp1a1 表达水平在（比对照组高52倍）10mg/(kg·d) 时，没有实际的不良反应，具温和的肝脏影响	53(L 90d)，≥323(N 90d)	[40]
三氟草嗪	褐家鼠	LD$_{50}$>2000	低毒		没有任何相关的不良反应和生理效应		[41]

注：NOAEL 为未观察到有害作用剂量水平；LOAEL 为观察到有害作用最低剂量水平。

4.2　绿色农药品种的神经毒性效应

4.2.1　多杀菌素微生物源杀虫剂

4.2.1.1　多杀菌素（spinosad）

多杀菌素对大鼠的急性神经毒性、亚慢性神经毒性和慢性神经毒性研究结果见表 4-10[1]，这些全面的行为学和组织病理学试验结果表明，多杀菌素没有神经毒性。

2011 年，中国台湾中国医药大学附属医院颜宗海等[42]报告了已知的第一例急性暴露于多杀菌素和氟啶虫酰胺的混合物导致大量的临床毒性，之前多杀菌素被报道没有神经毒性，但是这名女子服用后出现了以神经学为主的临床现象，如意识障碍、休克、呼吸衰竭、肺炎以及尿滞留。内镜检查时还发现患者的食管受到 2A 级腐蚀性损伤。经过复苏、排毒和重症监护后，患者完全康复，没有留下任何慢性后遗症。因此颜宗海研究小组怀疑这名女子摄入的量过大。

4.2.1.2 乙基多杀菌素（spinetoram）

JMPR 报告[2]显示，研究人员开展了乙基多杀菌素对大鼠的急性神经毒性和慢性神经毒性研究（试验内容见表 4-10），通过全面的行为学和组织病理学研究分析，发现乙基多杀菌素未显示出神经毒性。

表 4-10　多杀菌素、乙基多杀菌素对哺乳动物神经毒性试验数据

农药名称	研究/受试动物	试验时间	剂量	试验现象及结论	参考文献
多杀菌素	急性神经毒性（经口）/大鼠	14 天	单次给药 2000mg/kg	通过全面的行为学和组织病理学研究未显示出神经毒性	[1]
	亚慢性神经毒性（经口）/大鼠	90 天	最高剂量为 43mg/(kg·d)	通过全面的行为学和组织病理学研究未显示出神经毒性	
	慢性神经毒性（经口）/大鼠	1 年	最高剂量为 49mg/(kg·d)	通过全面的行为学和组织病理学研究未显示出神经毒性	
乙基多杀菌素	急性神经毒性（经口）/大鼠	14 天	单次给药 2000 mg/kg	通过全面的行为学和组织病理学研究未显示出神经毒性	[2]
	慢性神经毒性（经口）/大鼠	1 年	最高剂量为 36.7mg/(kg·d)	通过全面的行为学和组织病理学研究未显示出神经毒性	

4.2.2　防治刺吸式口器害虫非烟碱类杀虫剂

4.2.2.1　氟啶虫酰胺（flonicamid）

JMPR 报告[3]显示，研究人员开展了氟啶虫酰胺对大鼠的急性神经毒性和亚慢性神经毒性试验研究（试验内容见表 4-11），大鼠出现的症状均不被认为是神经毒性的特异性，而是表现系统毒性的特征。这些试验数据表明氟啶虫酰胺没有神经毒性。

4.2.2.2　螺虫乙酯（spirotetramat）

JMPR 报告[4]显示，研究人员开展了螺虫乙酯对大鼠的急性神经毒性试验研究（实验内容见表 4-11），在试验中没有观察到明显的神经毒性症状。

4.2.2.3　双丙环虫酯（afidopyropen）

在 EPA 网站[43]查阅相关信息得知，研究人员开展了双丙环虫酯对大鼠的急性神经毒性和亚慢性神经毒性研究（试验内容见表 4-11），其在大鼠亚慢性神经毒性研究中未见有神经毒性的证据。然而，在急性神经毒性研究中，双丙环虫酯仅在与定量风险评估无关的限度剂量［2000mg/(kg·d)］下会引起潜在的神经毒性作用。

表4-11　防治刺吸式口器害虫非烟碱类杀虫剂对哺乳动物神经毒性试验数据

农药名称	研究/受试动物	试验时间	剂量	试验结果	参考文献
氟啶虫酰胺	急性神经毒性（灌胃）/大鼠	14天	0、100、300、600（仅雄性）、1000（仅雌性）mg/kg	在高剂量时，雄性和雌性大鼠中均观察到全身毒性的现象，并且它们的运动总量下降，休息时间增加，后肢着地伸展距离增加；还观察到在高剂量下的雌性大鼠前肢抓力增加	[3]
	亚慢性神经毒性（膳食）/大鼠	91天	雄性 0、13、67和625mg/(kg·d)，雌性 0、16、81和722mg/(kg·d)	在高剂量药物的作用下，氟啶虫酰胺对大鼠产生的影响包括雄性和雌性大鼠的体重增加减少了，饲料消耗也减少了，雌性体重减少，雄性饲养和总运动活动减少，雄性和雌性的自主活动减少，雄性着地脚伸展增加	
螺虫乙酯	急性神经毒性（经口）/大鼠	14天	单次给药200mg/kg	总体 NOAEL 为 100mg/(kg·d) 是依据当剂量为 200mg/(kg·d) 时雄性大鼠的尿液染色、运动和自主活动略有下降而定的	[4]
双丙环虫酯	急性神经毒性（灌胃）/大鼠	14天	0、200、700、2000mg/kg	神经毒性/全身 NOAEL：700mg/kg 神经毒性/全身 LOAEL：2000mg/kg，基于两只雌性大鼠的体温降低和一名雌性大鼠的震颤，以及第0天雄性和雌性大鼠的运动活动下降	[43]
双丙环虫酯	亚慢性神经毒性（膳食）/大鼠	90天	雄性：0、20、73、396mg/(kg·d) 雌性：0、24、92、438mg/(kg·d)	神经毒性 NOAEL：396、438mg/(kg·d)（雄性、雌性） 神经毒性 LOAEL：未观察到全身 NOAEL 为 73、92mg/(kg·d)（雄性、雌性），全身 LOAEL 为 396、438mg/(kg·d)（雄性、雌性），基于雄性大鼠体重减少而定 小鼠出现白质空泡化和/或脊髓空泡化	[43]

注：NOAEL 为未观察到有害作用剂量水平；LOAEL 为观察到有害作用最低剂量水平。

4.2.3　新烟碱类杀虫剂

4.2.3.1　氟吡呋喃酮（flupyradifurone）

JMPR 报告[6]显示，研究人员开展了氟吡呋喃酮对大鼠的急性神经毒性、亚慢性神经毒性和发育神经毒性的研究（试验内容见表 4-12），这些试验结果表明氟吡呋喃酮没有神经毒性。

2014 年，上海市农药研究所筱禾[44]报道了拜耳公司对大鼠的急性神经毒性研究成果，说明了氟吡呋喃酮的安全性，该公司试验结果表明该药剂偶尔可能使大鼠出现瞬间瞳孔放大、共济失调和震颤等症状；大鼠经口 90 天无神经毒性反应。

4.2.3.2 三氟苯嘧啶 （triflumezopyrim）

JMPR 报告[7]显示，研究人员开展了三氟苯嘧啶对大鼠的急性神经毒性研究（试验内容见表 4-12），通过试验观察，发现大鼠并未有神经病理的表现。这些研究结果表明三氟苯嘧啶没有神经毒性。

表 4-12　新烟碱类杀虫剂对哺乳动物神经毒性试验数据

农药名称	研究/受试动物	试验时间	剂量	试验结果	参考文献
氟吡呋喃酮	急性神经毒性（经口）/大鼠	14 天	0、50、200 和 800mg/kg	每个剂量下的大鼠均出现立毛现象	[6]
	急性神经毒性（经口）/大鼠	14 天	0、20 和 35mg/kg	在这些剂量作用下，没有观察到大鼠全身毒性或神经毒性	
氟吡呋喃酮	亚慢性神经毒性（膳食）/大鼠	90 天	雄性为 0、5.7、29.4、143mg/(kg·d)，雌性为 0、6.9、34.8、173mg/(kg·d)	143mg/(kg·d) 时，大鼠的体重减少、体重增加减少和饲料消耗减少，在这些剂量下均未观察到神经毒性	[6]
	发育神经毒性（膳食）/大鼠	F₁代断乳时	0、10.3、42.4 和 102mg/(kg·d)	NOAEL 为 42.4mg/(kg·d)，是依据大鼠在 102mg/(kg·d) 剂量下出现体重减轻，哺乳期间幼崽体重的增加减少和幼崽易出现听觉惊吓反射现象而定的，在这些剂量下均未观察到神经毒性	
三氟苯嘧啶	急性神经毒性（经口）/大鼠	14 天	500mg/kg 及以上	NOAEL 为 100mg/kg，是基于剂量为 500mg/kg 及以上时大鼠的体温和自主活动降低而定的。然而，这些发现伴随着或继发于短暂的体重减轻。无神经病理表现	[7]

注：NOAEL 为未观察到有害作用剂量水平；LOAEL 为观察到有害作用最低剂量水平。

4.2.4　双酰胺类杀虫剂

4.2.4.1　氯虫苯甲酰胺 （chlorantraniliprole）

2023 年，Kimura 等[45]研究了经口氯虫苯甲酰胺（CAP）后，雄性小鼠的行为和神经活动变化（试验内容见表 4-13）。结果表明，CAP 会增加神经元活动，并诱导哺乳动物的焦虑样行为以及神经递质紊乱。

JMPR 报告[8]显示，研究人员开展了氯虫苯甲酰胺对大鼠的急性神经毒性和亚慢性神经毒性的研究（试验内容见表 4-13）。通过试验观察，没有发现大鼠产生明显的神经毒性症状。

4.2.4.2 溴氰虫酰胺 (cyantraniliprole)

JMPR 报告[9]显示，研究人员对溴氰虫酰胺开展了大鼠的急性神经毒性和亚慢性神经毒性研究（试验内容见表 4-13），通过试验观察，没有发现神经毒性的症状。说明溴氰虫酰胺没有神经毒性。

4.2.4.3 氟苯虫酰胺 (flubendiamide)

JMPR 报告[11]显示，研究人员对氟苯虫酰胺开展了大鼠急性神经毒性和发育神经毒性研究（试验内容见表 4-13），通过试验观察均未发现大鼠出现神经毒性症状。

4.2.4.4 环溴虫酰胺 (cyclaniliprole)

2017 年，日本食品安全协会[46]对环溴虫酰胺进行了风险评估（试验内容见表 4-13）。他们对大鼠开展的亚慢性神经毒性研究结果，没有观察到大鼠出现神经毒性的症状。

4.2.4.5 溴虫氟苯双酰胺 (broflanilide)

2022 年，宋璐璐等[15]在溴虫氟苯双酰胺的安全性文章中报道：有研究表明 99.68% 溴虫氟苯双酰胺原药对大鼠急性经口毒性（$LD_{50}>2000mg/kg$）、急性经皮（$LD_{50}>5000mg/kg$）毒性均较低，对兔子的皮肤、眼睛无刺激性，未观察到其对哺乳动物免疫毒性、遗传毒性和神经毒性，无致畸性，对繁殖无影响。

表 4-13 双酰胺类杀虫剂对哺乳动物神经毒性试验数据

农药名称	研究/受试动物	试验时间	剂量	试验现象及结论	参考文献
氯虫苯甲酰胺	急性神经活动（灌胃）/小鼠	5小时	160mg/kg	大鼠表现出焦虑样行为，运动能力并没有变化。CAP 会增加神经元活动，并诱导哺乳动物的焦虑样行为以及神经递质紊乱	[45]
	急性神经毒性（灌胃）/大鼠	14天	单次给药 2000mg/kg	没有观察到明显的神经毒性症状	[8]
	亚慢性神经毒性（膳食）/大鼠	90天	最高剂量为 1313mg/(kg·d)	没有观察到明显的神经毒性症状，NOAEL 为 1313mg/(kg·d)	
溴氰虫酰胺	急性神经毒性	14天	2000mg/kg (NOAEL)	没有观察到神经毒性的症状	[9]
	亚慢性神经毒性（注射）/大鼠	90天	雄性大鼠为 0、11.4、115 和 1195mg/(kg·d)，雌性大鼠为 0、14.0、137 和 1404mg/(kg·d)	没有观察到神经毒性的症状	

续表

农药名称	研究/受试动物	试验时间	剂量	试验现象及结论	参考文献
氟苯虫酰胺	急性神经毒性（灌胃）/大鼠	14天	单次给药 2213mg/kg	未观察到神经毒性作用	[11]
	发育神经毒性（膳食）/大鼠	F₁代断乳时	最高剂量为 980mg/（kg·d）	未观察到神经毒性作用，NOAEL 为 980mg/（kg·d）	
环溴虫酰胺	亚慢性神经毒性（经口）/大鼠	90天	雄性大鼠分别为 0、40、204、1090mg/（kg·d），雌性大鼠分别为 0、49、240 和 1280mg/（kg·d）	雄性 NOAEL 为 1090mg/（kg·d），雌性 NOAEL 为 1280mg/（kg·d），试验结果未观察到神经毒性的症状	[46]

注：NOAEL 为未观察到有害作用剂量水平；LOAEL 为观察到有害作用最低剂量水平。

4.2.5 麦角甾醇生物合成抑制剂（EBIs)-三唑类杀菌剂

4.2.5.1 戊唑醇（tebuconazole）

2001 年，Moser 等[47]对戊唑醇对大鼠可能产生的持久免疫毒性、生殖毒性和神经毒性影响进行了评估试验（试验内容见表 4-14），试验结果表明，长期暴露于戊唑醇的大鼠产生神经行为缺陷和病理性神经损伤。

4.2.5.2 己唑醇（hexaconazole）

通过 EPA 网站相关信息查阅[48]得知，己唑醇不需要进行母鸡急性延迟神经毒性研究以及急性和亚慢性神经毒性研究，因为该己唑醇不是胆碱酯酶抑制剂，现有数据库中没有证据表明己唑醇具有神经毒性特性。同时，它在结构上与已知的神经毒性化合物无关。

4.2.5.3 丙硫菌唑（prothioconazole）

JMPR 报告[49]显示，研究人员开展了丙硫菌唑对大鼠的急性神经毒性和亚慢性神经毒性研究（试验内容见表 4-14），这些试验都没有发现神经组织病理学的改变，试验结果表明丙硫菌唑不太可能对人类造成神经毒性。

4.2.5.4 叶菌唑（metconazole）

通过 EPA 网站相关信息查阅[19]得知，研究人员对叶菌唑开展了大鼠的亚慢性神经毒性研究（试验内容见表 4-14），通过试验观察和分析，发现得到的这些毒理学数据中没有关于神经毒性的证据。

4.2.5.5 苯醚甲环唑（difenoconazole）

JMPR 报告[20]显示，研究人员对大鼠开展了急性神经毒性和亚慢性神经毒性的研究（试验内容见表 4-14），通过对这些试验结果分析表明苯醚甲环唑不太可能对人类造成神经毒性。

4.2.5.6 丙环唑（propiconazole）

通过 EPA 网站相关信息查阅[21]得知，因为在提交的急性神经毒性研究中没有发现影响，所以丙环唑的发育性神经毒性研究的要求被放弃。

4.2.5.7 氟环唑（epoxiconazole）

2008 年，EFSA 报告显示，氟环唑对大鼠的急性神经毒性和亚慢性神经毒性研究结果表明（试验内容见表 4-14），氟环唑没有神经毒性潜能[22]。

表 4-14 三唑类杀菌剂对哺乳动物神经毒性试验数据

农药名称	研究/受试动物	试验时间	剂量	试验结果	参考文献
戊唑醇	神经毒性（经口）/大鼠	妊娠第 14 天到产后第 7 天，每天经口	戊唑醇 [0、6、20 或 60mg/（kg·d）]；幼鼠出生后第 7 天到 42 天每天注射相同剂量戊唑醇	各组大鼠分别进行免疫参数测试、神经行为测试（使用功能测试筛选组合测试）和认知评估。其他各组大鼠进行生殖发育和功能评估，而另一些大鼠在给药期结束时被处死，用于主要器官系统的组织学分析，包括神经病理学评估。试验结果表明，长期暴露于戊唑醇的大鼠产生神经行为缺陷和神经病理	[47]
丙硫菌唑	急性神经毒性（灌胃）/大鼠	14 天	单次给药877mg/kg	NOAEL 为 218mg/（kg·d），根据在 877mg/（kg·d）出现的短暂临床症状；没有发现神经组织病理学的改变，也没有持续的神经行为毒性症状	[49]
	亚慢性神经毒性（灌胃）/大鼠	90 天	剂量有 1000mg/（kg·d），FAO 评估报告中未给出其他具体剂量	NOAEL 设为 100mg/（kg·d）是根据 1000mg/（kg·d）剂量下发现大鼠出现体重减轻、运动和自主活动减少而定的。自主活动的减少可能继发于这些动物明显的全身毒性，而不是明显的神经行为毒性。神经组织和肌肉未见神经组织病理改变。试验结果表明丙硫菌唑不太可能对人类造成神经毒性	
叶菌唑	亚慢性神经毒性（经口）/大鼠	90 天	雌性 0、4.84、15.69、47.08mg/kg，雄性 0、5.10、17.62、49.82mg/kg	系统神经 NOAEL（雄、雌）≥47.08mg/（kg·d）、≥49.82mg/（kg·d）	[19]

续表

农药名称	研究/受试动物	试验时间	剂量	试验结果	参考文献
苯醚甲环唑	急性神经毒性（灌胃）/大鼠	14天	单剂量200 mg/kg	NOAEL 为 25mg/(kg·d)，是根据单剂量200mg/(kg·d) 时，出现前肢抓力降低被解释为非特异性反应而定的	[20]
	亚慢性神经毒性（膳食）/大鼠	90天	剂量有 17.3mg/(kg·d)，FAO 评估报告中未给出其他具体剂量	NOAEL 为 2.8mg/(kg·d) 是根据在 17.3mg/(kg·d) 剂量下，研究的最后一周发现雄性后肢抓力有所下降。这些反应被认为是苯醚甲环唑的非特异性作用，因为所测量的神经毒性的多个点都没有任何变化，也没有神经病理学的发现。所以试验结果表明苯醚甲环唑不太可能对人类造成神经毒性	
氟环唑	亚慢性神经毒性（膳食）/大鼠	90天	剂量有 50、500mg/(kg·d)，EFSA 报告中未给出其它具体剂量	在对大鼠进行的为期 90 天的重复剂量研究中，在剂量为 50mg/(kg·d) 时，也没有发现神经毒性作用，只能根据观察到的一般全身毒性（即食物摄入量减少和体重增加），得出其 NOAEL 为 16mg/(kg·d)	[22]

注：NOAEL 为未观察到有害作用剂量水平；LOAEL 为观察到有害作用最低剂量水平；NOEL 为无可见作用水平。

4.2.6　甲氧基丙烯酸酯类杀菌剂

4.2.6.1　吡唑醚菌酯（pyraclostrobin）

JMPR 报告[23]显示，研究人员对大鼠的急性神经毒性和亚慢性神经毒性开展了研究（试验内容见表 4-15），通过这些试验得到的数据表明吡唑醚菌酯没有神经毒性。

4.2.6.2　嘧菌酯（azoxystrobin）

JMPR 报告[24]显示，研究人员对大鼠的急性神经毒性和亚急性神经毒性展开了研究（试验内容见表 4-15），通过这些试验得到的数据不足以认为嘧菌酯具有神经毒性。

4.2.6.3　肟菌酯（trifloxystrobin）

JMPR 报告[25]显示，研究人员对大鼠急性神经毒性展开了研究（试验内容见表 4-15），通过试验给药组观察，没有发现潜在的神经或行为影响的迹象。

表 4-15　甲氧基丙烯酸酯类杀菌剂对哺乳动物神经毒性试验数据

农药名称	研究/受试动物	时间	剂量	试验结果	文献
吡唑醚菌酯	急性神经毒性（灌胃）/大鼠	14天	单次给药2000mg/kg（NOAEL）为最高剂量	表明吡唑醚菌酯没有急性神经毒性	[23]
	亚慢性神经毒性（膳食）/大鼠	90天	最高剂量为50mg/(kg·d)	NOAEL为50mg/(kg·d)，表明吡唑醚菌酯没有神经毒性	
嘧菌酯	急性神经毒性（灌胃）/大鼠	14天	单次给药2000mg/kg	在所有嘧菌酯处理过的组中观察到短暂性腹泻、跐脚步态、驼背姿势和着地脚伸展的发生率增加的现象，并且这些影响产生与药物剂量无关。它们被认为与治疗相关，但与识别系统性毒性的NOAEL无关，被认为是继发于局部胃肠道刺激/紊乱和灌胃给药。全身毒性的NOAEL为2000mg/kg，是试验的最高剂量	[24]
	亚急性神经毒性（膳食）/大鼠	28天	剂量含161mg/(kg·d)，FAO评估报告中未给出其他具体剂量	没有观察到与给药相关的死亡率、临床体征、自主活动、脑测量（体重、长度和宽度）、大体尸检或神经组织病理学方面的变化。全身毒性的NOAEL为38.5mg/(kg·d)，这是在LOAEL为161mg/(kg·d)的情况下，雄性和雌性体重下降、体重增加的基础上得出的。在现有数据的基础上，嘧菌酯不被认为具有神经毒性	
肟菌酯	急性神经毒性（经口）/大鼠	14天	单次给药2000mg/kg	试验观察组没有表现潜在的神经或行为影响的迹象	[25]

注：NOAEL为未观察到有害作用剂量水平；LOAEL为观察到有害作用最低剂量水平。

4.2.7　琥珀酸脱氢酶抑制剂（SDHIs)-酰胺类杀菌剂

4.2.7.1　氟唑菌酰羟胺（pydiflumetofen）

通过EPA网站相关信息查阅[27]得知，研究人员对氟唑菌酰羟胺对大鼠的急性神经毒性展开了研究（试验内容见表4-16），通过试验数据表明，行为改变的现象仅在急性神经毒性的成年大鼠上发生。雌性大鼠急性暴露于氟唑菌酰羟胺大于300mg/kg剂量（比风险评估选择的起点高3～30倍）后，表现为直立次数减少和行走距离缩短，表现为运动能力下降。雄性大鼠在急性暴露至2000mg/(kg·d)后未表现出任何神经毒性症状。

4.2.7.2 氟唑菌苯胺 (penflufen)

通过 EPA 网站相关信息查阅[50]，研究人员对氟唑菌苯胺对大鼠的急性神经毒性展开了研究（试验内容见表 4-16）。试验中观察到大鼠的运动能力下降，但没有观察到神经病理病变问题。

4.2.7.3 苯并烯氟菌唑 (benzovindiflupyr)

通过 EPA 网站相关信息查阅[51]得知，研究人员对苯并烯氟菌唑对大鼠的急性神经毒性和亚慢性神经毒性展开了研究（试验内容见表 4-16）。在急性神经毒性和亚慢性神经毒性研究中，苯并烯氟菌唑暴露后没有发现特异性神经毒性的证据。在急性神经毒性研究中，发现苯并烯氟菌唑引起神经毒性外在表现的变化，如活动性下降和抓力下降。然而，在任何研究中都没有证据显示神经组织病理症状，即使是在最高剂量的测试中也没有发生神经组织病理症状。

4.2.7.4 啶酰菌胺 (boscalid)

通过 EPA 网站相关信息查阅[52]得知，研究人员对啶酰菌胺对大鼠急性神经毒性、亚慢性神经毒性和发育神经毒性展开了研究（试验内容见表 4-16），这些试验中均未发现神经毒性证据。在毒性数据库中的其他亚慢性和慢性研究中也没有神经毒性的证据。

4.2.7.5 联苯吡菌胺 (bixafen)

通过 EPA 网站相关信息查阅[53]得知，研究人员对大鼠的急性神经毒性展开了研究（试验内容见表 4-16）。试验结果表明，从 1000mg/kg［NOAEL 为 250mg/(kg·d)］开始，雄性和雌性的自主活动（总和动态计数）显著降低（$p \leqslant 0.05$）。在大鼠的任何中枢或周围神经系统组织中均未观察到与试验物质相关的显微病变，直至极限剂量。在数据库中的其他研究中未发现神经毒性的证据。

4.2.7.6 吡唑萘菌胺 (isopyrazam)

JMPR 报告[31]显示，研究人员对吡唑萘菌胺对大鼠急性神经毒性和亚慢性神经毒性展开了研究（试验内容见表 4-16），试验未观察到神经毒性的行为学或组织学证据。

4.2.7.7 氟唑环菌胺 (sedaxane)

JMPR 报告[32]显示，研究人员对氟唑环菌胺对大鼠的急性神经毒性和亚慢性神经毒性展开了研究（试验内容见表 4-16），通过这些实验得到的数据表明氟唑环菌胺没有神经毒性。

4.2.7.8 氟吡菌酰胺 (fluopyram)

JMPR 报告[33]显示，研究人员对氟吡菌酰胺对大鼠的急性神经毒性和亚慢性神经毒性展开了研究（试验内容见表4-16）。通过这些试验得到的数据发现在试验中均未观察到大鼠有明显的神经毒性症状。

表 4-16　琥珀酸脱氢酶抑制剂（SDHIs)-酰胺类杀菌剂对哺乳动物神经毒性试验数据

农药名称	研究/受试动物	时间	剂量	试验结果	文献
氟唑菌酰羟胺	急性神经毒性（灌胃)/大鼠	14天	0、100（仅雌性）、300（仅雄性）、1000或2000mg/kg	NOAEL 为 100mg/(kg·d) LOAEL 为 1000mg/kg（雄性），基于雄性大鼠直立次数减少和行走距离统计的运动能力下降	[27]
氟唑菌苯胺	急性神经毒性（经口)/大鼠	14天	0、100、500或2000 mg/kg	NOAEL 为 50mg/(kg·d) LOAEL 为 100mg/(kg·d) 是根据雌性大鼠运动和运动能力的下降而定的	[50]
苯并烯氟菌唑	急性经口神经毒性（灌胃)/大鼠	14天	0、10、30和80mg/kg	LOAEL：80mg/(kg·d)（雄性）和30mg/(kg·d)（雌性），根据多项临床观察，平均体温下降，自主活动参数下降，平均抓力下降。其他发现如 80mg/(kg·d) 的雄性以及 30、80mg/(kg·d) 的雌性平均食物摄入量较低等	[51]
	亚慢性神经毒性（膳食)/Wistar 大鼠	90天	雄性：0、6.31、25.95、50.67mg/(kg·d)；雌性：0、7.48、19.17、37.99mg/(kg·d)	NOAEL：50.67mg/(kg·d)（雄性），37.99mg/(kg·d)（雌性）。 LOAEL：未获得	
啶酰菌胺	急性神经毒性筛查组（大鼠)	14天	0、500、1000或2000mg/kg	NOAEL：2000、1000mg/(kg·d)（雄性、雌性） LOAEL：＞2000、2000mg/(kg·d)（雄性、雌性）：雌性出现立毛现象	[52]
	亚慢性神经毒性筛查组（大鼠)	91天	雄性为0、10.5、103.1、1050.0mg/(kg·d)；雌性为0、12.7、124.5、1272.5mg/(kg·d)	NOAEL：1050.0、1272.5mg/(kg·d)（雄性、雌性） LOAEL：＞1050.0、1272.5mg/(kg·d)（雄性、雌性）	
	发育神经毒性（大鼠)	F₁代断乳时	0、14、147、1442mg/(kg·d)	母体 NOAEL：1442mg/(kg·d) 母体 LOAEL：＞1442mg/(kg·d) 后代 NOAEL：14mg/(kg·d) 后代 LOAEL：147mg/(kg·d) 在出生后第4天体重减轻	
联苯吡菌胺	急性神经毒性（灌胃)/大鼠	14天	0、250、1000、2000mg/kg	NOAEL 为 250mg/kg LOAEL 为 1000mg/kg，基于单次经口剂量约4h，雄性和雌性大鼠运动活动均有统计学意义上的显著下降，雌性大鼠直立次数也减少	[53]

农药名称	研究/受试动物	时间	剂量	试验结果	文献
吡唑萘菌胺	急性神经毒性（经口）/大鼠	14天	最低剂量为30mg/kg，最高剂量为2000mg/kg	在所有试验剂量组中，给药后3h内均有明显的非特异性和短暂性作用，僵硬的发生率和严重程度呈剂量依赖性增加。根据250mg/kg的临床毒性症状，NOAEL为30mg/kg。急性神经毒性的NOAEL为2000mg/kg，是最高试验剂量	[31]
	亚慢性神经毒性（膳食）/大鼠	91天	最高剂量为382.26mg/(kg·d)，FAO评估报告中未给出其他具体剂量	试验未观察到神经毒性的行为学或组织学证据。根据382.26mg/(kg·d)剂量下雌性体重增加或减少，NOAEL为98.01mg/(kg·d)	
氟唑环菌胺	急性神经毒性（经口）/大鼠	14天	剂量含250mg/kg，FAO评估报告中未给出其他具体剂量	NOAEL为30mg/kg，基于在250mg/kg时，体重下降和饲料消耗的下降而定	[32]
	亚慢性神经毒性（膳食）/大鼠	91天	260mg/(kg·d)	系统毒性的NOAEL为66mg/(kg·d)，基于260mg/(kg·d)下，大鼠体重下降、饲料消耗以及运动能力下降而定。试验结果表明氟唑环菌胺没有神经毒性	
氟吡菌酰胺	急性神经毒性（经口）/大鼠	14天	100mg/kg	NOAEL为50mg/kg是根据100mg/kg时，大鼠的运动和运动能力下降而定的	[33]
	亚慢性神经毒性（膳食）/大鼠	90天	164.2mg/(kg·d)	NOAEL：164.2mg/(kg·d)	

注：NOAEL为未观察到有害作用剂量水平；LOAEL为观察到有害作用最低剂量水平。

4.2.8　嘧啶类除草剂

4.2.8.1　苯嘧磺草胺（saflufenacil）

JMPR报告[38]显示，研究人员对大鼠的急性神经毒性和亚慢性神经毒性展开了研究（试验内容见表4-17）。通过这些试验得到的数据发现大鼠在试验中均未观察到明显的神经毒性症状。

4.2.8.2　氟丙嘧草酯（butafenacil）

EPA报告[54]显示，研究人员对大鼠的急性神经毒性和亚慢性神经毒性展开了研究（试验内容见表 4-17）。通过这些试验得到的数据没有发现神经毒性。

表 4-17　嘧啶类除草剂对哺乳动物神经毒性试验数据

农药名称	研究/受试动物	时间	剂量	试验结果	文献
苯嘧磺草胺	急性神经毒性（灌胃）/大鼠	14天	单次给药 2000mg/kg	神经毒性 NOAEL 为 2000mg/kg；在 2000mg/kg 以下的剂量中，没有观察到对功能组合观察参数、自主活动或神经病理学的影响	[38]
	亚慢性神经毒性（膳食）/大鼠	90天	1000、1350mg/kg〔相当于 66.2、101mg/(kg·d)〕	雄性和雌性大鼠的剂量分别达到 1000、1350mg/kg 时，试验中没有观察到功能组合观察参数、自主活动或神经病理学的影响	
氟丙嘧草酯	急性神经毒性（灌胃）/大鼠	14天	单次给药 2000mg/kg	NOAEL：2000mg/kg 没有神经毒性证据	[54]
	亚慢性神经毒性（膳食）/大鼠	90天	雄性：0、7、21、72mg/(kg·d)；雌性：0、8、24、76mg/(kg·d)	NOAEL：21、24mg/(kg·d)（雄性、雌性）LOAEL：72、76mg/(kg·d)（雄性、雌性），基于大鼠在第 13 周时发生肝脏组织病理学和自主活动减少 没有神经毒性证据	

注：NOAEL 为未观察到有害作用剂量水平；LOAEL 为观察到有害作用最低剂量水平。

4.2.9　N-苯基酞酰亚胺类除草剂

以氟烯草酸（flumiclorac-pentyl）为例，研究人员对 N-苯基酞酰亚胺类除草剂-氟烯草酸对大鼠的急性神经毒性和亚慢性神经毒性开展了研究（试验内容见表 4-18）。由 EPA 报告[55] 知，这些试验得到的数据没有发现大鼠的神经毒性。

表 4-18　N-苯基酞酰亚胺类除草剂对哺乳动物神经毒性试验数据

农药名称	研究/受试动物	时间	剂量	试验结果	文献
氟烯草酸	急性神经毒性（灌胃）/大鼠	14天	单次给药 2000mg/(kg·d)	NOAEL 为 2000mg/(kg·d)	[55]
	亚慢性神经毒性（膳食）/大鼠	90天	EPA 报告中未给出具体试验剂量	NOAEL 为 969、1255mg/(kg·d)（雄、雌）	

注：NOAEL 为未观察到有害作用剂量水平；LOAEL 为观察到有害作用最低剂量水平。

4.2.10　芳基吡啶类除草剂

以氟氯吡啶酯（halauxifen-methyl）为例，研究人员对芳基吡啶类除草剂-氟氯吡啶酯对大鼠的急性神经毒性和亚慢性神经毒性开展了研究（试验内容见表 4-19）。由 EPA 报告[40] 知，这些试验得到的数据没有发现神经毒性的证据。

表 4-19　芳基吡啶类除草剂对哺乳动物神经毒性试验数据

农药名称	研究/受试动物	时间	剂量	试验结果	文献
氟氯吡啶酯	急性神经毒性（灌胃）/大鼠	14 天	0、250、750 和 2000mg/kg	NOAEL 为 2000mg/kg	[40]
	亚慢性神经毒性（膳食）/大鼠	90 天	0、50、250 和 750mg/(kg·d)	NOAEL 为 750mg/(kg·d)	

注：NOAEL 为未观察到有害作用剂量水平；LOAEL 为观察到有害作用最低剂量水平。

4.2.11　三酮类除草剂

以氟吡草酮（bicyclopyrone）为例，研究人员对三酮类除草剂-氟吡草酮对大鼠的急性神经毒性和亚慢性神经毒性开展了研究（试验内容见表 4-20）。由 EPA 报告[56] 知，这些试验得到的数据没有发现神经毒性的证据。

表 4-20　三酮类除草剂对哺乳动物神经毒性试验数据

农药名称	研究/受试动物	时间	剂量	试验结果	文献
氟吡草酮	急性神经毒性（灌胃）/大鼠	14 天	0、20、200、2000mg/kg	神经毒性 NOAEL 为 2000mg/kg；神经毒性 LOAEL 没有观察到	[56]
	亚慢性神经毒性（膳食）/大鼠	90 天	雄性：0、4、35、336mg/(kg·d)；雌性：0、4、42、415mg/(kg·d)	神经毒性 NOAEL 为 336、415mg/(kg·d)（雄性、雌性）；神经毒性 LOAEL 没有观察到	

注：NOAEL 为未观察到有害作用剂量水平；LOAEL 为观察到有害作用最低剂量水平。

4.3 绿色农药品种的慢性毒性和致癌效应

4.3.1 多杀菌素微生物源杀虫剂

研究人员以小鼠和大鼠为受试动物，对多杀菌素和乙基多杀菌素的慢性毒性和致癌性进行了长期研究，结果表明：多杀菌素、乙基多杀菌素对小鼠和大鼠有慢性毒性作用，无致癌性作用。主要毒性数据见表 4-21 所示。

表 4-21 多杀菌素、乙基多杀菌素慢性毒性和致癌毒性数据

农药名称	受试动物	试验类别	试验时长/年	NOAEL/[mg/(kg·d)]	LOAEL/[mg/(kg·d)]	病理部位	致癌性	参考文献
多杀菌素	小鼠	慢性毒性	1.5	11	51	肺、淋巴结、胃和舌头	无	[1]
		致癌性		51	—			
	大鼠	慢性毒性	2	2.4	9.5	甲状腺	无	
		致癌性		9.5	—			
乙基多杀菌素	小鼠	慢性毒性	1.5	18.8	37.5	胃、肺	无	[2]
		致癌性		37.5	—			
	大鼠	慢性毒性	2	10.8	21.6	—	无	
		致癌性		32.9	—			

多杀菌素对小鼠和大鼠都有慢性毒性。在 1.5 年的研究中，小鼠的未观察到有害作用剂量水平（NOAEL）为 11mg/(kg·d)，观察到有害作用最低剂量水平（LOAEL）为 51mg/(kg·d)，当剂量水平超过 LOAEL，小鼠的肺、淋巴结、胃和舌头会出现相应病理变化，表现为胃的慢性炎症、增生、角化过度，甲状旁腺、胰腺、卵巢、附睾上皮细胞的空泡化以及舌肌病；在 2 年的研究中，大鼠未观察到有害作用剂量水平为 2.4mg/(kg·d)，观察到有害作用最低剂量水平为 9.5mg/(kg·d)，受影响的器官主要是甲状腺。高剂量时，大鼠的肺、肝、喉和骨髓受到影响。无论对小鼠还是对大鼠，多杀菌素都没有证据表明有致癌性。在对小鼠 1.5 年的慢性毒性和致癌性研究中，最高剂量水平为 51mg/(kg·d)，在对大鼠 2 年的慢性毒性和致癌性研究中，最高剂量水平为 9.5mg/(kg·d)，小鼠和大鼠在对应的剂量水平下，都没有表现出与致癌的相关性[1]。

乙基多杀菌素对小鼠和大鼠都有慢性毒性。在 1.5 年的给药研究中，小鼠的

未观察到有害作用剂量水平为18.8mg/(kg·d)，观察到有害作用最低剂量水平为37.5mg/(kg·d)，当剂量水平超过LOAEL，小鼠除了附睾头内壁导管上皮细胞浆空泡化和肺内肺泡巨噬细胞聚集外，还观察到胃腺黏膜增生和炎症，伴黏膜腺扩张；在2年的研究中，大鼠未观察到有害作用剂量水平为10.8mg/(kg·d)，观察到有害作用最低剂量水平为21.6mg/(kg·d)。无论对小鼠还是对大鼠，乙基多杀菌素都没有证据表明有致癌性。在对小鼠1.5年的慢性毒性和致癌性研究中，最高剂量水平为37.5mg/(kg·d)，在对大鼠2年的慢性毒性和致癌性研究中，最高剂量水平为32.9mg/(kg·d)。小鼠和大鼠在对应的剂量水平下，都没有表现出与致癌的相关性[2]。

4.3.2 防治刺吸式口器害虫非烟碱类杀虫剂

研究人员以小鼠和大鼠为受试动物，对防治刺吸式口器害虫非烟碱类杀虫剂氟啶虫酰胺、螺虫乙酯的慢性毒性和致癌性进行了长期研究，结果表明：氟啶虫酰胺、螺虫乙酯的慢性毒性和致癌性存在差异，主要毒性数据如表4-22所示。

表4-22 氟啶虫酰胺、螺虫乙酯慢性毒性和致癌毒性数据

农药名称	受试动物	试验类别	试验时长/年	NOAEL /[mg/(kg·d)]	LOAEL /[mg/(kg·d)]	病理部位	致癌性	参考文献
氟啶虫酰胺	小鼠	慢性毒性	1.5	10	29	肺、肝	有	[3]
		致癌性		10	29			
	大鼠	慢性毒性	2	7.32	36.5	肾脏	无	
		致癌性		36.5	—		无	
螺虫乙酯	小鼠	慢性毒性	1.5	1022	—	肾脏、肺	无	[4]
		致癌性		1022	—		无	
	大鼠	慢性毒性	2	12.5	—	—	无	
		致癌性		373	—		无	

氟啶虫酰胺对小鼠和大鼠都有慢性毒性。在1.5年的研究中，小鼠的未观察到有害作用剂量水平（NOAEL）为10mg/(kg·d)，观察到有害作用最低剂量水平（LOAEL）为29mg/(kg·d)，当剂量水平超过LOAEL，小鼠的肺泡/细支气管腺瘤和/或癌的联合发病率增加，脾脏的髓外造血功能增加，股骨和胸骨骨髓色素沉积增加，小叶中心肝细胞肥大增加，在最低剂量[29mg/(kg·d)]下，雄性小鼠肺终末细支气管上皮细胞增生/肥大和肿块/结节发生率增加，雌性股骨骨

髓细胞数量减少，引起小鼠肺部肿瘤；在 2 年的给药研究中，大鼠未观察到有害作用剂量水平为 7.32mg/(kg·d)，观察到有害作用最低剂量水平为 36.5mg/(kg·d)，饲喂剂量水平为 36.5mg/(kg·d) 的组，大鼠角膜炎发病率增加和盆腔扩张，雄鼠肾脏表现病理症状，甘油三酯水平降低，雌性大鼠横纹肌萎缩增加，未观察到与肿瘤性相关的病理变化[3]。

螺虫乙酯在试验剂量范围内对小鼠没有慢性毒性和致癌性。在 1.5 年的给药研究中，小鼠的未观察到有害作用剂量水平（NOAEL）为试验最大剂量水平＝1022mg/(kg·d)。对大鼠有慢性毒性，表现为大鼠肾脏结构变化、肺泡巨噬细胞积累和间质性肺炎的发生率增加，但未观察到与癌症相关的病理变化[4]。

双丙环虫酯也是防治刺吸式口器害虫非烟碱类杀虫剂之一。研究人员以大鼠为受试动物，开展了为期 1 年的慢性毒性研究。试验剂量水平为 0、75、150、300、1000mg/kg 饲料，即 0、3.7、7.3、15、48mg/(kg·d)（雄性大鼠）、0、4.4、8.9、18、56mg/(kg·d)（雌性大鼠），结果表明未观察到有害作用剂量水平（NOAEL）等于 300mg/kg，观察到有害作用最低剂量水平（LOAEL）等于 1000mg/kg。另一项针对慢性毒性的研究的剂量水平为 0、1000、3000mg/kg 饲料，即 0、48、143mg/(kg·d)（雄性大鼠），0、57、161mg/(kg·d)（雌性大鼠），该试验未建立 NOAEL，基于大鼠临床生化参数的变化（如血小板增加）、心脏病变（重量下降）、胰腺及子宫的病变，确定其 LOAEL 为 1000mg/kg。在对其慢性毒性和致癌性研究的试验中，剂量水平为 0、1000、3000mg/kg 饲料，最终其 NOAEL 确定为 1000mg/kg [41.6mg/(kg·d)，雄性大鼠]，LOAEL 为 3000mg/kg [128.2mg/(kg·d)，雄性大鼠] 和 1000mg/kg [50.4mg/(kg·d)，雌性大鼠]；另一项针对慢性毒性和致癌性的研究的剂量水平为 0、100、300、1000mg/kg 饲料，其确定的 NOAEL 为 300mg/kg [12.9mg/(kg·d)（雄性）和 15.5mg/(kg·d)（雌性）]，LOAEL 为 1000mg/kg [42.7mg/(kg·d)（雄性）和 50.8mg/(kg·d)（雌性）]，肾脏腺、肝脏和子宫是主要的病理部位[43]。

4.3.3 新烟碱类杀虫剂

研究人员以小鼠和大鼠为受试动物，对氟吡呋喃酮、三氟苯嘧啶的慢性毒性和致癌性进行了长期研究，结果表明：氟吡呋喃酮、三氟苯嘧啶对小鼠和大鼠有慢性毒性，氟吡呋喃酮没有致癌性，三氟苯嘧啶对小鼠有致癌性，主要毒性数据如表 4-23 所示。

表 4-23　新烟碱类杀虫剂慢性毒性和致癌毒性数据

农药名称	受试动物	试验类别	试验时长/年	NOAEL /[mg/(kg·d)]	LOAEL /[mg/(kg·d)]	病理部位	致癌性	参考文献
氟吡呋喃酮	小鼠	慢性毒性	2	43	224	—	无	[6]
		致癌性		224	—			
	大鼠	慢性毒性	2	15.8	80.8	肝脏等	无	
		致癌性		80.8	—			
三氟苯嘧啶	小鼠	慢性毒性	1.5	84	248	肝脏、脾脏	有	[7]
		致癌性		248	727			
	大鼠	慢性毒性	2	15.9	70.6	肝脏、子宫等	无	
		致癌性		73.8	396			

氟吡呋喃酮对大鼠和小鼠有慢性毒性，在试验剂量水平范围内没有致癌性。在 2 年给药研究中，小鼠慢性毒性的未观察到有害作用剂量水平（NOAEL）为 43mg/(kg·d)，观察到有害作用最低剂量水平（LOAEL）为 224mg/(kg·d)（研究的最高剂量）。在 2 年给药研究中，大鼠慢性毒性的未观察到有害作用剂量水平（NOAEL）为 15.8mg/(kg·d)，观察到有害作用最低剂量水平（LOAEL）为 80.8mg/(kg·d)（研究的最高剂量），当剂量水平≥LOAEL，大鼠靶器官是肝脏和甲状腺，体重轻度降低[6]。

三氟苯嘧啶对大鼠和小鼠有慢性毒性，在试验剂量水平范围内，对小鼠有致癌性，对大鼠没有发现致癌性。在 1.5 年给药研究中，小鼠慢性毒性的未观察到有害作用剂量水平（NOAEL）为 84mg/(kg·d)，观察到有害作用最低剂量水平（LOAEL）为 248mg/(kg·d)。高剂量水平下，雄性小鼠中观察到脾脏中骨髓外造血功能增加。雌性小鼠中，脾造血和脾重量在最高剂量［727mg/(kg·d)］水平下显著增加，此外，肝脏造血功能也有所增加。在 2 年给药研究中，大鼠慢性毒性的未观察到有害作用剂量水平（NOAEL）为 15.9mg/(kg·d)，观察到有害作用最低剂量水平（LOAEL）为 70.6mg/(kg·d)，高剂量水平下，体重、采食量和采食频率受到影响，肝脏和子宫重量增加[7]。

4.3.4　双酰胺类杀虫剂

研究人员以小鼠和大鼠为受试动物，对双酰胺类杀虫剂的慢性毒性和致癌性进行了长期试验研究，结果表明，氯虫苯甲酰胺、溴氰虫酰胺、氟苯虫酰胺、环溴虫酰胺对小鼠和大鼠有慢性毒性，没有致癌性，主要毒性数据如表 4-24 所示。

表 4-24 双酰胺类杀虫剂慢性毒性和致癌毒性数据

农药名称	受试动物	试验类别	试验时长/年	NOAEL/[mg/(kg·d)]	LOAEL/[mg/(kg·d)]	病理部位	致癌性	参考文献
氯虫苯甲酰胺	小鼠	慢性毒性	1.5	158	935	肝脏（雄鼠）	无	[8]
		致癌性		935	—		无	
	大鼠	慢性毒性	2	805		—	无	
		致癌性		805			无	
溴氰虫酰胺	小鼠	慢性毒性	1.5	104	769	甲状腺	无	[9]
		致癌性		769			无	
	大鼠	慢性毒性	2	8.3	84.8	肝脏	无	
		致癌性		907			无	
氟苯虫酰胺	小鼠	慢性毒性	1.5	4.4	93	肝脏、甲状腺	无	[11]
		致癌性		937			无	
	大鼠	慢性毒性	2	1.7	34	肝脏、甲状腺	无	
		致癌性		705	—		无	
环溴虫酰胺	小鼠	慢性毒性	2	884			无	[12]
		致癌性		884			无	
	大鼠	慢性毒性	2	249	834	甲状腺	无	
		致癌性		834			无	

氯虫苯甲酰胺对小鼠有慢性毒性，对大鼠无慢性毒性，对小鼠和大鼠都没有致癌性。在 1.5 年给药研究中，小鼠慢性毒性的未观察到有害作用剂量水平（NOAEL）为 158mg/(kg·d)，观察到有害作用最低剂量水平（LOAEL）为 935mg/(kg·d)。剂量水平为 935mg/(kg·d) 的组中，雄性大鼠肝脏增大，重量增加，没有观察到与肿瘤相关的病理变化。在大鼠 2 年给药的慢性和致癌性联合研究中，805mg/(kg·d) 是试验的最高剂量水平，该剂量水平下，没有发现慢性毒性和致癌性[8]。

溴氰虫酰胺对小鼠和大鼠有慢性毒性，在试验剂量范围内，没有致癌性。在 1.5 年给药研究中，小鼠慢性毒性的未观察到有害作用剂量水平（NOAEL）为 104mg/(kg·d)，观察到有害作用最低剂量水平（LOAEL）为 769mg/(kg·d)。当饲喂剂量水平为 769mg/(kg·d) 时，雄性鼠体重增加、甲状腺肿大，此时已达测试的最高剂量水平，无证据表明溴氰虫酰胺具有致癌性。在 2 年给药研究中，大鼠未观察到有害作用剂量水平为 8.3mg/(kg·d)，当剂量水平为 84.8mg/

(kg·d) 时，出现肝细胞空泡化等症状。测试的最高剂量水平为 907mg/(kg·d)，没有发现肿瘤发病率的增加[9]。

氟苯虫酰胺对小鼠和大鼠有慢性毒性，在试验剂量范围内，没有致癌性。在 1.5 年给药研究中，小鼠慢性毒性的未观察到有害作用剂量水平（NOAEL）为 4.4mg/(kg·d)，观察到有害作用最低剂量水平（LOAEL）为 93mg/(kg·d)。当饲喂剂量水平为 93mg/(kg·d) 时，出现肝脏肿大、甲状腺肿大等症状，没有发现肿瘤发病率的增加。在 2 年给药研究中，大鼠慢性毒性的未观察到有害作用剂量水平（NOAEL）为 1.7mg/(kg·d)，观察到有害作用最低剂量水平（LOA-EL）为 34mg/(kg·d)，当剂量水平为 34mg/(kg·d) 时，出现脱毛、甲状腺肿大等症状，没有发现肿瘤发病率的增加[11]。

环溴虫酰胺对小鼠没有慢性毒性，对大鼠有慢性毒性，对小鼠和大鼠都没有致癌性。在 2 年给药研究中，小鼠未观察到有害作用剂量水平（NOAEL）为 884mg/(kg·d)。在 2 年给药研究中，大鼠未观察到有害作用剂量水平（NOA-EL）为 249mg/(kg·d)，观察到有害作用最低剂量水平（LOAEL）为 834mg/(kg·d)，高剂量时，大鼠出现甲状腺肥大等症状，未观察到致癌性[12]。

4.3.5 麦角甾醇生物合成抑制剂 (EBIs)-三唑类杀菌剂

研究人员以小鼠和大鼠为受试动物，对麦角甾醇生物合成抑制剂（EBIs)-三唑类杀菌剂的慢性毒性和致癌性进行了长期试验研究，结果表明，戊唑醇、丙硫菌唑、苯醚甲环唑对小鼠和大鼠有慢性毒性，对大鼠没有致癌性，部分药品对小鼠有致癌性，主要毒性数据如表 4-25 所示。

表 4-25 三唑类杀菌剂慢性毒性和致癌毒性数据

农药名称	受试动物	试验类别	试验时长/年	NOAEL /[mg/(kg·d)]	LOAEL /[mg/(kg·d)]	病理部位	致癌性	参考文献
戊唑醇	小鼠	慢性毒性	1.75	5.9	18	肝脏	有	[16]
		致癌性		53	85			
	大鼠	慢性毒性	2	15.9	55	—	无	
		致癌性		55	—			
丙硫菌唑	小鼠	慢性毒性	2	12.8（雄），20.3（雌）	51.7（雄），80（雌）	肝脏和肾脏	无	[18]
		致癌性	2	51.7（雄），80（雌）	—			
	大鼠	慢性毒性	2	1.1（雄），1.6（雌）	8.0（雄），11.2（雌）	肝脏和肾脏	无	
		致癌性						

农药名称	受试动物	试验类别	试验时长/年	NOAEL/[mg/(kg·d)]	LOAEL/[mg/(kg·d)]	病理部位	致癌性	参考文献
苯醚甲环唑	小鼠	慢性毒性	1.5	4.7	46.3	肝脏	有	[20]
		致癌性		46.3	423			
	大鼠	慢性毒性	2	1.0	24	肝脏	无	
		致癌性		124	—			

戊唑醇对小鼠有慢性毒性和致癌性，对大鼠有慢性毒性，没有致癌性。在1.75年的研究中，对小鼠未观察到有害作用剂量水平（NOAEL）为5.9mg/(kg·d)，观察到有害作用最低剂量水平（LOAEL）为18mg/(kg·d)。当剂量水平为18mg/(kg·d)以上时，观察到明显的肝毒性和肝肿瘤发病率的增加，但是这种致瘤潜能被认为与人类无关。在2年的研究中，对大鼠未观察到有害作用剂量水平（NOAEL）为15.9mg/(kg·d)，观察到有害作用最低剂量水平（LOAEL）为55mg/(kg·d)，较高剂量水平会对大鼠体重产生影响，没有证据表明戊唑醇具有致癌性[16]。

丙硫菌唑对小鼠和大鼠有慢性毒性，无致癌性。以小鼠为受试对象结果表明，未观察到有害作用剂量水平雄性为12.8mg/(kg·d)，雌性为20.3mg/(kg·d)，观察到有害作用最低剂量水平雄性为51.7mg/(kg·d)、雌性为80mg/(kg·d)，受影响的器官主要是肝脏和肾脏，没有发现致癌性。以大鼠为受试对象，慢性毒性的未观察到有害作用剂量水平雄性为1.1mg/(kg·d)，雌性为1.6mg/(kg·d)，观察到有害作用最低剂量水平雄性为8.0mg/(kg·d)，雌性为11.2mg/(kg·d)，受影响的器官主要是肝脏和肾脏，没有发现致癌性[18]。

苯醚甲环唑对小鼠有慢性毒性和致癌性，对大鼠有慢性毒性，无致癌性。以小鼠为受试动物，进行为期1.5年的慢性毒性和致癌性试验。在剂量为423mg/(kg·d)（雄性小鼠）和531mg/(kg·d)（雌性小鼠），肝脏肿瘤（肝细胞腺瘤和肝癌）发生率增加，在剂量为46.3mg/(kg·d)（雄性小鼠）和57.8mg/(kg·d)（雌性小鼠），肿瘤的发病率未增加，未观察到有害作用剂量水平为4.7mg/(kg·d)。以大鼠为受试动物，进行为期2年的慢性毒性和致癌性试验。未观察到有害作用剂量水平为1.0mg/(kg·d)，当剂量水平为24mg/(kg·d)时，出现肝脏肿大、体重增加等症状[20]。

己唑醇、叶菌唑、丙环唑都为麦角甾醇生物合成抑制剂(EBIs)-三唑类杀菌剂。以小鼠为受试动物，己唑醇的NOAEL为4.66mg/(kg·d)，LOAEL为

23.55mg/(kg·d)，以大鼠为受试动物，己唑醇的 NOAEL 为 4.7mg/(kg·d)，
LOAEL 为 47mg/(kg·d)[48]；以小鼠为受试动物，叶菌唑的致癌性 NOAEL 为
1000mg/kg ［166.9mg/(kg·d)，雄性］ 和 300mg/kg ［58.1mg/(kg·d)，雌
性][19]。一项针对丙环唑的研究根据雄性小鼠肝细胞腺瘤、合并腺瘤/癌和肝细胞
癌的增加，将丙环唑归类为 C 组，为"可能的人类致癌物"[21]。

4.3.6 甲氧基丙烯酸酯类杀菌剂

研究人员以小鼠和大鼠为受试动物，对吡唑醚菌酯、嘧菌酯、肟菌酯的慢性
毒性和致癌性进行了长期研究，结果表明，吡唑醚菌酯、嘧菌酯、肟菌酯对小鼠
和大鼠有慢性毒性，没有致癌性，部分毒性数据如表 4-26 所示。

表 4-26 甲氧基丙烯酸酯类杀菌剂慢性毒性和致癌毒性数据

农药名称	受试动物	试验类别	试验时长/年	NOAEL/[mg/(kg·d)]	LOAEL/[mg/(kg·d)]	病理部位	致癌性	参考文献
吡唑醚菌酯	小鼠	慢性毒性	1.5	4.1	17	肝脏	无	[23]
		致癌性		17	—			
	大鼠	慢性毒性	2	3.4	9	—	无	
		致癌性		9	—			
嘧菌酯	小鼠	慢性毒性	2	37.5	272.4	胃、肺	无	[24]
		致癌性		272.4	—			
	大鼠	慢性毒性	2	18.2	34		无	
		致癌性		34	—			
肟菌酯	小鼠	慢性毒性	1.5	36	124	肝脏	无	[25]
		致癌性		246	—			
	大鼠	慢性毒性	2	30	62	肾脏、肝脏	无	
		致癌性		62	—			

吡唑醚菌酯对小鼠和大鼠有慢性毒性，没有致癌性。在 1.5 年给药研究中，
小鼠未观察到有害作用剂量水平（NOAEL）为 4.1mg/(kg·d)，观察到有害作
用最低剂量水平（LOAEL）为 17mg/(kg·d)。在 2 年给药研究中，大鼠未观察
到有害作用剂量水平（NOAEL）为 3.4mg/(kg·d)，观察到有害作用最低剂量
水平（LOAEL）为 9mg/(kg·d)。在对应的最高剂量水平下，小鼠和大鼠都没有
表现出相关的致癌性[23]。

嘧菌酯对小鼠和大鼠有慢性毒性，没有致癌性。在 2 年给药研究中，小鼠未
观察到有害作用剂量水平（NOAEL）为 37.5mg/(kg·d)，观察到有害作用最低

剂量水平（LOAEL）为 272.4mg/(kg·d)。在 2 年给药研究中，大鼠未观察到有害作用剂量水平（NOAEL）为 18.2mg/(kg·d)，观察到有害作用最低剂量水平（LOAEL）为 34mg/(kg·d)。在对应的最高剂量水平下，小鼠和大鼠都没有表现出与致癌性的相关性[24]。

肟菌酯对小鼠和大鼠有慢性毒性，没有致癌性。在 1.5 年的研究中，小鼠未观察到有害作用剂量水平（NOAEL）为 36mg/(kg·d)，观察到有害作用最低剂量水平（LOAEL）为 124mg/(kg·d)，高剂量水平下，小鼠出现肝脏重量增加等症状。在 2 年的研究中，大鼠未观察到有害作用剂量水平（NOAEL）为 30mg/(kg·d)，观察到有害作用最低剂量水平（LOAEL）为 62mg/(kg·d)，大鼠出现肝脏、肾脏重量增加等症状。在对应的最高剂量水平下，小鼠和大鼠都没有表现出与致癌性的相关性[25]。

4.3.7　琥珀酸脱氢酶抑制剂（SDHIs)-酰胺类杀菌剂

研究人员以小鼠和大鼠为受试动物，对吡唑萘菌胺、氟唑环菌胺及氟吡菌酰胺的慢性毒性和致癌性进行了长期研究，结果表明，三种杀菌剂对小鼠和大鼠有慢性毒性，部分药有致癌性，主要数据如表 4-27 所示。

表 4-27　琥珀酸脱氢酶抑制剂-酰胺类杀菌剂慢性毒性和致癌毒性数据

农药名称	受试动物	试验类别	试验时长/年	NOAEL /[mg/(kg·d)]	LOAEL /[mg/(kg·d)]	病理部位	致癌性	参考文献
吡唑萘菌胺	小鼠	慢性毒性	1.5	9.9	56.2	脾脏、肝脏	无	[31]
		致癌性		432.6	—			
	大鼠	慢性毒性	2	5.5	27.6	脑、肝脏	有（雌）	
		致癌性		34.9	232.8			
氟唑环菌胺	小鼠	慢性毒性	1.5	157	900	肝脏	有（雄）	[32]
		致癌性		157	900			
	大鼠	慢性毒性	2	11	67	肝脏、子宫、甲状腺等	有（雌）	
		致癌性		86	218			
氟吡菌酰胺	小鼠	慢性毒性	1.5	4.2	20.9	—	无	[33]
		致癌性		20.9	105			
	大鼠	慢性毒性	2.5	1.2	60	肝脏、甲状腺	无	
		致癌性		8.6	89			

吡唑萘菌胺对小鼠和大鼠有慢性毒性，对小鼠没有致癌性，对大鼠有致癌性。在 1.5 年给药研究中，小鼠未观察到有害作用剂量水平（NOAEL）为 9.9mg/

(kg·d)，观察到有害作用最低剂量水平（LOAEL）为 56.2mg/(kg·d)，当剂量水平≥LOAEL，小鼠脾脏重量减少，肝脏重量增加，体重增加减少，在最高剂量水平下，也没有表现出与癌症有关的相应症状。在 2 年给药研究中，大鼠慢性毒性的未观察到有害作用剂量水平为 5.5mg/(kg·d)，观察到有害作用最低剂量水平为 27.6mg/(kg·d)；致癌性的未观察到有害作用剂量水平为 34.9mg/(kg·d)，观察到有害作用最低剂量水平为 232.8mg/(kg·d)，在试验的最高剂量水平下，吡唑萘菌胺对雌性大鼠有致癌性（肝细胞腺瘤）[30]。

氟唑环菌胺对小鼠和大鼠有慢性毒性，也有致癌性。在 1.5 年给药研究中，小鼠未观察到有害作用剂量水平为 157mg/(kg·d)，观察到有害作用最低剂量水平为 900mg/(kg·d)，高剂量［900mg/(kg·d)］的雄性小鼠中肝细胞腺瘤和癌的发生率略有增加。在 2 年的研究中，大鼠慢性毒性的未观察到有害作用剂量水平为 11mg/(kg·d)，观察到有害作用最低剂量水平为 67mg/(kg·d)，当剂量水平超过 LOAEL，大鼠的肝脏、甲状腺等组织会发生病理变化；大鼠致癌性的未观察到有害作用剂量水平为 86mg/(kg·d)，观察到有害作用最低剂量水平为 218mg/(kg·d)，高剂量水平下，雌鼠子宫瘤的发病率增加[31]。

氟吡菌酰胺对小鼠和大鼠有慢性毒性，没有致癌性。在 1.5 年给药研究中，小鼠未观察到有害作用剂量水平为 4.2mg/(kg·d)，观察到有害作用最低剂量水平（LOAEL）为 20.9mg/(kg·d)。在 2 年给药研究中，大鼠未观察到有害作用剂量水平为 1.2mg/(kg·d)，观察到有害作用最低剂量水平为 6.0mg/(kg·d)，当剂量水平≥LOAEL，大鼠出现肝脏肥大等相关症状[32]。

4.3.8 嘧啶类除草剂

研究人员以小鼠和大鼠为受试动物，对嘧啶类除草剂-苯嘧磺草胺、氟丙嘧草酯的慢性毒性和致癌性进行了长期研究，结果表明，两种除草剂对小鼠和大鼠有慢性毒性，没有致癌性，主要数据如表 4-28 所示。

表 4-28　嘧啶类除草剂慢性毒性和致癌毒性数据

农药名称	受试动物	试验类别	试验时长/年	NOAEL /[mg/(kg·d)]	LOAEL /[mg/(kg·d)]	病理部位	致癌性	参考文献
苯嘧磺草胺	小鼠	慢性毒性	1.33	4.6	13.8	—	无	[38]
		致癌性		13.8	—			
	大鼠	慢性毒性	2	6.2	24.2	—	无	
		致癌性		24.2	—			

续表

农药名称	受试动物	试验类别	试验时长/年	NOAEL /[mg/(kg·d)]	LOAEL /[mg/(kg·d)]	病理部位	致癌性	参考文献
氟丙嘧草酯	小鼠	慢性毒性	1.5	1.7、1.2（雄、雌）	6.96、6.95（雄性、雌性）	肝脏	无	[54]
		致癌性		6.96、6.95（雄、雌）	—			
	大鼠	慢性毒性	2	3.76、4.43（雄、雌）	11.4、13.0（雄性、雌性）	—	无	
		致癌性		11.4、13.0（雄、雌）	—			

苯嘧磺草胺对小鼠和大鼠均具有慢性毒性，没有致癌性。在 16 个月（约等于 1.33 年）的研究中，小鼠未观察到有害作用剂量水平（NOAEL）为 4.6mg/(kg·d)，观察到有害作用最低剂量水平（LOAEL）为 13.8mg/(kg·d)。在 2 年的研究中，大鼠慢性毒性的未观察到有害作用剂量水平为 6.2mg/(kg·d)，观察到有害作用最低剂量水平为 24.2mg/(kg·d)；致癌性的未观察到有害作用剂量水平为 24.2mg/(kg·d)[38]。

氟丙嘧草酯对小鼠和大鼠有慢性毒性，没有致癌性。在 1.5 年的研究中，小鼠未观察到有害作用剂量水平为 1.17、1.2（雄性、雌性）mg/(kg·d)，观察到有害作用最低剂量水平为 6.96、6.59（雄性、雌性）mg/(kg·d)。在 2 年的研究中，大鼠慢性毒性的未观察到有害作用剂量水平为 3.76、4.43（雄性、雌性）mg/(kg·d)，观察到有害作用最低剂量水平为 11.4、13.0（雄性、雌性）mg/(kg·d)；致癌性的未观察到有害作用剂量水平为 11.4、13.0（雄性、雌性）mg/(kg·d)[55]。

4.3.9 N-苯基酞酰亚胺类除草剂

研究人员以小鼠和大鼠为受试动物，以 N-苯基酞酰亚胺类除草剂氟烯草酸为例，对其慢性毒性和致癌性进行了长期研究，结果表明，氟烯草酸对大鼠有慢性毒性，对小鼠和大鼠都没有致癌性，主要数据如表 4-29 所示。

表 4-29　N-苯基酞酰亚胺类除草剂慢性毒性和致癌毒性数据

农药名称	受试动物	试验类别	试验时长/年	NOAEL/[mg/(kg·d)]	LOAEL/[mg/(kg·d)]	病理部位	致癌性	参考文献
氟烯草酸	小鼠	慢性毒性	1.5	—	—	—	无	[55]
		致癌性		731.4、850.2（雄性、雌性）	—			
	大鼠	慢性毒性	2	360.4、43.6（雄性、雌性）	744.9、443.8（雄性、雌性）	肾脏	无	
		致癌性		744.9、443.8（雄性、雌性）	—			

氟烯草酸对大鼠有慢性毒性，对小鼠和大鼠没有致癌性。在 1.5 年的研究中，小鼠未观察到有害作用剂量水平为 731.4、850.2mg/（kg·d），此时已是试验最高剂量水平。在 2 年的研究中，大鼠慢性毒性的未观察到有害作用剂量水平为 360.4、43.6（雄性、雌性）mg/（kg·d），观察到有害作用最低剂量水平（LOAEL）为 744.9、443.8（雄性、雌性）mg/（kg·d）；致癌性的未观察到有害作用剂量水平为 744.9、443.8（雄性、雌性）mg/（kg·d），此时已是试验的最高剂量水平[55]。

4.3.10　芳基吡啶类除草剂

研究人员以小鼠和大鼠为受试动物，以芳基吡啶类除草剂氟氯吡啶酯为例，对其慢性毒性和致癌性进行了长期研究，结果表明，氟氯吡啶酯对大鼠有慢性毒性，对小鼠和大鼠都没有致癌性，主要数据如表 4-30 所示。

表 4-30　芳基吡啶类除草剂慢性毒性和致癌毒性数据

农药名称	受试动物	试验类别	试验时长/年	NOAEL/(mg/kg)/d	LOAEL/(mg/kg)/d	病理部位	致癌性	参考文献
氟氯吡啶酯	小鼠	慢性毒性	—	—	—	—	—	[40]
		致癌性		—	—			
	大鼠	慢性毒性	2	101、20.3（雄性、雌性）	404、102（雄性、雌性）	肾脏	无	
		致癌性		404、102（雄性、雌性）	—			

氟氯吡啶酯对大鼠有慢性毒性，没有致癌性。在 2 年的研究中，大鼠慢性毒性的未观察到有害作用剂量水平（NOAEL）为 101、20.3（雄性、雌性）mg/(kg·d)，观察到有害作用最低剂量水平（LOAEL）为 404、102（雄性、雌性）mg/(kg·d)；致癌性的未观察到有害作用剂量水平为 404、102（雄性、雌性）mg/(kg·d)，此时已是试验的最高剂量水平[40]。

4.4 绿色农药品种的致畸、繁殖和发育毒性效应

4.4.1 多杀菌素微生物源杀虫剂

4.4.1.1 多杀菌素（spinosad）

多杀菌素致畸、繁殖和发育毒性效应状况数据见表 4-31。

对多杀菌素的生殖毒性在大鼠两代中进行了研究，在饮食浓度为 100mg/(kg·d) 的恒定剂量（测试的最高剂量）时，繁殖毒性的 NOAEL 为 10mg/(kg·d)。研究表明，多杀菌素在推荐使用剂量下对大鼠的繁殖毒性较低，未发现明显的繁殖系统损害。

在一项对大鼠发育毒性的研究中，在 50mg/(kg·d)、100mg/(kg·d)、200mg/(kg·d) 剂量时，大鼠母体毒性的 NOAEL 为 50mg/(kg·d)，发育毒性的 NOAEL 为 200mg/(kg·d)，这也是测试的最高剂量。

在一项对兔子发育毒性的研究中，在妊娠的第 7～19 天给予 50mg/(kg·d) 的多杀菌素可得出母体毒性的 NOAEL 为 10mg/(kg·d)，胚胎和幼崽毒性的 NOAEL 为 50mg/(kg·d)，这也是测试的最高剂量[1]。

4.4.1.2 乙基多杀菌素（spinetoram）

在大鼠和家兔中研究了乙基多杀菌素的发育毒性，结果可知在大鼠中发育毒性的胚胎毒性 NOAEL 为 300mg/(kg·d)，这是测试的最高剂量。

繁殖影响在一项两代大鼠研究中进行了调查，在最高剂量［75mg/(kg·d)］下，雄鼠和雌鼠的其他生殖能力指标都没有受到影响。亲代、繁殖和后代毒性的 NOAEL 为 10mg/(kg·d)。

由兔子发育毒性的初步研究知，从处理期开始，给予 150mg/(kg·d) 和 100mg/(kg·d) 剂量的，母兔出现饲料消耗量减少、粪便排出量减少和体重增加量减少的现象，两组中没有其他临床现象发现。对体重和粪便排出量的影响与饲料消耗量的显著和持续下降有关，最有可能是对胃肠道局部刺激的结果。由于严

重的营养不良和随后的体重减轻，这些组的所有兔子在妊娠第 15 天死亡，故没有进一步的数据收集[2]。

表 4-31　多杀菌素、乙基多杀菌素致畸、繁殖和发育毒性数据

农药名称	受试动物	试验类别	方法剂量	LOAEL	参考文献
多杀菌素	大鼠	繁殖毒性	100mg/(kg·d) 的恒定剂量（饮食）	10mg/(kg·d)	[1]
		母体及发育毒性	50、100、200mg/(kg·d)	50mg/(kg·d)（母体）、200mg/(kg·d)	
	兔子	发育毒性	50mg/(kg·d)（妊娠的第7~19天）	10mg/(kg·d)（母体）、50mg/(kg·d)（胚胎及幼崽）	
乙基多杀菌素	大鼠	发育毒性	300mg/(kg·d)（最高剂量）	300mg/(kg·d)	[2]
		繁殖毒性	75mg/(kg·d)	10mg/(kg·d)	
	兔子	发育毒性	150mg/(kg·d)、100mg/(kg·d)	粪便排出量减少和体重增加量减少，所有兔子在妊娠第15天死亡	

4.4.2　防治刺吸式口器害虫非烟碱类杀虫剂

防治刺吸式口器害虫非烟碱类杀虫剂致畸、繁殖和发育毒性效应状况数据见表 4-32。

表 4-32　防治刺吸式口器害虫非烟碱类杀虫剂致畸、繁殖和发育毒性数据

农药名称	受试动物	试验类别	方法剂量	NOAEL	参考文献
氟啶虫酰胺	大鼠	繁殖毒性	0、50、300、1800mg/kg 的饮食浓度[雄性为 0、3.7、22.3、133mg/(kg·d)，雌性为 0、4.4、26.5、153mg/(kg·d)]	133mg/(kg·d)	[3]
		发育毒性	0、30、100、300、1000mg/(kg·d)（灌胃剂量）	100mg/(kg·d)	
	兔子	发育毒性	0、2.5、7.5、25mg/(kg·d)	7.5mg/(kg·d)	
螺虫乙酯	大鼠	繁殖毒性	1000mg/(kg·d)（最高剂量）	140mg/(kg·d)	[4]
	大鼠	生殖毒性	1000mg/(kg·d)（最高剂量）	169mg/(kg·d)	

4.4.2.1　氟啶虫酰胺（flonicamid）

一项对大鼠的生殖毒性研究，测试了 0、50、300 和 1800mg/kg 的饮食浓度

［雄性为 0、3.7、22.3 和 133mg/（kg·d），雌性为 0、4.4、26.5 和 153mg/（kg·d）］，父体、母体毒性的 NOAEL 为 300mg/kg［相当于 22.3mg/（kg·d）］，子代毒性的 NOAEL 为 300mg/kg［相当于 26.5mg/（kg·d）］，繁殖毒性的 NOAEL 为 1800mg/kg［相当于 133mg/（kg·d）］。

在一项对大鼠发育毒性研究中，测试了 0、30、100、300 和 1000mg/（kg·d）的氟啶虫酰胺灌胃剂量，在 1000mg/（kg·d）时，体重增加，饲料消耗减少。在测试的最高剂量下，没有出现外观畸形。在一项对大鼠的发育毒性研究中，测试了灌胃氟啶虫酰胺剂量为 0、20、100 和 500mg/（kg·d），母体毒性的 NOAEL 为 100mg/（kg·d），胚胎和胎儿毒性的 NOAEL 为 100mg/（kg·d）。

在一项对兔子的发育毒性研究中，试验了 0、2.5、7.5 和 25mg/（kg·d）的氟啶虫酰胺灌胃剂量，母体毒性的 NOAEL 为 7.5mg/（kg·d），胚胎和幼崽毒性的 NOAEL 为 7.5mg/（kg·d）[3]。

4.4.2.2　螺虫乙酯（spirotetramat）

在一项大鼠发育毒性研究中，每天 1000mg/（kg·d）剂量下，观察到主要由体重增加或减少构成的母体影响，这种影响与后代体重减少、胎儿体重减轻、骨化延迟以及胎儿出现畸形的频率略有增加相关性。母体毒性的 NOAEL 为 140mg/（kg·d），发育毒性的 NOAEL 为 140mg/（kg·d）。

螺虫乙酯对睾丸和精子产生毒性，高剂量会影响大鼠的繁殖能力。对睾丸和精子影响的 NOAEL 为 169mg/（kg·d）[4]。

4.4.3　新烟碱类杀虫剂

氟吡呋喃酮和三氟苯嘧啶致畸、繁殖和发育毒性效应状况数据见表 4-33。

4.4.3.1　氟吡呋喃酮（flupyradifurone）

在一项大鼠两代繁殖毒性研究中，饲喂了 0、100、500 和 1800mg/kg 的氟吡呋喃酮浓度［雄性分别相当于 0、6.5、32.3 和 119.8mg/（kg·d），雌性分别相当于 0、7.8、39.2 和 140.2mg/（kg·d）］，繁殖毒性的 NOAEL 为 500mg/kg［相当于 39.2mg/（kg·d）］。

在一项对大鼠的发育毒性研究中，从妊娠第 6～20 天，0、15、50 和 150mg/（kg·d）的剂量与 0、20 和 30mg/（kg·d）的剂量研究，发育毒性研究得出的母体及胚胎和胎儿毒性的 NOAEL 均为 50mg/（kg·d）。

在一项对兔子进行的发育毒性研究中，测试了 0、7.5、15 和 40mg/（kg·d）的氟吡呋喃酮灌胃剂量，母体毒性的 NOAEL 为 15mg/（kg·d），胚胎和幼崽毒性的 NOAEL 为 40mg/(kg·d)，是测试的最高剂量[6]。

4.4.3.2　三氟苯嘧啶（triflumezopyrim）

在对大鼠繁殖毒性研究中，以 0、100、500、1500 或 3000mg/kg [相当于 0、7、35、105 和 210mg/(kg·d)] 的饮食剂量给予三氟苯嘧啶，生殖毒性的 NOAEL 为 3000mg/kg [相当于 210mg/(kg·d)]，这是测试的最高剂量。

在一项大鼠发育毒性研究中，在妊娠第 6~20d，通过经口灌胃以 0、25、50、100 和 200mg/(kg·d) 的剂量水平给予三氟苯嘧啶，母体毒性的 NOAEL 为 100mg/(kg·d)，胚胎及幼崽毒性的 NOAEL 为 50mg/(kg·d)[7]。

表 4-33　新烟碱类杀虫剂致畸、繁殖和发育毒性数据

农药名称	受试动物	试验类别	方法剂量	NOAEL	参考文献
氟吡呋喃酮	大鼠	繁殖毒性	0、100、500 和 1800mg/kg 雄性相当于 0、6.5、32.3 和 119.8mg/(kg·d)，雌性相当于 0、7.8、39.2 和 140.2mg/(kg·d)	39.2mg/(kg·d)	[6]
	大鼠	发育毒性	妊娠第 6 天到第 20 天 0、15、50、150mg/(kg·d)（灌胃剂量）	50mg/(kg·d)	
	兔子	发育毒性	0、7.5、15 和 40mg/(kg·d)（灌胃剂量）	15mg/(kg·d)（母体）40mg/(kg·d)（胚胎及幼崽）	
三氟苯嘧啶	大鼠	繁殖毒性	0、7、35、105 和 210mg/(kg·d)	210mg/(kg·d)	[7]
	大鼠	发育毒性	0、25、50、100 和 200mg/(kg·d)（经口灌胃）（妊娠第 6~20 天）	100mg/(kg·d)（母体）50mg/(kg·d)（胚胎及幼崽）	

4.4.4　双酰胺类杀虫剂

双酰胺类杀虫剂致突变性、致畸、繁殖和发育毒性效应数据见表 4-34。

4.4.4.1　氯虫苯甲酰胺（chlorantraniliprole）

在一项氯虫苯甲酰胺大鼠发育毒性研究中，母体和胎儿毒性的 NOAEL 为 1000mg/(kg·d)，这是测试的最高剂量。在一项对兔子发育毒性的研究中，母体和胎儿毒性的 NOAEL 为 1000mg/(kg·d)，这是测试的最高剂量。

表 4-34 双酰胺类杀虫剂致畸、繁殖和发育毒性数据

农药名称	受试动物	试验类别	方法剂量	NOAEL	参考文献
氯虫苯甲酰胺	大鼠	发育毒性	1000mg/(kg·d)（最高剂量）	1000mg/(kg·d)	[8]
	兔子	发育毒性	1000mg/(kg·d)（最高剂量）	1000mg/(kg·d)	
	大鼠	繁殖毒性	1199mg/(kg·d)（最高剂量）	1199mg/(kg·d)	
溴氰虫酰胺	大鼠	繁殖毒性	0、20、200、2000、20000mg/kg	11.0mg/(kg·d)（母体） 280mg/(kg·d)（幼崽）	[9]
	大鼠	发育毒性	0、20、100、300、1000mg/(kg·d)	1000mg/(kg·d)	
	兔子	发育毒性	0、25、100、250、500mg/(kg·d)	25mg/(kg·d)（母体） 100mg/(kg·d)（胚胎及幼崽）	
氟苯虫酰胺	大鼠	繁殖毒性	162mg/(kg·d)（最高剂量）	15mg/(kg·d)	[11]
	兔子	发育毒性	1000mg/(kg·d)（最高剂量）	1000mg/(kg·d)	
环溴虫酰胺	大鼠	繁殖毒性	0、41.2、245、1683mg/(kg·d)（雄性）；0、45.6、274、1835mg/(kg·d)（雌性）	1683mg/(kg·d)	[12]
	大鼠	发育毒性	0、100、300、1000mg/(kg·d)（灌胃）（妊娠第6～19d）	1000mg/(kg·d)	
	兔子	发育毒性	0、100、300、1000mg/(kg·d)（灌胃）（妊娠第6～27d）	1000mg/(kg·d)	
四唑虫酰胺	大鼠	发育毒性	1000mg/(kg·d)（最高剂量）	1000mg/(kg·d)	[13]
溴虫氟苯双酰胺	大鼠	发育毒性	1000mg/(kg·d)（最高剂量）	1000mg/(kg·d)	[57]
	兔子	发育毒性	1000mg/(kg·d)（最高剂量）	1000mg/(kg·d)	

在氯虫苯甲酰胺对大鼠的两代繁殖毒性研究中，对亲代、后代和繁殖毒性的 NOAEL 为 20000mg/kg，相当于 1199mg/(kg·d)，这是测试的最高剂量。在适当范围的氯虫苯甲酰胺的体外和体内遗传毒性研究中，没有发现其遗传毒性的证据[8]。

4.4.4.2 溴氰虫酰胺 (cyantraniliprole)

在一项繁殖毒性研究中，大鼠被饲喂给予浓度为 0、20、200、2000 和 20000mg/kg 的溴氰虫酰胺 [在亲代中：雄性大鼠分别相当于 0、1.1、11.0、110 和 1125mg/(kg·d)，交配前雌性大鼠分别相当于 0、1.4、13.9、136 和 1344mg/(kg·d)，在 F 代中：分别相当于雄性 0、1.4、14.6、150.8 和 1583mg/(kg·d)，交配前雌性 0、1.9、20.1、203 和 2125mg/(kg·d)，妊娠期雌性 0、1.4、14.7、149 和 1518mg/(kg·d)，以及 0、2.7、27.4、277 和 2769mg/kg]，母体毒性的 NOAEL 为 200mg/kg [相当于 11.0mg/(kg·d)]，生殖毒性的 NOAEL 为 20000mg/kg [相当于 1344mg/(kg·d)]，这是测试的最高剂量，后代毒性的 NOAEL 为 2000mg/kg [相当于 280mg/(kg·d)，P 代和 F_1 代母鼠哺乳期的平均值]。

在一项对大鼠进行的发育毒性研究中，给药剂量为 0、20、100、300 和 1000mg/(kg·d)，大鼠母体和胚胎/胎儿毒性的 NOAEL 为 1000mg/(kg·d)，这是测试的最高剂量。

在一项对兔子进行的发育毒性研究中，以 0、25、100、250 和 500mg/(kg·d) 的剂量给药，可得出胚胎及幼崽毒性的 NOAEL 为 100mg/(kg·d)。

研究未发现溴氰虫酰胺对大鼠和兔子存在致畸效应[9]。

4.4.4.3 氟苯虫酰胺 (flubendiamide)

对氟苯虫酰胺大鼠繁殖毒性的一代和两代研究中，亲代毒性的总体 NOAEL 为 50mg/kg [相当于 3.9mg/(kg·d)]，后代毒性的总体 NOAEL (来自一代和两代繁殖毒性研究的综合数据) 为 200mg/kg [相当于 15mg/(kg·d) (母体化合物摄入量)]。

在一项对兔子的发育研究中，母体毒性的 NOAEL 为 100mg/(kg·d)。发育毒性的 NOAEL 为 1000mg/(kg·d)，这是测试的最高剂量。没有证据表明氟苯虫酰胺对大鼠或兔子有致畸作用[11]。

4.4.4.4 环溴虫酰胺 (cyclaniliprole)

在对大鼠进行的两代繁殖毒性研究中，测试了 0、500、3000 或 20000mg/kg 的环溴虫酰胺饮食浓度 [相当于雄性大鼠 0、41.2、245 和 1683mg/(kg·d)，雌性为 0、45.6、274 和 1835mg/(kg·d)]，繁殖毒性、亲代毒性和后代毒性的 NOAEL 为 20000mg/kg [相当于 1683mg/(kg·d)]，这是测试的最高剂量。

在一项大鼠发育毒性研究中，从妊娠第 6 天到第 19 天，灌胃剂量为 0、100、

300 或 1000mg/（kg·d）的环溴虫酰胺，母体和胚胎/胎儿毒性的 NOAEL 为 1000mg/（kg·d），这是测试的最高剂量。

在对兔子进行的发育毒性研究中，从妊娠第 6 天到第 27 天，以 0、100、300 或 1000mg/（kg·d）的灌胃剂量测试了环溴虫酰胺，母体毒性和胚胎/胎儿毒性的 NOAEL 为 1000mg/（kg·d），这是测试的最高剂量。故得出结论认为，环溴虫酰胺不会造成畸形[12]。

4.4.4.5 四唑虫酰胺（tetraniliprole）

在大鼠二代繁殖毒性试验中，对四唑虫酰胺耐受性良好，没有与之相关的死亡率或严重的不良反应，繁殖无影响；在大鼠和兔子的发育毒性研究中，以最高剂量 1000mg/（kg·d）对大鼠和兔子给药时，未观察到母体和胎儿毒性[13]。

4.4.4.6 溴虫氟苯双酰胺（broflanilide）

在溴虫氟苯双酰胺对大鼠和兔子发育毒性研究中，在 1000mg/（kg·d）（测试的最高剂量）的剂量下未发现母体毒性和对子代发育造成影响[57]。

4.4.5 麦角甾醇生物合成抑制剂（EBIs)-三唑类杀菌剂

麦角甾醇生物合成抑制剂（EBIs)-三唑类杀菌剂致突变性、致畸、繁殖和发育毒性效应状况数据见表 4-35。

4.4.5.1 戊唑醇（tebuconazole）

在一项两代大鼠繁殖毒性研究中，生殖参数在 1000mg/kg［相当于 72.3mg/（kg·d）］的剂量下没有受到影响，母体系统毒性和后代毒性的 NOAEL 为 300mg/kg［相当于 21.6mg/（kg·d）］。

在几项通过经口饲喂法对大鼠和兔子进行的发育毒性研究中，母体毒性的总体 NOAEL 为 30mg/（kg·d）。研究得出结论，戊唑醇在大鼠和兔子具有母体毒性的剂量下会引起发育毒性和致畸作用[16]。

4.4.5.2 己唑醇（hexaconazole）

在一项大鼠毒性发育研究中，对妊娠的雌性大鼠经口灌胃 0、2.5、25、250mg/（kg·d）剂量的己唑醇。根据第 7 颈椎横突的延迟骨化和第 14 根肋骨的增生，发育毒性的 NOAEL 为 2.5mg/（kg·d），LOAEL 为 25mg/（kg·d）；在 250mg/（kg·d）剂量下，胎儿在子宫内死亡的概率显著增加[48]。

4.4.5.3 丙硫菌唑（prothioconazole）

在一项大鼠产前发育毒性研究中，测试了 0、30、150、750mg/（kg·d）的丙硫菌唑剂量，得出母体的 NOAEL 为 150mg/（kg·d），发育毒性的 NOAEL 小于

30mg/（kg·d）。在一项兔子产前发育毒性研究中，测试了 0、2、10、50mg/（kg·d）的丙硫菌唑剂量，母体的 NOAEL 为 10mg/（kg·d），发育毒性的 NOAEL 为 2mg/（kg·d）[18]。

4.4.5.4　叶菌唑（metconazole）

在一项兔子的发育毒性中，测试了 0、5、10、20、40mg/(kg·d) 的叶菌唑的剂量，得出发育毒性的 NOAEL 为 20mg/(kg·d)。在一项叶菌唑对大鼠繁殖毒性研究中，得出繁殖毒性 NOAEL 为 9.8、10.8mg/(kg·d)[19]。

4.4.5.5　苯醚甲环唑（difenoconazole）

对苯醚甲环唑的大鼠繁殖毒性和大鼠、家兔发育毒性进行了研究，繁殖功能的 NOAEL 为 2500mg/kg，相当于 132.1mg/(kg·d)，这是测试的最高剂量。

在一项发育毒性研究中，大鼠在妊娠的第 6～15 天通过经口灌胃给予苯醚甲环唑，母体毒性的 NOAEL 为 20mg/(kg·d)，幼崽毒性的 NOAEL 为 100mg/(kg·d)。

在一项兔子发育毒性研究中，兔子在妊娠的第 7～19 天通过经口灌胃给予苯醚甲环唑，发育毒性的 NOAEL 为 75mg/(kg·d)，这是测试的最高剂量[20]。

4.4.5.6　氟环唑（epoxiconazole）

产前暴露氟环唑对大鼠产后发育的影响研究中[58]，当大鼠在两个不同的发育阶段暴露于氟环唑（50、100 和 150mg/kg）时，检测了氟环唑的影响：在妊娠的前 6 天或器官形成期（6～15 天），分娩后，测试幼崽的生长和成熟过程。母体暴露于氟环唑导致幼鼠阴道开口的平均时间显著提前，睾丸下降的时间延迟。在测试的暴露期内，幼崽和它们的母体的体重增加率没有受到影响。这项研究的结果强调，母体暴露于氟环唑可能导致哺乳期幼鼠的发育模式发生改变。

表 4-35　麦角甾醇生物合成抑制剂（EBIs）-三唑类杀菌剂致畸、繁殖和发育毒性数据

农药名称	受试动物	试验类别	方法剂量	NOAEL	参考文献
戊唑醇	大鼠	繁殖毒性	72.3mg/(kg·d)（最高剂量）	21.6mg/(kg·d)	[16]
	大鼠、兔子	发育毒性	—	30mg/(kg·d)	
丙硫菌唑	兔子	发育毒性	0、30、150、750mg/(kg·d)	2mg/(kg·d)	[18]
	大鼠	发育毒性	0、2、10、50mg/(kg·d)	<30mg/(kg·d)	

续表

农药名称	受试动物	试验类别	方法剂量	NOAEL	参考文献
叶菌唑	兔子	发育毒性	0、5、10、20、40mg/(kg·d)	20mg/(kg·d)	[19]
	大鼠	繁殖毒性	雄性/雌性：0/0、2/2、10.8/10.6、53.2/53.0mg/(kg·d)	9.8、10.8mg/(kg·d)（雄、雌）	
苯醚甲环唑	大鼠	繁殖毒性	132.1mg/(kg·d)（最高剂量）	132.1mg/(kg·d)	[20]
	大鼠	发育毒性	—	20mg/(kg·d)（母体）100mg/(kg·d)（幼崽）	
	兔子	发育毒性	75mg/(kg·d)（最高剂量）	75mg/(kg·d)	

4.4.6 甲氧基丙烯酸酯类杀菌剂

甲氧基丙烯酸酯类杀菌剂致突变性、致畸、繁殖和发育毒性效应状况数据见表 4-36。

4.4.6.1 吡唑醚菌酯（pyraclostrobin）

在一项大鼠繁殖毒性研究中，对繁殖能力影响的 NOAEL 为 300mg/kg［相当于 33mg/(kg·d)］，这是测试的最高剂量。

对兔子和大鼠分别进行了发育毒性研究知，兔子发育母体毒性的 NOAEL 为 3mg/(kg·d)，胚胎及胎儿毒性的 NOAEL 为 5mg/(kg·d)，大鼠发育母体毒性的 NOAEL 为 10mg/(kg·d)，胚胎及胎儿毒性的 NOAEL 为 25mg/(kg·d)，吡唑醚菌酯对大鼠和兔子都没有致畸作用[23]。

4.4.6.2 嘧菌酯（azoxystrobin）

在一项两代繁殖毒性研究中，繁殖参数在最高试验剂量 1500mg/kg［相当于 165.4mg/(kg·d)］下没有受到影响。母体全身毒性的 NOAEL 为 300mg/kg，相当于 32.3mg/(kg·d)，后代毒性的 NOAEL 为 300mg/kg，相当于 32.3mg/(kg·d)。

在一项关于大鼠两代发育毒性的研究中，母体发育毒性的 NOAEL 为 100mg/(kg·d)，这是试验的最高剂量。

在一项兔子的发育毒性研究中，兔子母体毒性的 NOAEL 为 150mg/(kg·d)，兔子发育毒性的 NOAEL 为 500mg/(kg·d)，这是试验的最高剂量。

在大鼠和兔子中，最高剂量分别为 300、500mg/(kg·d) 时，嘧菌酯没有胚胎毒性、胎儿毒性或致畸作用[24]。

4.4.6.3 肟菌酯 (trifloxystrobin)

在对肟菌酯的繁殖毒性研究中，以 55、111mg/(kg·d) 剂量的肟菌酯对大鼠进行试验，繁殖毒性的 NOAEL 为 111mg/(kg·d)。

分别以 1000、500mg/(kg·d) 的剂量对大鼠和兔子进行试验时，大鼠发育毒性的 NOAEL 为 100mg/(kg·d)，兔子发育毒性的 NOAEL 为 250mg/(kg·d)，得出肟菌酯对大鼠和兔子没有致畸作用[25]。

表 4-36　甲氧基丙烯酸酯类杀菌剂致畸、繁殖和发育毒性数据

农药名称	受试动物	试验类别	方法剂量	NOAEL	参考文献
吡唑醚菌酯	大鼠	繁殖毒性	33mg/(kg·d)（最高剂量）	33mg/(kg·d)	[23]
	兔子	发育毒性	—	3mg/(kg·d)（母）、5mg/(kg·d)（胚胎及胎儿）	
	大鼠	发育毒性	—	10mg/(kg·d)（母）、25mg/(kg·d)（胚胎及胎儿）	
嘧菌酯	大鼠	繁殖毒性	165.4mg/(kg·d)（最高剂量）	32.3mg/(kg·d)	[24]
	大鼠	发育毒性	100mg/(kg·d)	100mg/(kg·d)	
	兔子	发育毒性	500mg/(kg·d)（测试最高剂量）	100mg/(kg·d)（母）、500mg/(kg·d)（胚胎及胎儿）	
肟菌酯	大鼠	繁殖毒性	55、111mg/(kg·d)	111mg/(kg·d)	[25]
	大鼠	发育毒性	500、1000mg/(kg·d)	100mg/(kg·d)	
	兔子	发育毒性	500、1000mg/(kg·d)	250mg/(kg·d)	

4.4.7　琥珀酸脱氢酶抑制剂 (SDHIs)-酰胺类杀菌剂

琥珀酸脱氢酶抑制剂 (SDHIs)-酰胺类杀菌剂致突变性、致畸、繁殖和发育毒性效应状况数据见表 4-37。

4.4.7.1 氟唑菌酰羟胺 (pydiflumetofen)

在两代繁殖研究中[59]，不仅母鼠体重下降，大鼠幼崽在哺乳期间也表现出显著的体重减轻，这种现象一直持续到断奶和成年期。在发育研究中，没有证据表明氟唑菌酰羟胺暴露于妊娠期大鼠或兔子后，对幼崽发育造成体重下降以外的影响。

4.4.7.2 氟唑菌苯胺 (penflufen)

肝脏和甲状腺是氟唑菌苯胺[60]的靶器官，在发育毒性研究（大鼠和兔子）中没有发现定量或定性敏感性的证据。在大鼠或兔子研究中未观察到发育毒性（这些研究没有测试到极限剂量）。

4.4.7.3 苯并烯氟菌唑 (benzovindiflupyr)

苯并烯氟菌唑[61]在发育毒性研究中对大鼠胎儿产生影响（即胎儿体重降低和骨化延迟），但仅在母体毒性剂量下发生。在兔子发育研究中，在测试的最高剂量下，母体和幼崽都没有不良反应。在繁殖研究中，后代效应发生在高于引起亲代效应的剂量时；因此，大鼠幼崽的敏感性没有数量增加。有迹象表明大鼠的繁殖毒性，例如卵泡计数减少，但这些影响并未导致生育能力降低。

4.4.7.4 啶酰菌胺 (boscalid)

在一项大鼠发育试验研究中，啶酰菌胺[62]在测试的最高剂量下，胎儿未观察到发育毒性。在一项对兔子的发育毒性研究中，观察到在限度剂量下流产或早产的发生率增加。在大鼠的繁殖试验研究中，有定量证据表明易感性增加，在低于诱导亲代/全身毒性的剂量下，雄性后代的体重和体重增加减少。

4.4.7.5 联苯吡菌胺 (bixafen)

对大鼠进行的产前发育研究显示，联苯吡菌胺[63]在一定剂量下，胎儿体重下降，对母鼠没有不良影响。同样，对兔子的产前发育研究表明，在没有母体毒性的情况下，胎儿体重下降。然而，在大鼠二代繁殖研究中，在相同的剂量水平下，出现了亲代毒性（体重下降，肝重量增加、小叶中心和弥漫性肥大）和后代毒性（F_1 和 F_2 幼崽体重下降）。

4.4.7.6 吡唑萘菌胺 (isopyrazam)

在一项两代大鼠繁殖试验研究中，当食物中吡唑萘菌胺浓度高达 3000mg/kg 时（顺反异构比 92.8：7.2）未观察到毒性效应，繁殖毒性的 NOAEL 为 3000mg/kg [相当于 239.1mg/(kg·d)]，这是测试的最高剂量。

在一项关于吡唑萘菌胺（顺反异构比 69.7：30.3）对大鼠的发育试验的研究

中，母体和发育毒性的 NOAEL 为 20mg/(kg·d)。

在对喜马拉雅兔进行的吡唑萘菌胺（顺反异构比 92.8：7.2）发育毒性的研究中，剂量水平高达 1000mg/(kg·d)，未观察到母体毒性。在一项关于吡唑萘菌胺（顺反异构比 92.8：7.2）对新西兰白兔发育毒性的研究中，剂量水平高达 500mg/(kg·d)，母体毒性的 NOAEL 为 150mg/(kg·d)，发育毒性的 NOAEL 为 150mg/(kg·d)。结果表明吡唑萘菌胺对兔子具有致畸作用（眼小畸形）[31]。

4.4.7.7 氟唑环菌胺 (sedaxane)

在一项大鼠多代繁殖毒性研究中，繁殖毒性的 NOAEL 为 1500mg/kg［相当于 120mg/(kg·d)］。

在一项大鼠发育毒性研究中，发育毒性的 NOAEL 为 200mg/(kg·d)，这是测试的最高剂量。在一项对兔子的发育毒性研究中，发育毒性的 NOAEL 为 100mg/(kg·d)。结果表明氟唑环菌胺对大鼠或兔子没有致畸作用[32]。

4.4.7.8 氟吡菌酰胺 (fluopyram)

在对大鼠进行的两代繁殖毒性研究中，对生育能力影响的 NOAEL 为 82.4mg/(kg·d)，这是测试的最高剂量。

在一项对大鼠进行的产前发育毒性研究中，产前母体毒性的 NOAEL 为 30mg/(kg·d)，胚胎及胎儿的毒性为 150mg/(kg·d)。

在一项对兔子进行的产前发育毒性研究中，产前发育毒性的 NOAEL 为 25mg/(kg·d)[33]。

表 4-37 琥珀酸脱氢酶抑制剂 (SDHIs)-酰胺类杀菌剂致畸、繁殖和发育毒性数据

农药名称	受试动物	试验类别	方法剂量	NOAEL	参考文献
吡唑萘菌胺	大鼠	繁殖毒性	239.1mg/(kg·d)（最高剂量）（顺反异构比 92.8：7.2）	239.1mg/(kg·d)	[31]
	大鼠	发育毒性	20mg/(kg·d)（顺反异构比 69.7：30.3）	20mg/(kg·d)	
	兔子	发育毒性	1000mg/(kg·d)（最高剂量）（顺反异构比 92.8：7.2）	150mg/(kg·d)	
氟唑环菌胺	大鼠	繁殖毒性	—	120mg/(kg·d)	[32]
	大鼠	发育毒性	200mg/(kg·d)（最高剂量）	200mg/(kg·d)	
	兔子	发育毒性	—	100mg/(kg·d)	

农药名称	受试动物	试验类别	方法剂量	NOAEL	参考文献
氟吡菌酰胺	大鼠	繁殖毒性	82.4mg/(kg·d)（最高剂量）	82.4mg/(kg·d)	[33]
	大鼠	发育毒性	—	30mg/(kg·d)（母体）、150mg/(kg·d)（胚胎及胎儿）	
	兔子	发育毒性	—	25mg/(kg·d)	

4.4.8 新型除草剂

新型除草剂致畸、繁殖和发育毒性效应状况数据见表 4-38。

4.4.8.1 苯嘧磺草胺（saflufenacil）

在一项大鼠繁殖毒性研究中，繁殖参数在最高测试剂量［50mg/(kg·d)］下没有受到影响，亲代全身毒性的 NOAEL 为 15mg/(kg·d)，后代毒性的 NOAEL 为 15mg/(kg·d)。

在一项大鼠发育毒性研究中，母体毒性的 NOAEL 为 20mg/(kg·d)，发育毒性 NOAEL 为 5mg/(kg·d)。

在一项对兔子的发育毒性研究中，母体毒性的 NOAEL 为 200mg/(kg·d)，发育毒性 NOAEL 为 200mg/(kg·d)[38]。

4.4.8.2 氟丙嘧草酯（butafenacil）

根据 2024 年澳大利亚政府发布的农用和兽用化学品的急性参考剂量[64]，氟丙嘧草酯口服毒性较低，单剂量服用后不会出现任何发育毒性。

4.4.8.3 氟嘧硫草酯（tiafenacil）

根据 2024 年澳大利亚政府发布的农用和兽用化学品的急性参考剂量[64] 数据中，一项对氟嘧硫草酯的大鼠一代繁殖研究 NOAEL 为 0.6mg/(kg·d)。

4.4.8.4 丙炔氟草胺（flumioxazin）

根据 2024 年澳大利亚政府发布的农用和兽用化学品的急性参考剂量[64]，丙炔氟草胺口服大鼠发育研究的 NOAEL 为 10mg/(kg·d)。

4.4.8.5 氯氟吡啶酯（florpyrauxifen-benzyl）

根据 2024 年澳大利亚政府发布的农用和兽用化学品的急性参考剂量[64]，氯氟吡啶酯口服毒性较低，单剂量服用后不会出现任何发育毒性。

4.4.8.6　氯丙嘧啶酸（aminocyclopyrachlor）

在大鼠的饮食中施用氯丙嘧啶酸或通过经口灌胃法以限度剂量给兔子经口时，没有观察到发育毒性的证据。在对大鼠的饮食研究中，没有观察到氯丙嘧啶酸对繁殖或生育参数产生不利影响的证据。

在其他关于氯丙嘧啶酸的毒性研究中，可得到氯丙嘧啶酸产前发育-大鼠发育NOAEL 为 1000mg/(kg·d)，产前发育-兔子发育 NOAEL 为 1000mg/(kg·d)。繁殖和生育影响-大鼠生殖 NOAEL 为 1285（雄性）、1454（雌性）mg/(kg·d)[65]。

4.4.8.7　氟氯吡啶酯（halauxifen-methyl）

在给定剂量下使用氟氯吡啶酯未发现导致大鼠母体体重增加或减少，未观察到发育影响。在兔子中，在母体肝中毒的情况下观察到轻微的发育影响（胎儿体重下降和耻骨骨化延迟）[66]。

4.4.8.8　氟吡草酮（bicyclopyrone）

在一项两代繁殖研究中，在大鼠的饮食中以 0、25、500 和 5000mg/kg 的剂量施用氟吡草酮［分别相当于雄性大鼠 0、1.9、38.4 和 377mg/(kg·d)，雌性大鼠 0、2.1、42.2 和 410mg/(kg·d)］。后代毒性的 NOAEL 为 25mg/kg ［相当于1.9mg/(kg·d)］。生殖毒性的 NOAEL 为 5000mg/kg ［相当于 377mg/(kg·d)］，这是测试的最高剂量。

在对大鼠进行的发育毒性研究中，在妊娠第 6～20 天，通过经口灌胃给予 0、100、500 或 1000mg/(kg·d) 的剂量施用氟吡草酮。由于在 100mg/(kg·d)（测试的最低剂量）的剂量下，观察到一系列不良效应，故无法确定 NOAEL。

在新西兰白兔的发育毒性研究中，从妊娠第 7 天到第 28 天，通过经口灌胃给予剂量为 0、10、50 和 200mg/(kg·d) 的氟吡草酮；母体毒性的 NOAEL 为50mg/(kg·d)。

对喜马拉雅兔的发育毒性研究知，通过经口灌胃给予剂量为 0、10、50 和250mg/(kg·d) 的氟吡草酮。母体毒性的 NOAEL 为 50mg/(kg·d)。胚胎及后代毒性的 NOAEL 为 10mg/(kg·d)。

另一项对喜马拉雅兔的发育毒性研究知，通过经口灌胃给予剂量为 0、1、10和 250mg/(kg·d) 的氟吡草酮。母体毒性的 NOAEL 为 10mg/(kg·d)。胚胎及后代毒性的 NOAEL 为 1mg/(kg·d)。

一系列试验结果表明，氟吡草酮在兔子体内会导致畸形（包括面部外观、心脏、骨骼），但在大鼠体内不会[67]。

4.4.8.9 三氟草嗪（trifludimoxazin）

一项三氟草嗪[68] 对大鼠繁殖和发育毒性研究知，胎儿和后代对三氟草嗪的易感性没有增加。三氟草嗪对大鼠没有发育毒性，在一项对兔子进行的产前发育毒性研究中，在母体毒性剂量下出现了发育影响。

表 4-38 新型除草剂类致畸、繁殖和发育毒性数据

农药名称	受试动物	试验类别	方法剂量	NOAEL	参考文献
苯嘧磺草胺	大鼠	繁殖毒性	50mg/(kg·d)（最高剂量）	15mg/(kg·d)（亲代与后代）	[38]
	大鼠	发育毒性	—	5mg/(kg·d)	
	兔子	发育毒性	—	200mg/(kg·d)	
氟嘧硫草酯	大鼠	急性繁殖毒性	—	0.6mg/(kg·d)	[64]
丙炔氟草胺	大鼠	急性发育毒性	—	10mg/(kg·d)	[64]
氯丙嘧啶酸	大鼠	产前发育毒性	—	1000mg/(kg·d)	[65]
	兔子	产前发育毒性	—	1000mg/(kg·d)	
	大鼠	繁殖与生育毒性	—	1285、1454mg/(kg·d)（雄性、雌性）	
氟吡草酮	大鼠	繁殖毒性	0、25、500、5000mg/kg 的饮食浓度［雄性为 0、1.9、38.4、377mg/(kg·d)，雌性为 0、2.1、42.2、410mg/(kg·d)］	377mg/(kg·d)	[67]
	兔	发育毒性	0、10、50、200mg/(kg·d)（经口灌胃）	50mg/(kg·d)（母体）	
	兔	发育毒性	0、10、50、250mg/(kg·d)	50mg/(kg·d)（母体）10mg/(kg·d)（胚胎及后代）	
	3 兔	发育毒性	0、1、10、250mg/(kg·d)	10mg/(kg·d)（母体）1mg/(kg·d)（胚胎及后代）	

4.5 总结与展望

传统农药为粮食的丰收做出过积极贡献，但由于其高残留、高抗性、高毒性、

高污染等问题，已被安全性的绿色农药逐步替代。绿色农药不仅仅是对环境更友好，对人类而言，绿色农药也是更安全的。本章概述了多杀菌素微生物源杀虫剂、防治刺吸式口器害虫非烟碱类杀虫剂、新烟碱类杀虫剂等多种绿色农药对哺乳动物的急性毒性、慢性毒性、神经毒性、遗传毒性、致癌性等状况，可以看出，本章涉及的这些绿色农药急性毒性很低，对大鼠经口给药的 LD_{50} 值大部分在 800～5000mg/kg，属于低毒农药，无神经毒性，大多数无致癌性，对哺乳动物相对安全。不过，即使是绿色农药，其低剂量长期作用下的慢性毒性效应也是不容忽视的。如氟环唑、丙环唑，其潜在的诱癌效应也应引起高度重视。

直接接触化学农药的农药生产和使用者，长期生活在被农药污染环境中，虽然他们不会马上表现出各种不良的反应和症状，但被人体吸收的农药残留可在人体的多种器官和组织内富集，进而产生和形成慢性中毒。所以开展对农药使用者和再进入施药区域劳动者的农药接触风险进行评价（即农药职业健康风险评估）是农药风险评估的重要组成部分。目前，美国及欧洲一些发达国家已经建立了符合本国农药暴露现状的暴露模型或数据库。相对而言，我国职业健康风险评估发展得较晚，急需开展和完善绿色农药在中国农药暴露各场景下的职业健康风险评估相关研究，为农药制剂安全生产管理和工人防护提供参考。在农药的生产、运输、分装、销售以及施用过程中，由多种原因而导致的农药急性中毒事故时有发生，与农药直接接触的工作人员以及农药施用地附近的居民都可能是事故的直接受害者。急性参考剂量（ARfD）是一个重要的毒理学阈值，它是指食品或饮水中某种物质，其在较短时间内（通常指在一餐或一天内）被吸收后不致引起已知的任何可观察到的健康损害的剂量。绿色农药当前急性参考剂量 AfRD 数据仍然缺乏，需要加快制定。

为了解决粮食安全与生态安全的矛盾，近年来，生物源的绿色农药施用量在逐年增加，许多国家的科研人员同时也将科研的脚步跨入一个较新的领域——生物防治。生物技术是 21 世纪的主导技术，生物农药和生物防治技术由于安全和环境相容性好等特点，必将成为 21 世纪农业病虫害防治发展的热点之一。虽然化学合成的绿色农药在一定时期内仍将占主导地位，但随着人们环保意识、食品安全意识的增强，人民素质的提高、法律法规的完善，生物农药和生物防治技术将得到高速发展，生态环境和人体健康将进一步得到改善。

参考文献

[1] Spinosad. https：//www.fao.org/fileadmin/templates/agphome/documents/Pests_Pesticides/

JMPR/Reports_1991-2006/REPORT2001. pdf.

［2］ Spinetoram. https：//www. fao. org/fileadmin/templates/agphome/documents/Pests_Pesticides/ JMPR/Report08/Spinetoram. pdf.

［3］ Flonicamid. https：//www. fao. org/fileadmin/templates/agphome/documents/Pests_Pesticides/ JMPR/Report2015/FLONICAMID. pdf.

［4］ Spirotetramat. https：//www. fao. org/fileadmin/templates/agphome/documents/Pests_Pesticides/ JMPR/Report08/Spirotetramat. pdf.

［5］ 谭海军. 新型生物源杀虫剂双丙环虫酯. 世界农药，2019，41(2)：61-64.

［6］ Flupyradifurone. https：//www. fao. org/fileadmin/templates/agphome/documents/Pests_ Pesticides/JMPR/Report2015/FLUPYRADIFURONE. pdf.

［7］ Triflumezopyrim. https：//www. fao. org/fileadmin/templates/agphome/documents/Pests_ Pesticides/JMPR/Report2017/5. 38_TRIFLUMEZOPYRIM_303_. pdf.

［8］ Chlorantraniliprole. https：//www. fao. org/fileadmin/templates/agphome/documents/Pests_ Pesticides/JMPR/Report08/Chlorantraniliprole. pdf.

［9］ Cyantraniliprole. https：//www. fao. org/fileadmin/templates/agphome/documents/Pests_Pesticides/ JMPR/Report13/5. 08_CYANTRANILIPROLE_263_. pdf.

［10］ 谭海军. 新型邻甲酰氨基苯甲酰胺类杀虫剂四氯虫酰胺. 世界农药，2019，41(05)：60-64.

［11］ Flubendiamide. https：//www. fao. org/fileadmin/templates/agphome/documents/Pests_Pesticides/ JMPR/Report10/Flubendiamide. pdf.

［12］ Cyclaniliprole. https：//www. sciencedirect. com/science/article/pii/B9780815514015507474.

［13］ 盛祝波，汪杰，裴鸿艳，等. 新型杀虫剂四唑虫酰胺. 农药，2021，60(01)：52-56+60.

［14］ 硫虫酰胺. 农药科学与管理，2022，43(02)：52+54.

［15］ 宋璐璐，艾大朋，巨修练，等. 新型双酰胺类杀虫剂——溴虫氟苯双酰胺. 农药学学报，2022，24(4)：671-681.

［16］ Tebuconazole. https：//www. fao. org/fileadmin/templates/agphome/documents/Pests_Pesticides/ JMPR/Report10/Tebuconazole. pdf.

［17］ 刁雪. 戊唑醇和己唑醇对映体对禾谷镰刀菌产 DON 毒素的影响研究. 广州：华南农业大学，2018.

［18］ Prothioconazole. https：//www. regulations. gov/document/EPA-HQ-OPP-2005-0312-0005.

［19］ Metconazole. https：//nepis. epa. gov/Exe/ZyPURL. cgi? Dockey=P100C251. txt.

［20］ Difenoconazole. https：//www. fao. org/fileadmin/templates/agphome/documents/Pests_Pesticides/ JMPR/Report07/Difenoconazole. pdf.

［21］ Propiconazole. https：//www3. epa. gov/pesticides/chem_search/reg_actions/reregistration/ red_PC-122101_18-Jul-06. pdf.

［22］ EFSA. Conclusion regarding the peer review of the pesticide risk assessment of the active substance epoxiconazole. EFSA J. 2008. https://doi.org/10.2903/j.efsa.2008.138r.

[23] Pyraclostrobin. https://www.fao.org/fileadmin/templates/agphome/documents/Pests_Pesticides/JMPR/Reports_1991-2006/Report_2003.pdf.

[24] Azoxystrobin. https://www.fao.org/fileadmin/templates/agphome/documents/Pests_Pesticides/JMPR/Report08/Azoxystrobin.pdf.

[25] Trifloxystrobin. https://www.fao.org/fileadmin/templates/agphome/documents/Pests_Pesticides/JMPR/Reports_1991-2006/report2004jmpr.pdf.

[26] 孙克,吕良忠,司乃国,等.创制杀菌剂烯肟菌酯异构体的鉴定及杀菌活性.农药,2012,51(03):168-171.

[27] Pydiflumetofen. https://www.regulations.gov/document/EPA-HQ-OPP-2018-0688-0008.

[28] 张翼翾.广谱、持效期长的杀菌剂——苯并烯氟菌唑.世界农药,2015,37(05):58-59.

[29] 华乃震.SDHI类杀菌剂啶酰菌胺.世界农药,2018,40(05):9-15.

[30] 俞钰萍.联苯吡菌胺的合成研究.杭州:浙江工业大学,2020.

[31] Isopyrazam. https://www.fao.org/fileadmin/templates/agphome/documents/Pests_Pesticides/JMPR/Report11/Isopyrazam.pdf.

[32] Sedaxane. https://www.fao.org/fileadmin/templates/agphome/documents/Pests_Pesticides/JMPR/Report12/Sedaxane.pdf.

[33] Fluopyram. https://www.fao.org/fileadmin/templates/agphome/documents/Pests_Pesticides/JMPR/Report10/Fluopyram.pdf.

[34] 魏振华.井冈霉素发酵过程研究.上海:华东理工大学,2012.

[35] 吴家全,李军民.多抗霉素研究现状与市场前景.农药科学与管理,2010,31(11):21-23.

[36] 孟现刚,柳燕丽,吴桂秋,等.申嗪霉素登记现状、应用进展及发展对策.农业科技通讯,2022(02):30-33.

[37] 赫彤彤,杨吉春,刘允萍.新型除草剂苯嘧磺草胺.农药,2011,50(06):440-442.

[38] Saflufenacil. https://www.fao.org/fileadmin/templates/agphome/documents/Pests_Pesticides/JMPR/Report11/Saflufenacil.pdf.

[39] Iwashita K, Hosokawa Y, Ihara R, et al. Flumioxazin, a PPO inhibitor: A weight-of-evidence consideration of its mode of action as a developmental toxicant in the rat and its relevance to humans. Toxicology, 2022, 472: 153-160.

[40] Halauxifen-methyl. https://www.regulations.gov/document/EPA-HQ-OPP-2012-0919-0005.

[41] 陈国珍,盛祝波,裴鸿艳,等.新型PPO抑制剂类除草剂三氟草嗪.农药,2022,61(07):517-522.

[42] Su T Y, Lin J L, Lin-Tan D T, et al. Human poisoning with spinosad and flonicamid insecticides. Hum. Exp. Toxicol., 2011, 30(11): 1878-1881.

[43] Afidopyropen. https://www.regulations.gov/document/EPA-HQ-OPP-2019-0101-0008.

[44] 筱禾. 新型杀虫剂 flupyradifurone. 世界农药，2014，36(03)：59.

[45] Kimura M，Shoda A，Murata M，et al. Neurotoxicity and behavioral disorders induced in mice by acute exposure to the diamide insecticide chlorantraniliprole. J Vet Med Sci.，2023，85(4)：497-506.

[46] Food Safety Commission of J. Cyclaniliprole(Pesticides). Food. Saf.(Tokyo).，2017，5(1)：29-30.

[47] Moser V C，S. Barone J，Smialowicz R J，et al. The effects of perinatal tebuconazole exposure on adult neurological，immunological，and reproductive function in rats. Toxicological Sciences，2001，62(2)：339-352.

[48] Hexaconazole. https://www. epa. gov/system/files/documents/2022-07/hexaconazole-memo-1999. pdf.

[49] Prothioconazole. https://www. fao. org/fileadmin/templates/agphome/documents/Pests_Pesticides/JMPR/Report08/Prothioconazole. pdf.

[50] Penflufen. https://www3. epa. gov/pesticides/chem_search/reg_actions/pending/fs_PC-100249_01-May-12. pdf.

[51] Benzovindiflupyr. https://www. regulations. gov/document/EPA-HQ-OPP-2017-0167-0008.

[52] Boscalid. https://www. regulations. gov/document/EPA-HQ-OPP-2014-0199-0020.

[53] Bixafen. https://www. regulations. gov/document/EPA-HQ-OPP-2016-0538-0011.

[54] Butafenacil. https://www. epa. gov/system/files/documents/2022-07/butafenacil-memo-2003. pdf.

[55] Flumiclorac-pentyl. https://www. regulations. gov/document/EPA-HQ-OPP-2009-0084-0015.

[56] Bicyclopyrone. https://www. regulations. gov/document/EPA-HQ-OPP-2015-0560-0004.

[57] broflanilide https://www. regulations. gov/document/EPA-HQ-OPPT-2023-0538-0026.

[58] Castro V L S S, Maia A H. Prenatal epoxiconazole exposure effects on rat postnatal development. Birth Defects Res B.，2012，95(2)：123-129.

[59] Pydiflumetofen. https://www. govinfo. gov/content/pkg/FR-2019-08-12/pdf/2019-17144. pdf.

[60] Penflufen. https://www. govinfo. gov/content/pkg/FR-2016-10-19/pdf/2016-25293. pdf.

[61] Benzovindiflupyr. https://www. govinfo. gov/content/pkg/FR-2015-10-02/pdf/2015-24467. pdf.

[62] Boscalid. https://www. govinfo. gov/content/pkg/FR-2015-03-18/pdf/2015-06141. pdf.

[63] Bixafen. https://www. govinfo. gov/content/pkg/FR-2018-12-04/pdf/2018-26348. pdf.

[64] ARfD. https://apvma. gov. au/node/98336.

[65] Aminocyclopyrachlor. https://www. regulations. gov/document/EPA-HQ-OPP-2009-0789-0012.

[66] halauxifen-methyl. https://www. regulations. gov/document/EPA-HQ-OPP-2012-0919-

0005.

[67] Bicyclopyrone. https://www. fao. org/fileadmin/templates/agphome/documents/Pests_Pes-
ticides/JMPR/Report2017/5. 3_BICYCLOPYRONE__295_. pdf.

[68] Trifludimoxazin. https://www. regulations. gov/document/EPA-HQ-OPP-2018-0762-0003.

5 绿色农药与膳食风险

农药残留问题一直是食品安全领域关注的焦点之一，相关国家和组织通过立法和建立规则，将农药残留问题纳入食品安全风险分析框架，即根据基于科学和证据的食品安全风险评估推荐农药的安全使用方法和对应食品中可接受的残留水平，并通过全体利益相关方的参与和交流，达成共识，做出适应目前经济社会条件的决策，对农药的使用及其对食品可能产生的污染进行管控。

食品中农药残留风险评估是指通过分析农药毒理学和残留化学试验结果，根据消费者膳食结构，对因膳食摄入农药残留产生健康风险的可能性及程度进行科学评价。食品中农药残留风险评估体现了基于风险的食品安全管理策略，既考虑农药的毒性，同时又考虑食品中农药的残留水平和膳食消费量，即通过膳食摄入的农药残留量，以确定农药残留不会导致食品对消费者造成不可接受的健康风险。

国际食品法典委员会（CAC）规定食品中农药残留风险评估应该包括：危害识别、危害特征描述、膳食暴露评估和风险特征描述 4 个组成部分，如图 5-1。欧盟的农药残留风险评估体系是目前较为成熟的风险评估体系，由监控项目设计、监控项目农药残留结果、膳食暴露及膳食风险评估 4 个部分组成。我国农业农村部制定了《食品中农药残留风险评估指南》和《食品中农药最大残留限量制定指南》，以此指导食品中农药残留风险和膳食风险评估工作的开展[1]。

以下为本章所使用的主要技术术语：

最大残留限量（maximum residue limit，MRL）：是在食品或农产品内部或表面法定允许的农药最大浓度，以每千克食品或农产品中农药残留的毫克数表示（mg/kg）。

每日允许摄入量（acceptable daily intake，ADI）：人类终生每日摄入某物质，而不产生可检测到的危害健康的估计量，以每千克体重可摄入的量表示（mg/kg bw）。

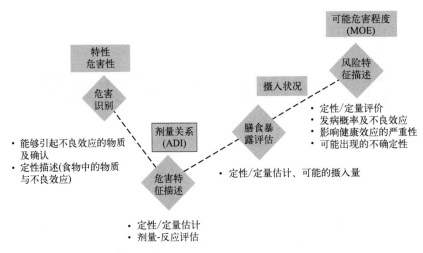

图 5-1　食品中农药风险评估的流程

急性参考剂量（acute reference dose，ARfD）：人类在 24 小时或更短时间内，通过膳食或饮水摄入某物质，而不产生可检测到的危害健康的估计量，以每千克体重可摄入的量表示（mg/kg bw）。

未观察到有害作用剂量水平（no observed adverse effect level，NOAEL）：在规定的试验条件下，用现有技术手段或检测指标，未能观察到与染毒有关的有害效应的受试物最高剂量或浓度。

国家估算每日摄入量（national estimated daily intake，NEDI）：是对长期农药残留摄入的估计。它是基于每人每日平均食物消费量和规范残留试验中值计算的，每千克体重可摄入的量表示（mg/kg bw）。

食品中农药残留风险评估研究方法包括两种，第一种是基于规范残留风险评估用于法典制定农药最大残留限量值（MRL 值），该种风险评估首先研究植物和家畜中农药残留和代谢物确定，依据动物代谢研究和农药毒理学研究计算每日允许摄入量（ADI）和急性毒性参考剂量（ARfD），在良好农业规范（GAP）条件下，通过田间试验确定农产品中农药的最大残留水平，在食品法典框架下评估实际的 ARfD 和 ADI，如果都没超过理论 ADI 和 ARfD，就对该化学物质制定法典MRL；第二种是基于市场监测的膳食风险评估来提出建议，该风险评估首先需要识别和确定风险因子，根据抽样原则对特定地区的特定食品进行样品监督抽检，依据检测值确定食品中的农药摄入量，如果该摄入量小于理论 ADI 和 ARfD 值，应计算现有 MRL 标准对消费者的保护水平，最后提出建议和对策，开展风险管理。基于国际食品法典委员会风险评估和最大残留限量制定流程见图 5-2 所示。

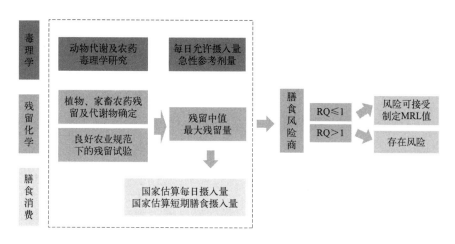

图 5-2　基于国际食品法典委员会风险评估和最大残留限量制定流程

5.1　食品中绿色农药残留风险评估

5.1.1　绿色杀虫剂品种

5.1.1.1　多杀菌素微生物源杀虫剂

多杀菌素微生物源杀虫剂包括多杀菌素和乙基多杀菌素。其残留检测物：多杀菌素是多杀菌素 A 和多杀菌素 D（结构如图 5-3）。乙基多杀菌素是多杀菌素的乙基化衍生物。

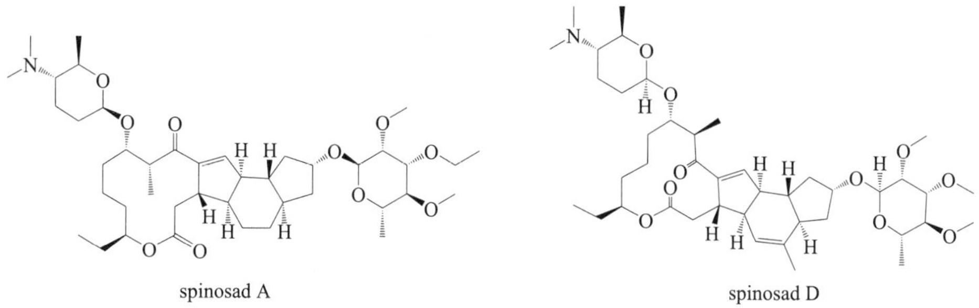

spinosad A

spinosad D

图 5-3　多杀菌素 A 和多杀菌素 D

多杀菌素和乙基多杀菌素 GAP 田间试验条件下的最终残留量、最大残留限量见表 5-1，主要集中在粮食、蔬菜和水果等；施药剂量约为 22.5～80g（a.i.）/hm^2，农药最终残留量为＜0.002～0.51mg/kg，均小于其 MRL 值。

表 5-1   多杀菌素微生物源杀虫剂类残留量和最大残留限量信息表

农药	食品类型	施药剂量	残留量/(mg/kg)	MRL 值/(mg/kg)	MRL 值来源	参考文献
0.5%多杀菌素粉剂	小麦 玉米 绿豆 稻谷	1.0mg/kg	0.3791~0.4265	1	中国	[2]
10%多杀菌素悬浮剂	豇豆	45g(a.i.)/hm²	0.0167	0.3	中国	[3]
10%多杀菌素水分散粒剂	甘蓝	26.25g(a.i.)/hm²	<0.23	2	中国	[4]
25%乙基多杀菌素水分散粒剂	豇豆	52.5g(a.i.)/hm²	<0.005	0.1	中国	[5]
20%乙基多杀菌素悬浮剂	甘蓝 辣椒 黄瓜 茄子	80g(a.i.)/hm²	<0.02	0.05 0.1 0.2 0.5	欧盟	[6]
60g/L 乙基多杀菌素悬浮剂	白菜	36g(a.i.)/hm²	0.51	2	中国	[7]
	吊瓜	30g(a.i.)/hm²	0.002	0.01	欧盟	[8]
	草莓	60mg/kg	0.081	0.1	韩国	[9]

5.1.1.2   防治刺吸式口器害虫非烟碱类杀虫剂

防治刺吸式口器害虫非烟碱类杀虫剂包括氟啶虫酰胺、螺虫乙酯和环丙环虫酯。其残留检测物：氟啶虫酰胺和环丙环虫酯均为其母体化合物；螺虫乙酯的是螺虫乙酯（BY108330）、螺虫乙酯烯醇（B-enol）的总和（图 5-4）。

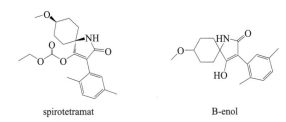

spirotetramat   B-enol

图 5-4   螺虫乙酯和 B-enol 结构式

该类杀虫剂在 GAP 田间试验条件下主要开展了蔬菜和水果中的农药残留试验，在蔬菜和水果中的施药剂量见表 5-2，残留量<0.01~8.12mg/kg，水果中残留量较高，但均低于 MRL 值（表 5-2）。

表5-2　防治刺吸式口器害虫非烟碱类杀虫剂残留量和最大残留限量信息表

农药	食品类型	施药剂量	残留量/(mg/kg)	MRL值/(mg/kg)	MRL值来源	参考文献
10%氟啶虫酰胺水分散粒剂	金银花	90g(a.i.)/hm²	1.6	2.8	中国	[10]
	黄瓜	112.5g(a.i.)/hm²	0.029~0.295	1.5	美国	[11]
	苹果		<0.01~0.174	0.2		
	草莓	44.9g(a.i.)/hm²	0.027~0.085	2	日本	[12]
	桃	37.5mg/kg	<0.010~0.024	0.6	美国	[13]
15%吡丙醚/氟啶虫酰胺悬浮剂	枣	75mg/kg	0.048	0.9	韩国	[14]
5%螺虫乙酯悬浮剂	龙眼	60mg/kg	0.30~1.14	13	美国	[15]
22.4%螺虫乙酯悬浮剂	大豆	161.28g(a.i.)/hm²	<0.02	4	中国	[16]
	梨	112mg/kg	0.023~0.056	0.7	中国	[17]
	柑橘	90g(a.i.)/hm²	<0.8	1	中国	[18]
	金橘	122mg/L	0.152	0.5	欧盟	[19]
	凤梨	120mg(a.i.)/kg	0.064	0.1	欧盟	[20]
	莲雾	60g(a.i.)/hm²	0.05~0.15	0.02~9.0	美国	[21]
	山楂（果肉）		0.052~8.12			
	山楂（全果）		0.042~6.72			
	柿子		0.05~1.89			
	杏（果肉）		0.05~0.36			
	杏（全果）		0.05~0.36			

5.1.1.3　新烟碱类杀虫剂

新烟碱类杀虫剂包括氟吡呋喃酮、三氟苯嘧啶。其残留检测物均为母体化合物。

氟吡呋喃酮、三氟苯嘧啶在 GAP 田间试验条件下的残留试验结果见表5-3，施药剂量在 $102\sim337.5g(a.i.)/hm^2$，最终残留量在 $0.008\sim0.641mg/kg$，均低于 MRL 值。

表5-3　新烟碱类杀虫剂残留量和最大残留限量

农药	食品类型	施药剂量	残留量/(mg/kg)	MRL值/(mg/kg)	MRL值来源	参考文献
氟吡呋喃酮可溶液剂	辣椒	120g(a.i.)/hm²	0.4~0.53	0.9	欧盟	[22]
	人参	102g(a.i.)/hm²	0.228~0.641	3	中国	[23]
三氟苯嘧啶悬浮剂	水稻	337.5g(a.i.)/hm²	0.008~0.009	0.01	日本	[24]

5.1.1.4 双酰胺类杀虫剂

双酰胺类绿色杀虫剂包括氯虫苯甲酰胺、溴氰虫酰胺、氟苯虫酰胺、氯氟氰虫酰胺、环溴虫酰胺、四唑虫酰胺、硫虫酰胺以及溴虫氟苯双酰胺。根据 JMPR 报告，氯虫苯甲酰胺、溴氰虫酰胺、氟苯虫酰胺、环溴虫酰胺的残留风险监测物均为其母体化合物，而相关国家和组织对氯氟氰虫酰胺、四唑虫酰胺、硫虫酰胺以及溴虫氟苯双酰胺的监测残留物未做评估。

该类绿色农药在 GAP 田间试验条件下的最终残留量、最大残留限量见表 5-4，在蔬菜和水果中的最终残留量为 <0.005~1.130mg/kg，均低于 MRL 值。环溴虫酰胺、硫虫酰胺、溴虫氟苯双酰胺无相关文献报道。

表 5-4 双酰胺类杀虫剂残留量和最大残留限量

农药	食品类型	施药剂量	残留量/(mg/kg)	MRL 值/(mg/kg)	MRL 值来源	参考文献
200g/L 氯虫苯甲酰胺悬浮剂	水稻	656g(a.i.)/hm²	0.044	0.05	日本	[25]
14% 氯虫苯甲酰胺/高效氯氟氰菊酯微囊悬浮剂	豇豆	45g(a.i.)/hm²	0.012~0.18	0.5	欧盟	[26]
300g/L 氯虫苯甲酰胺/噻虫嗪悬浮剂	小白菜	2mL/m²	0.147	2	CAC	[27]
5% 氯虫苯甲酰胺悬浮剂	菜薹	41.25g(a.i.)/hm²	1.130	2	中国	[28]
	龙眼	45g(a.i.)/hm²	<0.01	0.01	欧盟	[15]
	桃子	50g(a.i.)/hm² 75g(a.i.)/hm²	1.1	2	中国	[29]
20% 氯虫苯甲酰胺悬浮剂	甘蓝	0.018g(a.i.)/hm²	0.0063	4	日本	[30]
0.4% 氯虫苯甲酰胺颗粒剂	甘蔗	90g(a.i.)/hm² 180g(a.i.)/hm²	0.05	0.5	CAC	[31]
35% 氯虫苯甲酰胺水分散粒剂	山楂	20g(a.i.)/hm² 30g(a.i.)/hm²	0.31	0.4	中国	[32]
10% 溴氰虫酰胺可分散油悬浮剂	辣椒	0.13g(a.i.)/hm²	0.007	0.5	中国	[33]

农药	食品类型	施药剂量	残留量 /(mg/kg)	MRL 值 /(mg/kg)	MRL 值 来源	参考 文献
40%溴氰虫酰胺水 分散粒剂	南瓜	675g(a.i.)/hm²	≤0.031	0.2	中国	[34]
100g/L 溴氰虫酰 胺油悬剂	葱	540g/hm²	0.13	0.1	中国	[35]
10%溴氰虫酰胺油 悬剂	番茄	75g(a.i.)/hm²	<0.182	1	欧盟	[36]
	甘蓝	60g(a.i.)/hm²	0.2	2	加拿大	[37]
	枸杞	50(a.i.)/hm²	0.01	4	中国	[38]
20%氯氟氰虫酰胺 悬浮剂	水稻	90g(a.i.)/hm²	0.01	0.05	中国	[39]
200g/L 四唑虫酰 胺悬浮剂	番茄	30g(a.i.)/hm²	<0.005	—	中国	[40]

5.1.2 绿色杀菌剂品种

5.1.2.1 麦角甾醇生物合成抑制剂 (EBIs)-三唑类杀菌剂

三唑类绿色杀菌剂包括戊唑醇、己唑醇、丙硫菌唑、叶菌唑、苯醚甲环唑、丙环唑、氟环唑。其残留风险监测物：戊唑醇、己唑醇、苯醚甲环唑、丙环唑均为其母体化合物；丙硫菌唑是脱硫丙硫菌唑（结构式见图 5-5）；叶菌唑是其异构体之和。

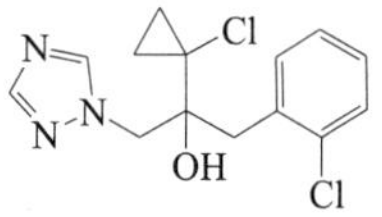

prothioconazole-desthio

图 5-5 脱硫丙 硫菌唑结构式

该类绿色农药在 GAP 田间试验条件下的最终残留量、最大残留限量见表 5-5，基于 GAP 条件下的残留试验数据多见于粮食作物（如水稻、小麦）、蔬菜、水果等，残留量在<0.002~6.34mg/kg，均小于 MRL 值；在市场监测过程中，丙环唑检出率较高，其中叶菜类蔬菜的检出率和检出值最高，其次为芸薹类和鲜豆类[30]。

表 5-5 麦角甾醇生物合成抑制剂 (EBIs)-三唑类杀菌剂残留量和最大残留限量

农药	食品 类型	施药剂量	残留量 /(mg/kg)	MRL 值 /(mg/kg)	MRL 值 来源	参考 文献
36%稻瘟灵•戊唑醇水 乳剂	糙米	405g(a.i.)/hm²	0.885	0.5	中国	[41]
	精米	405g(a.i.)/hm²	0.115	1	中国	[41]

农药	食品类型	施药剂量	残留量/(mg/kg)	MRL值/(mg/kg)	MRL值来源	参考文献
6%戊唑醇微乳液	水稻	180g(a.i.)/hm²	<0.5	0.5	中国	[41]
30%唑菌胺酯·戊唑醇悬浮剂	辣椒	315g(a.i.)/hm²	<2	2	中国	[42]
430g/L戊唑醇悬浮剂	大葱	96.75g(a.i.)/hm²	<0.294	0.03	CAC	[43]
250g/L戊唑醇水乳剂	梨	187.5mg(a.i.)/kg	<0.1	0.5	中国	[44]
40%唑醚·戊唑醇悬浮剂	桃	0.15g(a.i.)/hm²	0.026~0.24	2	中国	[45]
41%甲基硫菌灵·戊唑醇悬浮剂	葡萄	768.75mg(a.i.)/kg	<0.1~1.24	2	中国	[46]
430g/L戊唑醇悬浮剂	枣树	322.5mg(a.i.)/kg	2.80	0.03		[47]
	甘蔗	129mg(a.i.)/kg	<6.34	0.02	欧盟	[48]
	枇杷	129mg(a.i.)/kg	<0.80	0.2	中国	[48]
400g/L氟吡菌酰胺·戊唑醇悬浮剂	石榴	300g(a.i.)/hm²	0.036~0.096	0.02	欧盟	[49]
133g/L戊唑醇水乳剂	香蕉	133mg/L	0.09~0.13	3	中国	[50]
50%己唑醇可湿性粉剂	糙米	75~112.5g(a.i.)/hm²	0.1	0.1	中国	[51]
30%己唑醇悬浮剂	猕猴桃	50~70mg/kg	0.052~0.49	—	—	[52]
40%丙硫菌唑·氟嘧菌酯悬浮剂	小麦	240g(a.i.)/hm²	<0.01~0.029	0.1	中国	[53]
40%丙硫菌唑悬浮剂	糙米	315g(a.i.)/hm²	<0.01~0.026	0.35	美国	[54]
50%丙硫菌唑·醚菌酯水乳剂	黄瓜	187.5g(a.i.)/hm²	0.01~0.02	0.01	欧盟	[55]
50%叶菌唑水分散粒剂	小麦籽粒	90~135g/hm²	0.037	0.15	欧盟	[56]
8%叶菌唑悬浮剂	葡萄	60g(a.i.)/hm²	<0.002~0.02	0.02	欧盟	[57]
32.5%苯甲·嘧菌酯悬浮剂	水稻	195g(a.i.)/hm² 292.5g(a.i.)/hm²	0.461	0.5	中国	[58]
10%苯醚甲环唑水乳剂	芹菜	100~114g/hm²	0.88~1.5	3	中国	[59]
200g/L氟唑菌酰羟胺·苯醚甲环唑悬浮剂	青豆	240g(a.i.)/hm²	0.12~1.17	0.1	中国	[60]
	大豆	40g(a.i.)/hm²	<0.01~0.086	0.05	中国	[60]

农药	食品类型	施药剂量	残留量/(mg/kg)	MRL值/(mg/kg)	MRL值来源	参考文献
10%苯醚甲环唑水分散粒剂	生菜	—	<0.8	2.0	中国	[61]
	小白菜	—	<0.8	2.0	中国	[61]
	三七	67.5g/hm²	<0.55~2.25	20	—	[62]
	猕猴桃	0.5359mg/kg	0.0030	0.1	日本欧盟	[63]
	茶叶	100mg/kg 150mg/kg	<10.0	10.0	中国	[64]
	梨	20mg/kg	0.015~0.13	0.5	中国	[65]
	桃子	20、30mg/kg	0.022~5.7	0.5	中国	[66]
325g/L苯醚甲环唑/嘧菌酯悬浮剂	金银花	0.325g(a.i.)/hm²	0.096~0.25	10	—	[67]
36%苯甲·吡唑酯悬浮剂	西瓜	2、3mL/hm²	0.023	0.01	中国	[68]
200g/L氟唑菌酰羟胺·苯醚甲环唑悬浮剂	香蕉	200.1、300.2mg/kg	0.051	1	中国	[69]
250g/L苯醚甲环唑乳油	香蕉	100、150mg/kg	0.04~0.63	0.1	欧盟	[70]
25%丙环唑水乳剂	苹果	250g(a.i.)/hm²	0.044	0.1	中国	[71]
	芥蓝	250、375g(a.i.)/hm²	0.184、0.444	—	中国	[72]
20%氟环唑悬浮剂	小麦	187.5g(a.i.)/hm²	<0.034	0.6 0.05	中国	[73]
40%氟环唑/多菌灵悬浮剂	柑橘	300g(a.i.)/hm²	0.002/0.006	0.05	欧盟	[74]
12.5%氟环唑悬浮剂	苹果	375g(a.i.)/hm²	0.088	0.5	中国	[71]

5.1.2.2　甲氧基丙烯酸酯类杀菌剂

甲氧基丙烯酸酯类杀菌剂包括吡唑醚菌酯、嘧菌酯、肟菌酯和烯肟菌酯等。其残留风险监测物均为母体化合物。

该类农药GAP田间试验条件下的最终残留量、最大残留限量见表5-6，施药剂量为56.25~900g(a.i.)/hm²，残留量为0.005~4.687mg/kg，均小于MRL值。烯肟菌酯在食品中的残留无相关文献报道。

223

表 5-6　甲氧基丙烯酸酯类杀菌剂残留量和最大残留限量

农药	食品类型	施药剂量	残留量/(mg/kg)	MRL 值/(mg/kg)	MRL 值来源	参考文献
5% 吡唑醚菌酯·55% 代森联水分散粒剂	花生	75~112.5g(a.i.)/hm²	0.005~0.20	0.05	美国	[75]
42.4% 吡唑醚菌酯·氟唑菌酰胺悬浮剂	鲜人参干人参	198.6~286.2g(a.i.)/hm²	0.01~0.203	0.5	中国	[76]
25% 吡唑醚菌酯乳油	草莓	166.7g(a.i.)/hm²	1.0	2	中国	[77]
36% 苯甲·吡唑酯悬浮剂	西瓜	243g(a.i.)/hm²	0.048	0.05/4	中国	[68]
42.2% 唑醚·氟酰胺悬浮剂	桑葚	212mg/L	1.041	4	CAC	[78]
25% 吡唑醚菌酯·20% 戊唑醇悬浮剂	辣椒	315g(a.i.)/hm²	0.032~0.48	0.5	中国	[42]
25% 吡唑醚菌酯悬浮剂	草莓	150g(a.i.)/hm²	0.127~0.717	1.5	FAO	[79]
	黄瓜	225g(a.i.)/hm²	0.014	0.5	中国	[80]
25% 嘧菌酯	茄子苦瓜葱蕹菜	270~405g(a.i.)/hm²	<0.01~1.43	2	中国	[81]
75% 戊唑醇·嘧菌酯水分散粒剂	葱姜胡萝卜豇豆甜瓜	168.75g(a.i.)/hm²	0.005~2.038	0.5/7	CAC、FAO、美国、日本	[82]
32.5% 苯醚甲环唑·嘧菌酯悬浮剂	水稻	292.5g(a.i.)/hm²	0.634	5	美国	[83]
325g/L 苯醚甲环唑·嘧菌酯悬浮剂	石榴籽	216.7~325.1mg/kg	<0.02~0.050	—	—	[84]
	金银花	325g(a.i.)/hm²	0.026~0.059	30	中国	[67]
2% 噻虫胺·嘧菌酯颗粒剂	马铃薯	900g(a.i.)/hm²	≤0.074	0.1	中国	[85]

农药	食品类型	施药剂量	残留量/(mg/kg)	MRL值/(mg/kg)	MRL值来源	参考文献
11.7%丙环唑·7%醚菌酯悬浮剂	人参	225g(a.i.)/hm²	0.0295~0.3653	0.1	中国	[86]
250g/L 嘧菌酯悬浮剂	枇杷	321.5~416.7mg/kg	0.015~1.004		中国	[87]
	草莓	400g(a.i.)/hm²	0.17~0.20	1	日本	[88]
10%嘧菌酯悬浮剂	苹果	150mg/kg	<0.01	0.05	中国	[89]
18.7%丙环·嘧菌酯悬乳剂	大豆	22.23m²/L	0.026	0.5	中国	[90]
40%嘧菌酯·戊唑醇悬浮剂	水稻	180g(a.i.)/hm²	<0.05	0.5	中国	[91]
50%嘧菌酯水分散粒剂	甜菜	270~405g(a.i.)/hm²	<0.010~0.54	—	—	[92]
	洋葱	300~450g(a.i.)/hm²	0.010~1.08	10	日本	[93]
20%嘧菌酯可湿性粉剂	小麦	270g(a.i.)/hm²	≤0.354	0.5	中国	[94]
28.4%嘧菌酯	大葱	351g(a.i.)/hm²	0.190~4.687	7.5	美国	[95]
30%吡噻菌胺·肟菌酯悬浮剂	番茄	270g(a.i.)/hm²	<0.33	0.7	—	[96]
40%肟菌酯·苯醚甲环唑水分散粒剂	苹果	100mg/kg	<0.10~0.37	0.7	—	[97]
42%肟菌酯浓缩悬浮液	水稻	330.75g(a.i.)/hm²	<0.10	0.1		[98]
肟菌酯	番茄	87.5g(a.i.)/hm²	<0.05	0.9	欧盟	[99]

5.1.2.3 琥珀酸脱氢酶抑制剂 (SDHIs)-酰胺类杀菌剂

酰胺类杀菌剂包括氟唑菌酰羟胺、氟唑菌苯胺、苯并烯氟菌唑、啶酰菌胺、联苯吡菌胺、吡唑萘菌胺、氟唑环菌胺、氟吡菌酰胺等。氟吡菌酰胺、联苯吡菌胺、氟唑环菌胺的残留风险监测物是其母体化合物。吡唑萘菌胺在植物源农作物上的残留风险监测物为其顺式和反式异构体之和。

该类杀菌剂在 GAP 田间试验条件下的最终残留量、最大残留限量值见表 5-7，相关 MRL 值有待于进一步完善。氟唑菌苯胺、联苯吡菌胺、吡唑萘菌胺无相关文献报道。

表 5-7　琥珀酸脱氢酶抑制剂-酰胺类杀菌剂残留量和最大残留限量

农药	食品类型	施药剂量	残留量/(mg/kg)	MRL 值/(mg/kg)	MRL 值来源	参考文献
20％氟唑菌酰羟胺悬浮剂	小麦	65mL/hm²	0.02	0.3	美国	[100]
	稻米	200g/hm²	0.4186	—	—	[101]
200g/L氟唑菌酰羟胺·苯醚甲环唑悬浮剂	香蕉	300.2mg/kg	＜0.01	—	—	[69]
苯并烯氟菌唑	猪肉牛肉	—	＜0.04	—	—	[102]
50％啶酰菌胺水分散粒剂	马铃薯	450～675g/hm²	＜0.212	—	—	[103]
	豆瓣菜		0.16～37.1	—	—	[104]
35％啶酰菌胺悬乳剂	黄瓜	379.5g/hm²	＜0.66	5	中国	[105]
20％啶酰菌胺悬浮剂	西瓜	—	＜0.05	—	—	[106]
25.2％啶酰菌胺悬浮剂	葡萄	380～570g/hm²	3.99	5	中国	[107]
50％啶酰菌胺水分散粒剂	草莓	337.5g/hm²	1.97	3	中国	[108]
氟唑环菌胺	糙米	市场抽样	0.004	0.01	CAC	[109]
400g/L氟吡菌酰胺·戊唑醇悬浮剂	洋葱	75～150g/hm²	0.12 0.33	—	—	[110]
41.7％氟吡菌酰胺悬浮剂	胡萝卜	500g/hm²	0.60～1.8	—	—	[111]
42.4％唑醚·氟酰胺悬浮剂	桑葚	212mg/L	0.593	—	—	[78]
400g/L氟吡菌酰胺·戊唑醇悬浮剂	葡萄	625～1250m²	0.01	2	CAC	[112]
	芒果	150～300g/hm²	1.266 1.433	—	—	[113]
43％氟吡菌酰胺·肟菌酯悬浮剂	人参	450mL/hm²	＜0.01～0.092	—	—	[114]
	甜瓜	112.5～225g(a.i.)/hm²	＜0.02～0.095	—	—	[115]

5.1.3 抗生素类杀菌剂

抗生素类杀菌剂包括井冈霉素、多抗霉素和申嗪霉素等。其残留风险监测物：井冈霉素是井冈霉素 A（结构式见图 5-6），多抗霉素是多抗霉素 B，申嗪霉素是其母体化合物。

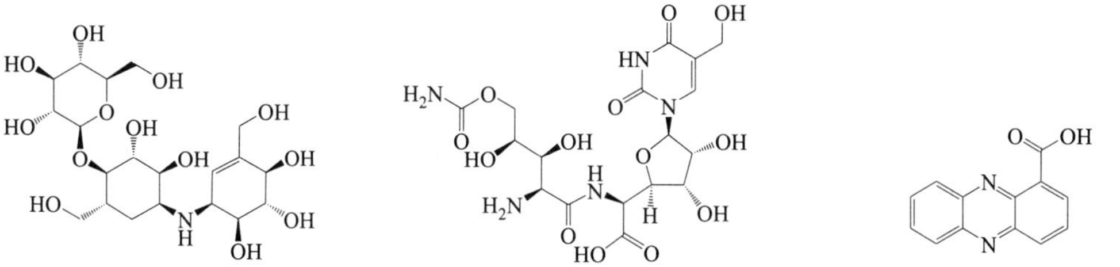

validamycin A   polyoxin B   phenazine-1-carboxylic acid

图 5-6　井冈霉素 A、多抗霉素 B 和申嗪霉素结构式

该类杀菌剂在 GAP 田间试验条件下的最终残留量、最大残留限量值见表 5-8，施药剂量为 $85 \sim 127.5 g/hm^2$ 和 $162 g/hm^2$，残留量 $< 0.1 mg/kg$，均小于 MRL 值。

表 5-8　抗生素类杀菌剂残留量和最大残留限量

农药	食品类型	施药剂量	残留量 /(mg/kg)	MRL 值 /(mg/kg)	MRL 值 来源	参考 文献
16% 多抗霉素 B 可溶粒剂	西瓜	$85 \sim 127.5 g/hm^2$	< 0.1	0.1	日本	[116]
24% 井冈·丙环唑可湿性粉剂	白术	$162 g/hm^2$	< 0.01	0.5	中国	[117]

5.1.4 新型除草剂品种

5.1.4.1 嘧啶类除草剂

嘧啶类除草剂包括苯嘧磺草胺、氟丙嘧草酯、双苯嘧草酮、氟嘧硫草酯、氯丙嘧啶酸，未见残留风险相关报道。

5.1.4.2 N-苯基酞酰亚胺类除草剂

N-苯基酞酰亚胺类除草剂包括丙炔氟草胺、氟烯草酸、吲哚酮草酯，上述 3 个除草剂品种由于缺乏完整 MRL 值、GAP 田间试验条件下的农药残留试验数据等，无膳食风险评估相关研究报道。表 5-9 为 480g/L 丙炔氟草胺悬浮剂的相关情况。

表 5-9　480g/L 丙炔氟草胺悬浮剂的残留试验数据相关情况

农药	食品类型	施药剂量	残留量/(mg/kg)	MRL 值/(mg/kg)	MRL 值来源	参考文献
480g/L 丙炔氟草胺悬浮剂	大豆	60g(a. i.)/hm²	<0.02	0.02	中国	[118]
	大豆	90g(a. i.)/hm²	<0.0003	0.02	中国	[119]

5.1.4.3　芳香吡啶类除草剂

芳香吡啶类除草剂包括氟氯吡啶酯和氯氟吡啶酯。氯氟吡啶酯残留风险监测物是其母体化合物，而氟氯吡啶酯残留风险监测物是氟氯吡啶酯及其酸代谢物之和，以氟氯吡啶酯表示（图 5-7）。GAP 田间试验条件下的农药残留试验数据未见报道。

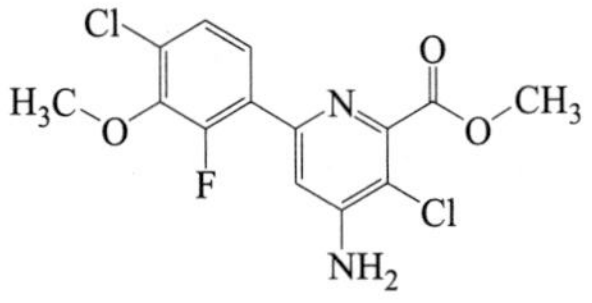

图 5-7　氟氯吡啶酯和氟氯吡啶酸结构式

5.1.4.4　三酮类除草剂

针对三酮类除草剂氟吡草酮，残留风险监测物是氟吡草酮及其代谢物 2-(2-甲氧基乙氧甲基)-6-(三氟甲基)吡啶-3-羧酸（SYN503780）和 2-(2-羟基乙氧甲基)-6-(三氟甲基)吡啶-3-羧酸（CSC686480）之和，以氟吡草酮表示（图 5-8）。GAP 田间试验条件下的农药残留试验数据未见报道。

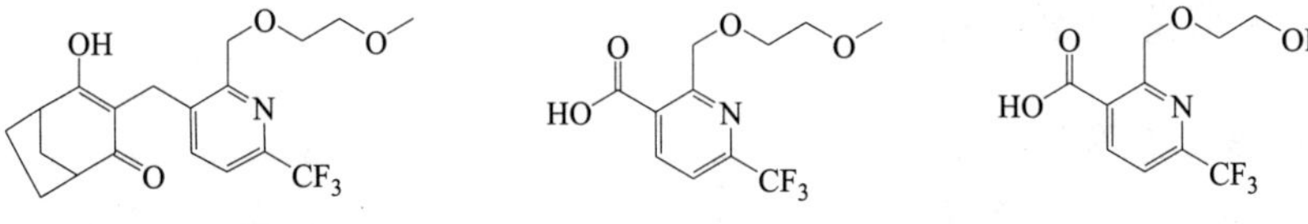

图 5-8　氟吡草酮及其代谢物 SYN503780 和 CSC686480 结构式

5.1.4.5　三嗪类除草剂

针对三嗪类绿色除草剂三氟草嗪，由于缺乏完整的 MRL 值、GAP 田间试验条件下的农药残留试验数据等，未见残留风险评估相关研究报道。

5.2　食品中绿色农药最大残留限量

制定农药最大残留限量（MRL）标准是加强农药残留风险管理的重要技术手段，也是世界各国的通行做法，对科学规范合理用药、加强农产品质量安全监管、维护农产品国际贸易等方面具有重要意义。

中国 MRL 由国家卫生健康委员会、农业农村部和国家市场监督管理总局负责制定，CAC 的由国际食品法典农药残留委员会负责制定；欧盟统一由欧盟食品安全局负责制定；美国的则由美国环保总局负责制定，其农业部和食药局分工负责食品中农药残留监测。了解发达国家和国际机构对食品中农药最大残留限量研究的现状，有利于进一步完善我国农药标准的制定，为推进农业标准化生产和加强农产品质量安全监管提供支撑[1]。

针对农药品种在食品中的农药最大残留限量，我们比较、统计分析了中国、CAC、欧盟和美国等不同国家和组织的限量标准数量；同时选取三类典型的食品类别，比较各国家和组织对农药在谷物、柑橘类水果以及动物源肉类中的 MRL 值。由表 5-10 和表 5-11 可知：①中国农药最大残留限量标准数量与发达国家差别大。我国农药的标准数目与 CAC 接近，但不及美国，与欧盟差距较大。②我国农药的限量标准针对性不强，对大类农产品的细分程度不够，所涉及的具体农产品往往以大类农产品统一做标准。对于大类下的具体作物品种应该制定更为详细的 MRL 值。③现行有效的 GB 2763—2021 增加了动物源食品中的最大残留限量标准，且限量标准制定严格。④部分农药的 MRL 值的制定还存在空白，尤其是除草剂类新型农药。因此，对于新型农药的 MRL 值制定亟待进一步完善。

表 5-10　不同国家（组织）对食品中农药最大残留限量（MRL）所制定的项目数

农药类别	农药名称	英文名	MRL 值项目数			
			中国	CAC	欧盟	美国
多杀菌素微生物源杀虫剂	多杀菌素	spinosad	45	39	314	115
	乙基多杀菌素	spinetoram	49	50	314	117
防治刺吸式口器害虫非烟碱类杀虫剂	氟啶虫酰胺	flonicamid	35	43	314	36
	螺虫乙酯	spirotetramat	67	45	314	59
	双丙环虫酯	afidopyropen	7	38	0	21
新烟碱类杀虫剂	氟吡呋喃酮	flupyradifurone	47	56	314	68
	三氟苯嘧啶	triflumezopyrim	2	12	47	1

农药类别	农药名称	英文名	MRL 值项目数			
			中国	CAC	欧盟	美国
双酰胺类杀虫剂	氯虫苯甲酰胺	chlorantraniliprole	90	46	314	114
	溴氰虫酰胺	cyantraniliprole	48	58	314	51
	氟苯虫酰胺	flubendiamide	24	25	314	25
	氯氟氰虫酰胺	cyhalodiamide	0	0	0	0
	环溴虫酰胺	cyclaniliprole	0	37	314	37
	四唑虫酰胺	tetraniliprole	0	0	0	33
	硫虫酰胺	thiotraniliprole	0	0	0	0
	溴虫氟苯双酰胺	broflanilide	0	0	0	31
EBIs-三唑类杀菌剂	戊唑醇	tebuconazole	73	66	314	41
	己唑醇	hexaconazole	11	0	257	0
	丙硫菌唑	prothioconazole	21	25	313	30
	叶菌唑	metconazole	1	32	314	28
	苯醚甲环唑	difenoconazole	88	62	314	73
	丙环唑	propiconazole	53	34	314	81
	氟环唑	epoxiconazole	14	0	314	2
甲氧基丙烯酸酯类杀菌剂	吡唑醚菌酯	pyraclostrobin	117	80	308	0
	嘧菌酯	azoxystrobin	80	59	311	121
	肟菌酯	trifloxystrobin	50	52	313	79
	烯肟菌酯	enestroburin	3	0	0	0
SDHIs-酰胺类杀菌剂	氟唑菌酰羟胺	pydiflumetofen	4	39	0	62
	氟唑菌苯胺	penflufen	0	0	311	8
	苯并烯氟菌唑	benzovindiflupyr	25	30	309	46
	啶酰菌胺	boscalid	63	45	309	58
	联苯吡菌胺	bixafen	15	16	314	22
	吡唑萘菌胺	isopyrazam	26	26	314	6
	氟唑环菌胺	sedaxane	11	14	314	16
	氟吡菌酰胺	fluopyram	50	78	314	86
抗生素类杀菌剂	井冈霉素	validamycin	10	0	0	0
	多抗霉素	polyoxins	8	0	0	0
	申嗪霉素	phenazine-1-carboxylicacid	6	0	0	0

农药类别	农药名称	英文名	MRL 值项目数			
			中国	CAC	欧盟	美国
嘧啶类除草剂	苯嘧磺草胺	saflufenacil	28	35	314	48
	氟丙嘧草酯	butafenacil	0	0	0	11
	双苯嘧草酮	benzfendizone	0	0	0	0
	氟嘧硫草酯	tiafenacil	0	0	0	6
	氯丙嘧啶酸	aminocyclopyrachlor	4	4	0	0
N-苯基酞酰亚胺类除草剂	丙炔氟草胺	flumioxazin	45	37	314	34
	氟烯草酸	flumiclorac	1	0	0	4
	吲哚酮草酯	cinidon-ethyl	0	0	313	0
芳基吡啶类除草剂	氟氯吡啶酯	halauxifen-methyl	1	0	0	7
	氯氟吡啶酯	florpyrauxifen-benyl	2	0	314	0
三酮类除草剂	氟吡草酮	bicyclopyrone	6	16	60	24
三嗪类除草剂	三氟草嗪	trifludimoxazin	0	0	0	10

注：表中数据为"0"表示该国或组织还没有针对此农药制定最大残留限量值。

表 5-11 各国家（组织）对新型农药在不同食品类型（谷物、柑橘类、肉类）中 MRL 的制定

农药类别	农药名称	英文名	不同食品类型的 MRL 值/(mg/kg)（含临时限量）			
			食品类型	中国	欧盟	CAC	美国
多杀菌素微生物源杀虫剂	多杀菌素	spinosad	谷物	0.5～1.0	2	1	1
			柑橘类	0.02～0.3	0.3	0.3	0.3～3.0
			肉类	2.0～3.0	0.1～3	0.2～3.0	0.1～50
	乙基多杀菌素	spinetoram	谷物	0.01～0.5	0.02	0.01～0.02	0.04～20
			柑橘类	0.15	0.02～0.15	0.15	0.3～0.5
			肉类	/	0.02	0.01～1	0.04～5.5
防治刺吸式口器害虫非烟碱类杀虫剂	氟啶虫酰胺	flonicamid	谷物	0.08～0.7	0.03～2	0.08	/
			柑橘类	1.2	0.15	0.3～3	0.2～1.5
			肉类	/	0.05～0.15	0.05～0.15	/
	螺虫乙酯	spirotetramat	谷物	0.1～2	0.02	/	1.5～10
			柑橘类	0.5～3	0.02～0.15	0.2～0.7	0.6～0.7
			肉类	0.01～0.05	0.02	0.01～0.05	/
	双丙环虫酯	afidopyropen	谷物	0.05	/	/	0.1～60
			柑橘类	/	/	0.03～0.4	0.02～0.15
			肉类	/	/	0.01	/

农药类别	农药名称	英文名	不同食品类型的 MRL 值/(mg/kg)（含临时限量）				
			食品类型	中国	欧盟	CAC	美国
新烟碱类杀虫剂	氟吡呋喃酮	flupyradifurone	谷物	0.015~5	0.01~3	3.0~5.0	0.05~40
			柑橘类	0.7~4	0.01~3	0.7~4	3
			肉类	0.3~1.5	0.015~0.3	0.8~1.5	0.01~0.3
	三氟苯嘧啶	triflumezopyrim	谷物	0.1~0.2	/	0.01~0.2	1
			柑橘类	/	/	/	/
			肉类	/	/	0.01	/
双酰胺类杀虫剂	氯虫苯甲酰胺	chlorantraniliprole	谷物	0.02~5	0.02~0.4	0.01~0.4	0.04~6
			柑橘类	0.5~2	0.7	0.4~0.7	1.4~14
			肉类	0.01~0.2	0.03~0.2	0.02~0.2	0.05~0.5
	溴氰虫酰胺	cyantraniliprole	谷物	0.2~0.3	0.01	0.01~0.02	0.01~0.02
			柑橘类	0.7	0.9	0.7	0.7
			肉类	0.02~0.2	0.01~1.5	0.1~0.4	0.1~0.4
	氟苯虫酰胺	flubendiamide	谷物	0.01~1	0.01~0.3	/	0.01~0.5
			柑橘类	/	0.01	0.8	/
			肉类	2	0.01~2	2	0.08~0.7
	氯氟氰虫酰胺	cyhalodiamide	谷物	/	/	/	/
			柑橘类	/	/	/	/
			肉类	/	/	/	/
	环溴虫酰胺	cyclaniliprole	谷物	/	0.01~0.3	0.45	/
			柑橘类	/	0.01	0.2~0.4	0.4
			肉类	/	0.01~2	0.01~0.25	0.01~0.015
	四唑虫酰胺	tetraniliprole	谷物	/	/	/	0.01
			柑橘类	/	/	/	1
			肉类	/	/	/	0.02~0.3
	硫虫酰胺	thiotraniliprole	谷物	/	/	/	/
			柑橘类	/	/	/	/
			肉类	/	/	/	/
	溴虫氟苯双酰胺	broflanilide	谷物	/	/	/	0.01~0.015
			柑橘类	/	/	/	/
			肉类	/	/	/	0.02

续表

农药类别	农药名称	英文名	不同食品类型的 MRL 值/(mg/kg)（含临时限量）				
			食品类型	中国	欧盟	CAC	美国
EBIs-三唑类杀菌剂	戊唑醇	tebuconazole	谷物	0.05~2	0.01~2	0.15~2	0.05~0.5
			柑橘类	2	0.01~5	0.4~0.7	1
			肉类	/	0.01~2	0.05	/
	己唑醇	hexaconazole	谷物	0.1	0.01	/	/
			柑橘类	/	0.01	/	/
			肉类	/	/	/	/
	丙硫菌唑	prothioconazole	谷物	0.05~0.1	0.01~0.2	0.05~0.2	0.04~0.35
			柑橘类	/	0.01	/	/
			肉类	0.01	0.01~0.5	0.01~0.02	0.02~0.2
	叶菌唑	metconazole	谷物	0.1	0.02~0.4	25	0.01~0.25
			柑橘类	/	0.02	/	/
			肉类	/	0.02	0.04	0.04
	苯醚甲环唑	difenoconazole	谷物	0.1~0.5	0.05~3	0.02~8	0.01~7
			柑橘类	0.2~0.6	0.6	0.6~4	0.6~2
			肉类	0.01~0.2	0.05~0.2	0.01~0.2	0.05~0.1
	丙环唑	propiconazole	谷物	0.05	0.01	0.09~0.7	0.3~7
			柑橘类	9	0.01	4~10	8
			肉类	0.01	0.01	0.01	0.05
	氟环唑	epoxiconazole	谷物	0.05~0.5	0.1~1.5	/	/
			柑橘类	1	0.05	/	/
			肉类	/	0.002~0.2	/	/
甲氧基丙烯酸酯类杀菌剂	吡唑醚菌酯	pyraclostrobin	谷物	0.2~5	0.02~1	0.03~1	/
			柑橘类	2~5	2	2	/
			肉类	0.05~0.5	0.01~0.05	0.05~0.5	/
	嘧菌酯	azoxystrobin	谷物	0.02~1	0.01~10	0.2~1.5	0.05~11
			柑橘类	1	15	15	2~20
			肉类	0.01~0.05	0.01~0.07	0.01~0.05	0.01~0.07
	肟菌酯	trifloxystrobin	谷物	0.01~0.5	0.01~5	0.02~8	0.05
			柑橘类	0.5	0.05	0.5~1	0.6~1
			肉类	/	0.02~0.07	0.04~0.05	0.04~0.1
	烯肟菌酯	enestroburin	谷物	/	/	/	/
			柑橘类	/	/	/	/
			肉类	/	/	/	/

农药类别	农药名称	英文名	不同食品类型的 MRL 值/(mg/kg)（含临时限量）				
			食品类型	中国	欧盟	CAC	美国
SDHIs-酰胺类杀菌剂	氟唑菌酰羟胺	pydiflumetofen	谷物	2	/	0.03～0.04	0.015～3.0
			柑橘类	/	/	/	1
			肉类	/	/	0.01～0.1	0.01
	氟唑菌苯胺	penflufen	谷物		0.01		0.01
			柑橘类		0.01	/	/
			肉类	/	0.01		
	苯并烯氟菌唑	benzovindiflupyr	谷物	0.01～1	0.01～1.5	0.1～1	0.02～1.5
			柑橘类	/	0.01	0.2	/
			肉类	0.01～0.03	0.01～0.1	0.01～0.03	0.01
	啶酰菌胺	boscalid	谷物	0.1～3	0.15～4	0.1～0.5	3
			柑橘类	2～6	2	2～6	2～4.5
			肉类	0.2～0.7	0.01～0.3	0.02～0.7	/
	联苯吡菌胺	bixafen	谷物	0.05～0.4	0.01～0.4	0.05～0.4	80
			柑橘类	/	0.01	/	/
			肉类	0.2～2	0.02～4	0.02～2	0.08～0.4
	吡唑萘菌胺	isopyrazam	谷物	0.03～0.07	0.01～0.6	0.03～0.6	/
			柑橘类	/	0.01	0.4	/
			肉类	0.01	0.01～0.03	0.01～0.03	/
	氟唑环菌胺	sedaxane	谷物	0.01	0.01	0.01	0.1
			柑橘类	/	0.01	0.01	/
			肉类	/	0.01	/	/
	氟吡菌酰胺	fluopyram	谷物	0.07	0.01～4	0.2～4	0.01～50
			柑橘类	1	0.01～0.9	0.4～0.6	1.0～2.0
			肉类	1.0～1.5	0.02～0.8	1～1.5	0.01～0.3
抗生素类杀菌剂	井冈霉素	validamycin	谷物	0.5	/	/	/
			柑橘类	/	/	/	/
			肉类	/	/	/	/
	多抗霉素	polyoxins	谷物	0.5	/	/	/
			柑橘类	/	/	/	/
			肉类	/	/	/	/

续表

农药类别	农药名称	英文名	不同食品类型的 MRL 值/(mg/kg)（含临时限量）				
			食品类型	中国	欧盟	CAC	美国
抗生素类杀菌剂	申嗪霉素	phenazino-1-carboxylicacid	谷物	0.05～0.1	/	/	/
			柑橘类	/	/	/	/
			肉类	/	/	/	/
嘧啶类除草剂	苯嘧磺草胺	saflufenacil	谷物	0.1～1.0	0.03	0.01～1	0.1～1.0
			柑橘类	0.01～0.05	0.03	0.01	0.03
			肉类	0.01	0.01	0.01～0.05	0.01～0.04
	氟丙嘧草酯	butafenacil	谷物	/	/	/	/
			柑橘类	/	/	/	/
			肉类	/	/	/	/
	双苯嘧草酮	benzfendizone	谷物	/	/	/	/
			柑橘类	/	/	/	/
			肉类	/	/	/	/
	氟嘧硫草酯	tiafenacil	谷物	/	/	/	0.01
			柑橘类	/	/	/	/
			肉类	/	/	/	/
	氯丙嘧啶酸	aminocyclopyrachlor	谷物	0.01～0.03	/	/	/
			柑橘类	/	/	/	/
			肉类	/	/	0.01～0.03	/
N-苯基酰亚胺类除草剂	丙炔氟草胺	flumioxazin	谷物	0.4	0.02	0.4	0.2～0.4
			柑橘类	0.05	0.02	0.02	0.02
			肉类	0.02	0.02	0.02	/
	氟烯草酸	flumiclorac	谷物	/	/	/	/
			柑橘类	/	/	/	/
			肉类	/	/	/	/
	吲哚酮草酯	cinidon-ethyl	谷物	/	0.05	/	/
			柑橘类	/	0.05	/	/
			肉类	/	0.1	/	/
芳基吡啶类除草剂	氟氯吡啶酯	halauxifen-methyl	谷物	0.02	/	/	0.01
			柑橘类	/	/	/	/
			肉类	/	/	/	/

农药类别	农药名称	英文名	不同食品类型的 MRL 值/（mg/kg）（含临时限量）				
			食品类型	中国	欧盟	CAC	美国
芳基吡啶类除草剂	氯氟吡啶酯	florpyrauxifen-benzyl	谷物	0.1~0.5	0.01~0.02	/	/
			柑橘类	/	0.01	/	/
			肉类	/	0.01	/	/
三酮类除草剂	氟吡草酮	bicyclopyrone	谷物	0.04	0.2~0.4	0.04	0.04~0.07
			柑橘类				
			肉类		0.02	0.01~0.02	/
三嗪类除草剂	三氟草嗪	trifludimoxazin	谷物	/	/	/	0.01
			柑橘类	/	/	/	0.01
			肉类	/	/	/	/

注："肉类"指除哺乳动物内脏外的肌肉、脂肪。"/"指各国（组织）尚未制定相关最大残留限量标准。

5.3 绿色农药每日允许摄入量

农药的每日允许摄入量（acceptable daily intake，ADI）是指人类终生每日摄入某物质，而不产生可检测到的危害健康的估计量，以每千克体重可摄入的量表示，单位为 mg/kg bw。这一摄入量是根据联合国粮农组织（FAO）和健康组织（WHO）农药联合会议关于农药残留的化学评价而确定的。是依据未观察到有害作用剂量水平（NOAEL）或基准剂量可信下限（BMDL）与不确定系数比值比较进行制定。它是科学评价农药对人类的健康风险的基础。

目前，全球制定 ADI 的国家和组织主要是美国环保署、欧盟欧洲食品安全局、加拿大环保署、日本食品安全委员会、中国农业农村部和世界卫生组织等。中国制定农药 ADI 值的方法基于《农药每日允许摄入量制定指南》（中华人民共和国农业部公告第 1825 号）。

典型绿色农药的每日允许摄入量制定情况见表 5-12，从制定数量上看，中国、欧盟和世界卫生组织（WHO）分别制定了 35、26、30 个农药品种，中国制定数量最多，其主要集中在中国自主研发的新药；从制定严格程度上看，中国农药品种与欧盟和世界卫生组织相当，某些农药的 ADI 值比之略严格。ADI 的合理制定对做好农药残留标准制定工作，科学评价农药对人类的健康风险，保证农产品质量安全和人民群众的身体健康有着重要的意义。

表 5-12 典型新型农药每日允许摄入量   单位：mg/kg bw

序号	农药名称	英文名	中国[120]	欧盟[121]	WHO[122]
1	多杀菌素	spinosad	0.02	0.024	/
2	乙基多杀菌素	spinetoram	0.05	0.025	0.05
3	氟啶虫酰胺	flonicamid	0.07	0.025	0.07
4	螺虫乙酯	spirotetramat	0.05	0.05	/
5	双丙环虫酯	afidopyropen	/	/	0.08
6	氟吡呋喃酮	flupyradifurone	0.08	0.064	0.08
7	三氟苯嘧啶	triflumezopyrim	/	/	0.2
8	溴氰虫酰胺	cyantraniliprole	0.03	0.01	0.03
9	氯虫苯甲酰胺	chlorantraniliprole	2	1.56	2
10	氟苯虫酰胺	flubendiamide	0.02	0.017	/
11	氯氟氰虫酰胺	cyhalodiamide	/	/	/
12	环溴虫酰胺	cyclaniliprole	/	/	0.04
13	四唑虫酰胺	tetraniliprole	/	/	2
14	硫虫酰胺	thiotraniliprole	/	/	/
15	溴虫氟苯双酰胺	broflanilide	/	/	0.02
16	戊唑醇	tebuconazole	0.03	0.03	0.03
17	己唑醇	hexaconazole	0.005	0.005	0.005
18	丙硫菌唑	prothioconazole	0.01	0.01	0.05
19	叶菌唑	metconazole	0.01	0.01	0.04
20	苯醚甲环唑	difenoconazole	0.01	0.01	0.01
21	丙环唑	propiconazole	0.07	0.04	0.07
22	氟环唑	epoxiconazole	0.02	0.008	/
23	吡唑醚菌酯	pyraclostrobin	0.03	0.03	0.03
24	嘧菌酯	azoxystrobin	0.2	0.2	0.2
25	肟菌酯	trifloxystrobin	0.04	0.1	0.04
26	烯肟菌酯	enestroburin	0.024	/	/
27	氟唑菌酰羟胺	pydiflumetofen	/	/	0.1
28	氟唑菌苯胺	penflufen	/	0.04	/
29	苯并烯氟菌唑	benzovindiflupyr	0.05	0.05	0.05
30	啶酰菌胺	boscalid	0.04	0.04	0.04
31	联苯吡菌胺	bixafen	0.02	0.02	0.02

续表

序号	农药名称	英文名	中国[120]	欧盟[121]	WHO[122]
32	吡唑萘菌胺	isopyrazam	0.06	0.03	0.06
33	氟唑环菌胺	sedaxane	0.1	0.11	0.1
34	氟吡菌酰胺	fluopyram	0.01	0.012	0.01
35	井冈霉素	validamycin	0.1	/	/
36	多抗霉素	polyoxins	10	/	/
37	申嗪霉素	phenazino-1-carboxylic acid	0.0028	/	/
38	氟氯吡啶酯	halauxifen-methyl	0.058	/	/
39	氯氟吡啶酯	florpyrauxifen-benzyl	3	/	/
40	氯丙嘧啶酸	aminocyclopyrachlor	3	/	3
41	氟吡草酮	bicyclopyrone	0.003	/	0.003
42	三氟草嗪	trifludimoxazin	/	/	/
43	氟烯草酸	flumiclorac	1	/	/
44	吲哚酮草酯	cinidon-ethyl	/	/	/
45	丙炔氟草胺	flumioxazin	0.02	0.018	0.02
46	氟丙嘧草酯	butafenacil	/	/	/
47	双苯嘧草酮	benzfendizone	/	/	/
48	苯嘧磺草胺	saflufenacil	0.05	/	0.05
49	氟嘧硫草酯	tiafenacil	/	/	/

注："/"表示未制定。

5.4 绿色农药与膳食风险

　　农药残留膳食风险评估的目的是评估人类因膳食摄入农药产生的风险，主要程序是通过农药残留试验结果及人群膳食结构，推算人群每天通过食物摄入的农药量，再根据毒理学试验结果，推导农药在不同作物上的每日允许摄入量（ADI），最后通过二者的比值来表征风险大小。如果比值大于1，说明风险不可接受，需要采取进一步的风险控制措施，确保食品中的农药残留保持在安全水平范围内。

5.4.1 绿色杀虫剂品种

5.4.1.1 多杀菌素微生物源杀虫剂

　　多杀菌素微生物源杀虫剂包括多杀菌素和乙基多杀菌素。其膳食风险评估监测物：多杀菌素是多杀菌素 A 和多杀菌素 D（结构如图 5-9）。乙基多杀菌素是乙基多杀菌素、N-去甲基代谢产物和 N-甲酰代谢产物（结构如图 5-10）。

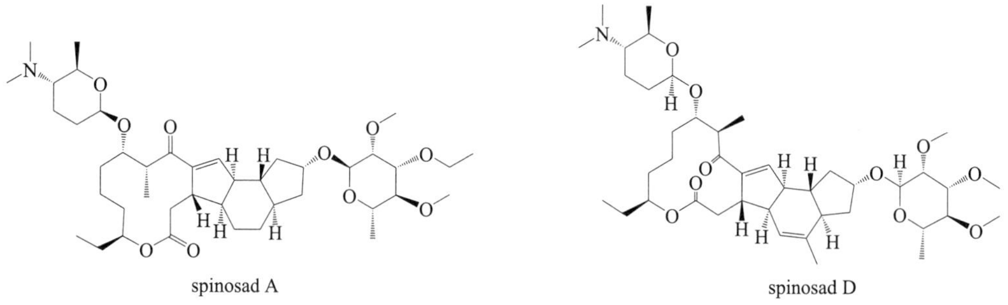

图 5-9　多杀菌素 A 和多杀菌素 D

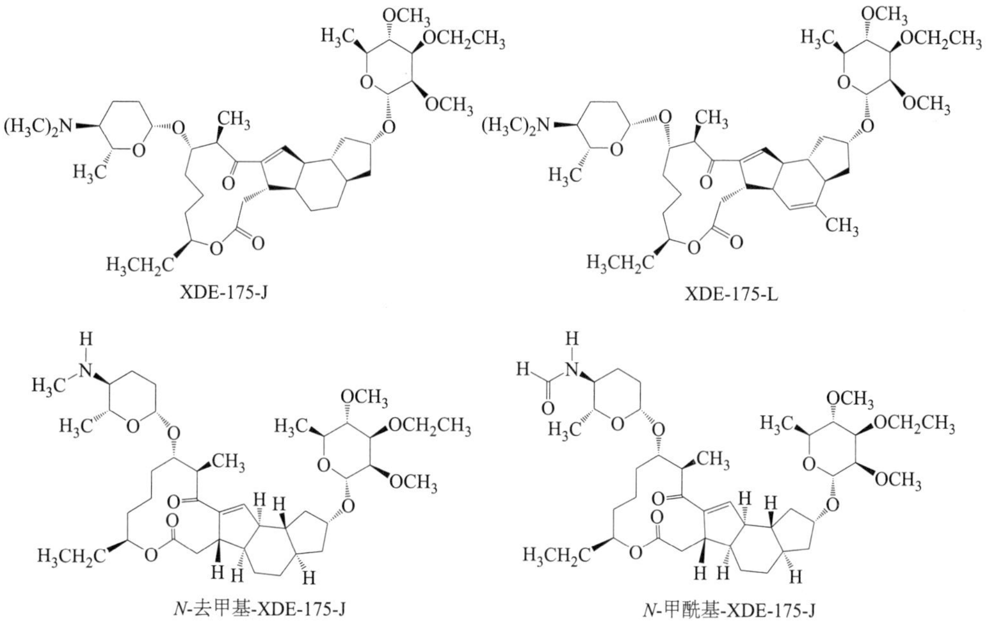

图 5-10　乙基多杀菌素（XDE-175-J/L）、N-去甲基-XDE-175-J 和 N-甲酰基-XDE-175-J

在 GAP 田间试验条件下，开展了多杀菌素在小麦、谷物、豇豆，乙基多杀菌素在蔬菜和加工制品的长期膳食摄入和风险评估研究。比较不同食品对农药国家估计每日摄入量的贡献率，其中主粮的贡献率最大，蔬菜和加工制品次之。研究还发现多杀菌素在豇豆上的长期膳食摄入风险可能会导致较大的慢性膳食暴露风险，在其他农产品中的慢性风险均较小（见表 5-13）。

表 5-13　典型多杀菌素微生物源杀虫剂的膳食暴露风险评估

农药名称	食品类型	残留中值或参考限量/(mg/kg)	国家估算每日摄入量(NEDI)/[mg/(kg·d)]	风险商或风险值/%	风险是否可接受	参考文献
多杀菌素	小麦 玉米 绿豆 稻谷	0.37912～0.42658	0.0910～0.1023	7.6～8.5	是	[2]
	豇豆	0.067	0.05	>100	否	[5]
乙基多杀菌素	上海青	/	0.05	0.21	是	[27]
	小白菜	0.27	0.05	3.1～5.6	是	[7]
	花椰菜	0.00209	0.05	5.79～5.91	是	[123]
	绿茶	0.167	0.05	0.043	是	[124]
	红茶	0.126		0.053		

注："/"表示未提供文献值。

5.4.1.2　防治刺吸式口器害虫非烟碱类杀虫剂

防治刺吸式口器害虫非烟碱类杀虫剂包括氟啶虫酰胺、螺虫乙酯和双丙环虫酯。其膳食风险评估监测物：氟啶虫酰胺、N-(4-三氟甲基烟酰)甘氨酸(TFNG)、4(三氟甲基)烟酸(TFNA)、4-(三氟甲基)烟酰胺(TFNA-AM) 的总和，结构如图 5-11；螺虫乙酯的是螺虫乙酯 (BY108330)、螺虫乙酯烯醇 (B-e-nol、B-mono、B-keto、B-glu) 的总和 (图 5-12)；针对双丙环虫酯，目前主要国家和组织未规定其风险评估定义，M440I007 是双丙环虫酯主要代谢物 (图 5-13)[124]。此类杀虫剂的膳食暴露风险评估如表 5-14 所示。

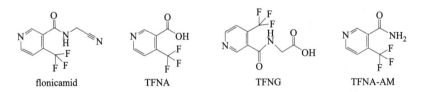

flonicamid　　　　TFNA　　　　TFNG　　　　TFNA-AM

图 5-11　氟啶虫酰胺、TFNA、TFNG 和 TFNA-AM 的结构式

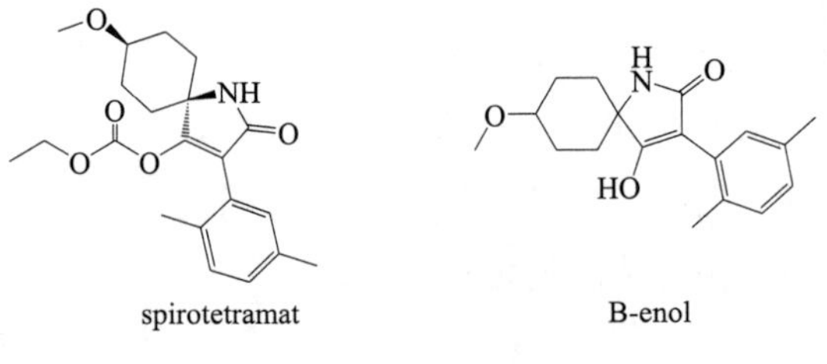

spirotetramat　　　　　　　　B-enol

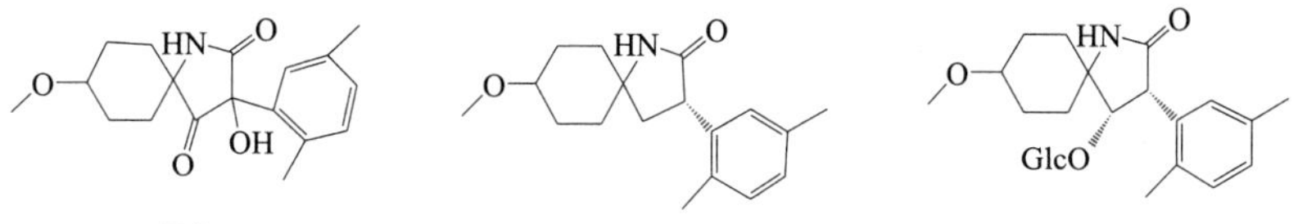

图 5-12 螺虫乙酯及其 4 个主要代谢物结构式

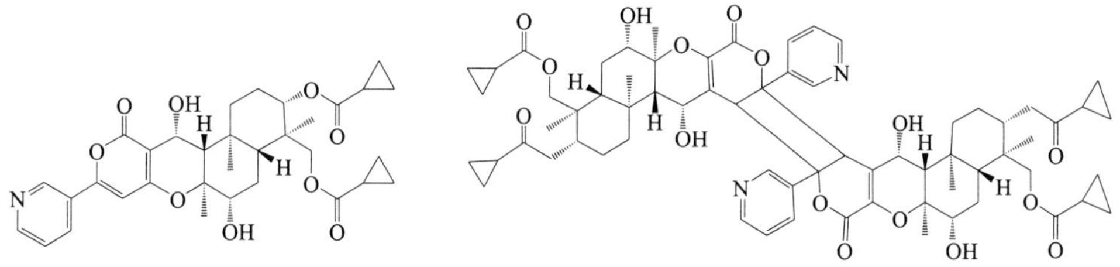

图 5-13 双丙环虫酯和 M440I007 结构式

表 5-14 典型防治刺吸式口器害虫非烟碱类杀虫剂的膳食暴露风险评估

农药名称	食品类型	残留中值或参考限量/(mg/kg)	国家估算每日摄入量（NEDI）/[mg/(kg·d)]	风险商或风险值/%	风险是否可接受	参考文献
氟啶虫酰胺	草莓	/	0.04	/	是	[12]
	桃	0.015	0.07	18	是	[13]
	黄芪	0.01	0.04	0.0043	是	[125]
	苹果	0.03	0.025	<100	是	[126]
	金银花	0.78	0.07	0.11~0.28	是	[10]
	黄瓜 卷心菜 桃 棉花	0.018	/	4.4	是	[127]
螺虫乙酯	莲雾 山楂 柿子 杏	3.7	0.05	6.56	是	[21]
	石榴	0.051	0.05	<1	是	[128]
	豌豆	0.057	0.05	6.07	是	[129]
	甜椒	0.12	0.05	6.56	是	[130]
	菠萝	0.05	0.05	17.5	是	[20]

续表

农药名称	食品类型	残留中值或参考限量/(mg/kg)	国家估算每日摄入量（NEDI）/[mg/(kg·d)]	风险商或风险值/%	风险是否可接受	参考文献
双丙环虫酯	茶叶	0.26		0.013	是	[131]
	棉花	0.08	<0.01	28	是	[132]
	黄瓜油桃	/	0.07	<2	是	[133]

注："/"表示未提供文献值。

氟啶虫酰胺、螺虫乙酯、双丙环虫酯的膳食暴露评估中，需要考虑农药母体及其代谢物的暴露水平，近年来国内外报道的防治刺吸式口器害虫非烟碱类绿色杀虫剂膳食风险评估结果见表5-14。比较不同食品对农药国家估计每日摄入量的贡献率，水果的贡献率最大，其次是蔬菜；氟啶虫酰胺、螺虫乙酯、双丙环虫酯在上述食品中的长期膳食摄入风险均较小。

5.4.1.3 新烟碱类杀虫剂

新烟碱类杀虫剂包括氟吡呋喃酮、三氟苯嘧啶。其膳食风险评估监测物：氟吡呋喃酮是氟吡呋喃酮、二氟乙酸和6-氯烟酸（6-CNA）的总和，结构如图5-14。三氟苯嘧啶是三氟苯嘧啶及其代谢物 IN-Y2186 的总和（结构如图5-15）。

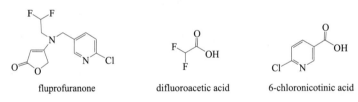

图 5-14　氟吡呋喃酮、二氟乙酸和 6-氯烟酸（6-CNA）结构式

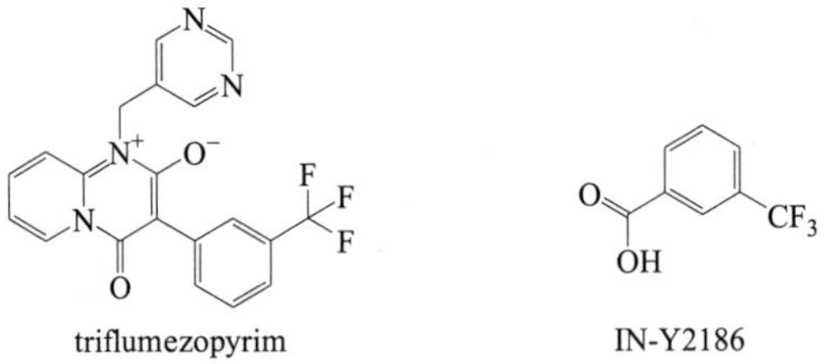

图 5-15　三氟苯嘧啶及其代谢物 IN-Y2186 结构式

上述两种农药的登记作物较少，因此对于该农药的膳食风险评估数据也很少。长期膳食摄入风险评估结果显示，成年国家估算每日摄入量（NEDI）为<0.08～0.2mg/(kg·d)；研究结果表明，在 GAP 条件下施药，氟吡呋喃酮在小作物品种胡椒、人参中，三氟苯嘧啶在水稻中的慢性膳食暴露风险均较小（表5-15）。

表 5-15　典型新烟碱类杀虫剂的膳食暴露风险评估

农药名称	食品类型	残留中值或参考限量/(mg/kg)	国家估算每日摄入量（NEDI）/[mg/(kg·d)]	风险商或风险值/%	风险是否可接受	参考文献
氟吡呋喃酮	胡椒	0.05	0.00094	1.2	是	[22]
	人参	1.801	0.08	<100	是	[23]
三氟苯嘧啶	水稻	0.086	0.2	0.5	是	[134]

5.4.1.4　双酰胺类杀虫剂

双酰胺类杀虫剂包括氯虫苯甲酰胺、溴氰虫酰胺、氟苯虫酰胺、氯氟氰虫酰胺、环溴虫酰胺、四唑虫酰胺、硫虫酰胺以及溴虫氟苯双酰胺。根据 JMPR 报告，氯虫苯甲酰胺、溴氰虫酰胺、氟苯虫酰胺、环溴虫酰胺的风险评估监测物均为其母体化合物，而相关国家和组织对氯氟氰虫酰胺、四唑虫酰胺、硫虫酰胺以及溴虫氟苯双酰胺的膳食风险评估定义未做规定。

四唑虫酰胺、氯虫苯甲酰胺、溴氰虫酰胺和氟苯虫酰胺主要在水稻、蔬菜和水果中使用，基于 GAP 田间试验条件，参照居住地、性别、年龄、残留水平和毒理学数据开展消费者的慢性膳食风险评估，其风险商均<1，试验结果见表 5-16。因此，在推荐的剂量下施用，其农药残留量不会给消费者造成风险。其他双酰胺类杀虫剂的膳食风险评估需要进一步开展和完善。

表 5-16　双酰胺类杀虫剂的膳食暴露风险评估表

农药名称	食品类型	残留中值或参考限量/(mg/kg)	国家估算每日摄入量（NEDI）/[mg/(kg·d)]	风险商或风险值/%	风险是否可接受	参考文献
氯虫苯甲酰胺	山楂	<0.38	2.34	1.8	是	[32]
	桃子	0.36	2.3483	1.86	是	[29]
	水稻	0.35	1.23	28.12	是	[135]
溴氰虫酰胺	上海青	/	0.03	0.0271	是	[136]
氟苯虫酰胺	番茄	0.182	0.03	2.2	是	[36]
	卷心菜	/	0.01	46.76	是	[36]
	黄瓜	0.15	0.017	/	是	[137]
	卷心菜	/	0.02	0.13	是	[138]
四唑虫酰胺	鹰嘴豆	0.02	/	0.28	是	[139]

注："/"表示未提供文献值。

5.4.2 绿色杀菌剂品种

5.4.2.1 麦角甾醇生物合成抑制剂 (EBIs)-三唑类杀菌剂

三唑类杀菌剂包括戊唑醇、己唑醇、丙硫菌唑、叶菌唑、苯醚甲环唑、丙环唑、氟环唑。其膳食风险评估监测物：戊唑醇、己唑醇、苯醚甲环唑是其母体化合物；丙硫菌唑是丙硫菌唑、3-羟基丙硫菌唑、4-羟基丙硫菌唑之和（结构式见图5-16）；叶菌唑是其异构体之和；丙环唑是丙环唑和所有可转化为2,4-二氯苯甲酸的代谢物。

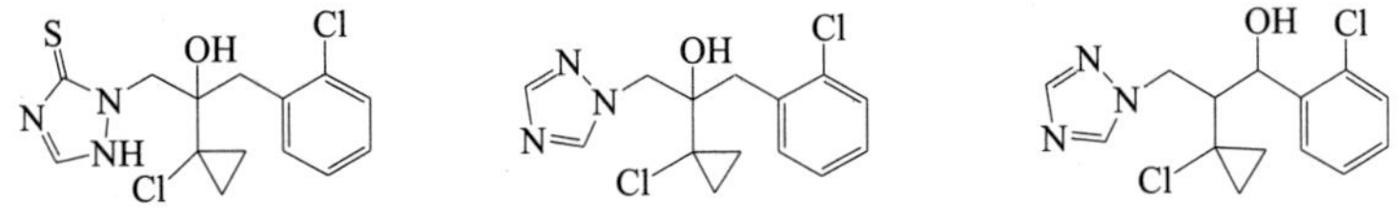

prothioconazole 3-hydroxypropionazole 4-hydroxypropionazole

图 5-16 丙硫菌唑、3-羟基丙硫菌唑、4-羟基丙硫菌唑结构式

基于 GAP 条件下的残留试验数据，上述绿色杀菌剂短期或者长期的膳食暴露评估结果表明，除戊唑醇在枇杷上的风险商大于1，具有一定的膳食摄入风险，其他杀菌剂在水稻、水果等作物上的风险商均小于1，对消费者长期膳食摄入风险较低，结果见表5-17。

表5-17 典型麦角甾醇生物合成抑制剂-三唑类杀菌剂的膳食暴露风险评估

农药名称	食品类型	残留中值或参考限量/(mg/kg)	国家估算每日摄入量（NEDI）/[mg/(kg·d)]	风险商或风险值/%	风险是否可接受	参考文献
戊唑醇	梨	<0.5	0.03	/	是	[44]
	桃	0.053	0.03	0.03	是	[45]
	大葱	0.100	0.03	95.5	是	[43]
	葡萄	/	0.03	75.9	是	[46]
	枣树	1.10	0.03	0.028	是	[47]
	甘蔗	0.445	0.02034	33.37~76.93	是	[48]
	枇杷	0.445	0.02034	66.32~109.49	否	[48]
	石榴	0.117	0.117	/	是	[49]
	糙米	0.757	1.71	90.6	是	[140]
	精米	/	1.71	90.6	是	[140]
	香蕉	0.24	0.03	0.45~2.69	是	[141]
	水稻	0.35	0.04	4.4~10.9	是	[98]
己唑醇	猕猴桃	0.24	0.0037	74	是	[52]
	糙米	0.01	0.001385	0.2	是	[53]

农药名称	食品类型	残留中值或参考限量/（mg/kg）	国家估算每日摄入量（NEDI）/［mg/（kg·d）］	风险商或风险值/%	风险是否可接受	参考文献
丙硫菌唑	小麦	0.02～0.0912	0.01	1.30～5.95	是	［142］
	糙米	<0.5	0.03	/	是	［54］

注："/"表示未提供文献值。

5.4.2.2 甲氧基丙烯酸酯类杀菌剂

甲氧基丙烯酸酯类杀菌剂包括吡唑醚菌酯、嘧菌酯、肟菌酯和烯肟菌酯等。其膳食风险评估监测物：吡唑醚菌酯、嘧菌酯是其母体化合物；肟菌酯是肟菌酯和肟菌酸之和（结构式见图 5-17）；而相关国家和组织对烯肟菌酯的膳食风险评估定义未做规定。

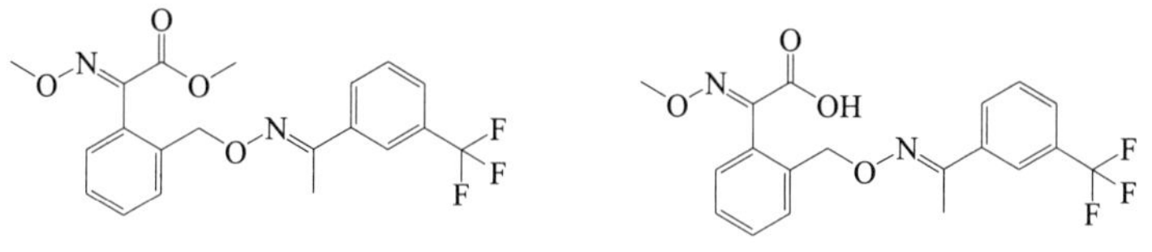

triofloxystrobin　　　　　　　　triofloxystrobin acid

图 5-17　肟菌酯和肟菌酸结构式

表 5-18　甲氧基丙烯酸酯类杀菌剂的膳食暴露风险评估表

名称	食品类型	残留中值或参考限量/（mg/kg）	国家估算每日摄入量（NEDI）/［mg/（kg·d）］	风险商或风险值/%	风险是否可接受	参考文献
醚菌酯	鲜人参人参干粉	0.016～0.04	/	0.762～1.28	是	［76］
	西瓜	0.01	0.0073	/	是	［68］
	草莓	0.25	2.562	36	是	［77］
	桑葚	7	/	3.7～11.4	是	［78］
	香蕉	/	0.00341～0.007	1.2	是	［143］
嘧菌酯	水稻	0.1	/	1.0～2.5	是	［144］
	小麦	1	0.0108	0.4	是	［94］
	大葱	/	0.003	<1	是	［95］
	辣椒	0.5	0～0.05	/	是	［42］
	茄子	/	/	<0.18	是	［81］
	苦瓜	/	/	<22	是	［81］
	蕹菜	/	/	<9.59	是	［81］
	姜	0.01	0.000144	/	是	［82］
	萝卜	0.01	0.000244	/	是	［82］

续表

名称	食品类型	残留中值或参考限量/（mg/kg）	国家估算每日摄入量（NEDI）/[mg/（kg·d）]	风险商或风险值/%	风险是否可接受	参考文献
嘧菌酯	豇豆	0.01	0.0001886	/	是	[82]
	甜瓜	0.01	0.001995	/	是	[42]
	金银花	0.25	0.00256	20.3	是	[67]
	马铃薯	0.01	2.6251	20.83	是	[85]
	大豆	/	1.3942	/	是	[90]
	甜菜根	/	0.1853	1.47	是	[92]
	苹果	1	0.014	7.2	是	[89]
	葡萄	3	0.6	31.7	是	[107]
肟菌酯	水稻	0.35	0.04	/	是	[98]
	番茄	0.1	0.2645	10.5	是	[96]
	苹果	0.7	0.19	7.5	是	[97]

注："/"表示未提供文献值。

吡唑醚菌酯、嘧菌酯和肟菌酯是广谱性杀菌剂，广泛应用于粮食作物、蔬菜、水果的病害防治。在 GAP 田间试验条件下的残留膳食风险评估结果见表 5-18，从国家估算每日摄入量的贡献率来看，水果的贡献率最大，粮食作物其次。其膳食风险评估的风险商绿色农药均<1，因此评价的食品类别中的膳食摄入风险均较小。而烯肟菌酯的相关毒理学、化学残留量以及相关数据缺乏，无相关膳食风险评估数据。

5.4.2.3 琥珀酸脱氢酶抑制剂 （SDHIs）-酰胺类杀菌剂

酰胺类绿色杀菌剂包括氟唑菌酰羟胺、氟唑菌苯胺、苯并烯氟菌唑、啶酰菌胺、联苯吡菌胺、吡唑萘菌胺、氟唑环菌胺、氟吡菌酰胺等。啶酰菌胺、氟吡菌酰胺、氟唑环菌胺、联苯吡菌胺的膳食风险监测物是其母体化合物。吡唑萘菌胺的膳食风险监测物是其母体与代谢物 CSCD459488 之和，以吡唑萘菌胺计（图 5-18）。

顺式(cis-)：SYN534968　　反式(trans-)：SYN534969　　CSCD459488

图 5-18　吡唑萘菌胺异构体及其代谢物

该类杀菌剂在 GAP 田间试验条件下，农药在农产品中的残留量均较低，从该类杀菌剂国家估算每日摄入量的贡献率来看，蔬菜的贡献率最大，其次是粮食作物，该类杀菌剂的膳食摄入风险均较小（表 5-19）。

表 5-19 典型琥珀酸脱氢酶抑制剂-酰胺类杀菌剂的膳食暴露风险评估

农药名称	食品类型	残留中值或参考限量/（mg/kg）	国家估算每日摄入量（NEDI）/[mg/(kg·d)]	风险商或风险值/%	风险是否可接受	参考文献
氟唑菌酰羟胺	稻米	0.4186	0.0021	2.09	是	[101]
	大豆	<0.01	0.4719	7.54	是	[81]
	香蕉	<0.01	0.0421	78.21	是	[69]
	番茄	/	/	2.0	是	[145]
氟唑菌苯胺	马铃薯	0.01	/	0.1	是	[146]
啶酰菌胺	马铃薯	0.01	1.4550	57.7	是	[103]
	豆瓣菜	6.21	1.2151	48.2	是	[104]
	黄瓜	0.04	/	3.0	是	[105]
	西瓜	0.05	0.002285	62.6	是	[106]
	葡萄	0.3768	0.0914	31.7	是	[107]
氟唑环菌胺	糙米	0.02	/	0.12	是	[109]
	马铃薯	0.01	/	/	是	[147]
氟吡菌酰胺	萝卜	1.44	0.025~0.18	23~40	是	[111]
	甜瓜	0.031~0.07	0.000030~0.000232	0.0079~0.0671 0.2978~2.5268	是	[115]

注："/"表示未提供文献值。

5.4.2.4 抗生素类杀菌剂

抗生素类绿色杀菌剂包括井冈霉素、多抗霉素以及申嗪霉素。尽管我国在国家标准中规定了部分 MRL 值，但由于缺乏完整的毒理学、ADI 值等相关数据，其膳食风险评估研究亟需开展。

5.4.3 新型除草剂品种

5.4.3.1 嘧啶类除草剂

嘧啶类除草剂包括苯嘧磺草胺、氟丙嘧草酯、双苯嘧草酮、氟嘧硫草酯、氯丙嘧啶酸，其膳食风险评估监测物：苯嘧磺草胺是其母体化合物。而相关国家和组织对氟丙嘧草酯、双苯嘧草酮、氟嘧硫草酯、氯丙嘧啶酸的膳食风险评估定义未作规定。上述 5 个除草品种由于缺乏完整 MRL 值、GAP 田间试验条件下的农药残留试验数据等，无膳食风险评估相关研究报道。

5.4.3.2　N-苯基酞酰亚胺类除草剂

N-苯基酞酰亚胺类除草剂包括丙炔氟草胺、氟烯草酸、吲哚酮草酯。丙炔氟草胺、氟烯草酸膳食风险评估监测物均为其母体化合物。上述3个除草剂品种由于缺乏完整 MRL 值、GAP 田间试验条件下的农药残留试验数据等，无膳食风险评估相关研究报道。

5.4.3.3　芳香吡啶类除草剂

芳香吡啶类除草剂包括氟氯吡啶酯和氯氟吡啶酯。上述2个除草剂品种由于缺乏完整 MRL 值、GAP 田间试验条件下的农药残留试验数据等，无膳食风险评估相关研究报道。

5.4.3.4　三酮类除草剂

针对三酮类绿色除草剂氟吡草酮，由于缺乏完整 MRL 值、GAP 田间试验条件下的农药残留试验数据等，无膳食风险评估相关研究报道。

5.4.3.5　三嗪类除草剂

针对三嗪类绿色除草剂三氟草嗪，由于缺乏完整 MRL 值、GAP 田间试验条件下的农药残留试验数据等，无膳食风险评估相关研究报道。

5.5　总结与展望

目前我国农药残留风险评估取得了阶段性的进展，用于指导农药残留风险评估的技术方法和体系陆续发布，原理、程序、方法与国际接轨；相关毒理学、化学残留以及膳食暴露数据不断完善，为农药残留的风险评估提供了数据支撑。但同时存在一定的问题，首先风险评估相关机制不健全，相关部门之间的数据缺乏有效衔接和共享，以风险评估为核心的风险评估结果发布机制、风险预警通报机制、风险监测机制不成熟，与国际上欧美及日本等国家与地区相比有较大的差距；其次，农药风险评估技术体系整体上与国际还是有很大差距，我国的基础信息和数据量小，由于开展农药风险评估需要大量的残留基础数据，而目前的残留基础数据严重不足，残留试验要求和最终残留试验数据尚不能完全满足残留限量的制定，限量标准数量及 MRL 值与欧美发达国家有一定的差距。

绿色农药多为近年来开发的高效、低毒、低残留的农药品种，基于毒理学数据的 ADI 值和 ARfD 资料不够完善，急需加强高效、低毒、低残留绿色农药的残留风险评估；无论是 GAP 条件下农产品中的残留监测，还是在农产品（食品）中的市场监测数据都比较匮乏；绿色农药 MRL 值的制定和修订工作相对滞后。另外，农药 MRL 值的制定大多针对初级农产品。然而，大多数初级农产品都需要加工后食用，农药残留在加工过程中可能发生改变，甚至可能转化成为一些对人体健康更加有害的代谢产物。初级农产品中的农药残留水平并不能完全体现消费者膳食摄入农药的风险，因而需要在残留风险评估中考虑农产品采收后加工过程中的残留变化，以确保消费者膳食风险在可以控制的水平内。

多种农药混合使用、盲目使用或者不科学使用会造成农产品中多农药残留现象突出。食品中的多种农药残留进入到人体后，可能会增加对人体健康的潜在风险。科学分析、评估多农药残留暴露对人体的毒性作用已成为监管者、法规制定者和消费者最为关心的问题。目前针对农药多残留的膳食风险评估研究相对薄弱，开展农产品中多农药联合暴露的风险评估研究工作势在必行。

随着人类对食品安全和环境保护意识的增强，现有农药中的高残留风险引起了越来越多的关注。这种高残留风险的主要原因之一是部分农药的 ADI 值偏低，毒性较高，其在农作物中长期、反复使用给人类造成了一定的膳食摄入风险。因此，需要多学科交叉渗透，通过加强农药残留监测、推动绿色替代产品研发、完善监管体系及提高公众意识，在保障农业生产的同时，切实保护人类健康和生态环境，实现农业的可持续发展。

总之，开展有针对性的农药残留风险评估研究，加强评估方法体系建设，加大食品中农药残留监测力度，对农药的安全性进行科学评价，是未来很长一段时间内绿色农药残留风险评估努力的方向。

参考文献

[1] 农业部. 食品中农药残留风险评估指南(公告第 2308 号). 2015-10-08.

[2] 杜林林. 多杀菌素粉剂在储粮中的残留检测及其残效研究. 武汉：武汉轻工大学，2016.

[3] 何灿. 多杀菌素和甲维盐在豇豆上的残留及降解动态. 广州：华南农业大学，2017.

[4] 王凯，李建中，宋祥梅. 高效液相色谱-串联质谱法测定多杀菌素在甘蓝和土壤中的残留及消解动态. 农药学学报，2012，14：435-439.

[5] 李辉，李娜，刘磊，等. 5 种农药在豇豆上使用的安全性评价. 福建农业学报，2018，33：1176-1180.

[6] 矫健，吴迪，李秋梅，等. 8 种杀虫剂在蔬菜中的田间残留消解动态. 安徽农业科学，2018，46：133-138.

[7] Tang H X，Ma L，Huang J Q，et al. Residue behavior and dietary risk assessment of six pes-

ticides in pak choi using QuEChERS method coupled with UPLC-MS/MS. Ecotoxicol. Environ. Saf.，2021，213：112022.

［8］高迪，胡楚娇，龙家寰，等. 超高效液相色谱-串联质谱法同时测定吊瓜中3种农药残留量的研究. 湖北植保，2022，23-26＋30.

［9］罗雪婷，矫健，王步云，等. 草莓中5种农药消解动态及检测方法初步研究. 农药，2018，57：666-670.

［10］Li J X，Wang Y J，Xue J，et al. Dietary exposure risk assessment of flonicamid and its effect on constituents after application in *Lonicera japonicae* Flos. Chem. Pharm. Bull.，2018，66：608-611.

［11］Liu X G，Zhu Y L，Dong F S，et al. Dissipation and residue of flonicamid in cucumber，apple and soil under field conditions. Int. J. Environ. Anal. Chem.，2014，94：652-660.

［12］邱莉萍，陈盼盼，刘秀群，等. 草莓中氟啶虫酰胺残留消解动态及膳食风险评估. 农产品质量与安全，2019(06)：53-56.

［13］柳璇，刘传德，鹿泽启，等. 氟啶虫酰胺和联苯菊酯在桃上的残留行为及膳食摄入风险评估. 果树学报，2019，36：1712-1719.

［14］张爱娟，卞艳丽，狄春香，等. 高效液相色谱串联质谱法检测枣中吡丙醚和氟啶虫酰胺的残留量. 山东农业科学，2021，53：108-112.

［15］刘艳萍，王潇楠，常虹，等. 螺虫乙酯及其代谢物和氯虫苯甲酰胺在龙眼上的残留动态. 农药学学报，2021，23：1235-1240.

［16］田宏哲，张明浩，周鑫杰，等. 螺虫乙酯在大豆和土壤中的残留及消解动态. 河北农业大学学报，2018，41：73-76＋81.

［17］钱训，郑振山，陈勇达，等. 螺虫乙酯及其代谢物在梨和土壤中的残留及消解动态. 农药学学报，2019，21：338-344.

［18］吴文铸，李菊颖，何健，等. 螺虫乙酯在柑橘中的残留消减动态. 生态与农村环境学报，2016，32：1003-1007.

［19］王运儒，邓有展，李乾坤，等. 螺螨酯和螺虫乙酯在覆膜金橘中的降解残留规律研究. 热带作物学报，2020，41：127-134.

［20］Liang Y R，Wu W X，Cheng X J，et al. Residues，fate and risk assessment of spirotetramat and its four metabolites in pineapple under field conditions. Int. J. Environ. Anal. Chem.，2020，100：900-911.

［21］吴绪金，安莉，马婧玮，等. 常见水果中螺虫乙酯主要代谢产物及残留量膳食摄入评估. 农药，2021，60：201-206＋219.

［22］Feng Y Z，Zhang A J，Bian Y L，et al. Determination，residue analysis，dietary risk assessment，and processing of flupyradifurone and its metabolites in pepper under field conditions using LC-MS/MS. Biomed. Chromatogr.，2022，36：e5312.

［23］ Fang N，Zhang C P，Lu Z B，et al. Dissipation，processing factors and dietary risk assessment for flupyradifurone residues in ginseng. Molecules，2022，27：5473.

［24］ 郭亚军，赵明，陈小军，等. 三氟苯嘧啶在稻田中的降解动态和残留分析. 江苏农业科学，2021，49：71-75＋80.

［25］ 杨欢，马有宁，秦美玲，等. 氯虫苯甲酰胺和毒死蜱在水稻中的分布降解研究. 农业资源与环境学报，2018，35：342-348.

［26］ 张希跃，吴迪，潘洪吉，等. 氯虫苯甲酰胺和高效氯氟氰菊酯在豇豆和土壤中的残留行为. 农药学学报，2016，18：481-489.

［27］ 刘烨潼，郭永泽，陈秋生，等. 氯虫苯甲酰胺和噻虫嗪在移栽小白菜上的残留趋势. 天津农业科学，2015，21：99-104.

［28］ 赵民娟，王猛强，邵华，等. 氯虫苯甲酰胺在菜薹中的残留及消解动态研究. 农产品质量与安全，2019，97：35-38.

［29］ 孙星，刘川静，杨邦保，等. 氯虫苯甲酰胺在桃中的残留行为及膳食风险评估. 农产品质量与安全，2023(01)：50-55.

［30］ 陈小军，王萌，范淑琴，等. QuEChERS 前处理结合 HPLC-MS/MS 法分析氯虫苯甲酰胺在甘蓝和土壤中的残留. 中国农业科学，2012，45：2636-2647.

［31］ 李红红，王彦辉，韦典，等. 氯虫苯甲酰胺在甘蔗及土壤中的残留消解动态. 农药学学报，2016，18：101-106.

［32］ 付岩，王全胜，张亮，等. 氯虫苯甲酰胺在山楂中的残留行为及膳食暴露风险评估. 食品安全质量检测学报，2022，12：4735-4741.

［33］ 蒋梦云，巩文雯，刘庆，等. 辣椒及土壤中咯菌腈、精甲霜灵和溴氰虫酰胺的残留及消解动态研究. 广东农业科学，2018，45：60-67.

［34］ 李安英，张少军，陈勇，等. 溴氰虫酰胺和吡蚜酮在南瓜中的残留消解动态. 中国蔬菜，2021，383：79-83.

［35］ 赵坤霞，孙建鹏，秦冬梅，等. 溴氰虫酰胺及其代谢物在土壤和葱中残留行为. 环境科学与技术，2014，37：89-95.

［36］ Malhat F，Kasiotis K M，Shalaby S. Magnitude of cyantraniliprole residues in tomato following open field application：pre-harvest interval determination and risk assessment. Environ. Monit. Assess.，2018，190：1-10.

［37］ Kumar N，Narayanan N，Banerjee T，et al. Quantification of field-incurred residues of cyantraniliprole and IN-J9Z38 in cabbage/soil using QuEChERS/HPLC-PDA and dietary risk assessment. Biomed. Chromatogr.，2021，35：e5213.

［38］ 马伟，王芳，陈佳斌，等. 溴氰虫酰胺在枸杞果实中的残留及消解动态. 农药，2023，62：358-361.

［39］ 曹梦超，王全胜，王义虎，等. 氯氟氰虫酰胺在稻田环境中的残留及消解特性. 农药学学

报，2015，17：447-454.

[40] 余苹中，赵尔成，张锦伟，等.四唑虫酰胺及其代谢物 BCS-CQ63359 在番茄中的消解规律与储藏稳定性研究. 食品安全质量检测学报，2021，12：9428-9435.

[41] Fu Y，Zheng Z T，Wei P，et al. Distribution of thifluzamide，fenoxanil and tebuconazole in rice paddy and dietary risk assessment. Toxicol. Environ. Chem.，2016，98：118-127.

[42] Zhao E C，Xie A Q，Wang D，et al. Residue behavior and risk assessment of pyraclostrobin and tebuconazole in peppers under different growing conditions. Environ. Sci. Pollut. Res.，2022，29：84096-84105.

[43] Zhao J L，Tan Z C，Wen Y，et al. Residues，dissipation and risk assessment of triazole fungicide tebuconazole in green onion(*Allium fistulosum* L.). Int. J. Environ. Anal. Chem.，2022，102：3833-3840.

[44] 高美静，沈燕，卢莉娜，等. 3 种杀菌剂在梨和土壤中的残留及消解特征. 中国农学通报，2023，39：116-121.

[45] 林永熙，程海燕，李栋，等. 吡唑醚菌酯和戊唑醇在桃中的残留与膳食风险评估. 农药学学报，2023，25：184-192.

[46] Dong B Z，Yang Y P，Pang N N，et al. Residue dissipation and risk assessment of tebuconazole，thiophanate-methyl and its metabolite in table grape by liquid chromatography-tandem mass spectrometry. Food Chem.，2018，260：66-72.

[47] You X W，Li Y Q，Wang X G，et al. Residue analysis and risk assessment of tebuconazole in jujube(*Ziziphus jujuba* Mill). Biomed. Chromatogr.，2017，31：e3917.

[48] Chen W Y，Li K L，Chen A，et al. Residue analysis and dietary risk assessment of tebuconazole in loquat and sugarcane after open-field application in China. J. Environ. Sci. Health. B.，2022，57：497-503.

[49] Yogendraiah M N，Mohapatra S，Siddamallaiah L，et al. Distribution of fluopyram and tebuconazole in pomegranate tissues and their risk assessment. Food Chem.，2021，358：129909.

[50] Wu J，Lin S K，Huang J J，et al. Dissipation and residue of tebuconazole in banana(*Musa nana* L.)and dietary intake risk assessment for various populations. Int. J. Environ. Anal. Chem.，2022，DOI：10.1080/03067319.2022.2032012.

[51] 陈耀. 己唑醇在稻田中的残留降解及水生生态毒性评价. 长沙：湖南农业大学，2016.

[52] 刘茜，张宪，尹全，等. 己唑醇在猕猴桃中的残留规律及膳食风险评估研究. 食品安全质量检测学报，2020，11：2656-2662.

[53] Liang Y R，Chen X X，Hu J Y. Terminal residue and dietary intake risk assessment of prothioconazole-desthio and fluoxastrobin in wheat field ecosystem. J. Sci. Food Agric.，2021，101：4900-4906.

［54］Dong X，Tong Z，Chu Y，et al. Dissipation of prothioconazole and its metabolite prothiocon-azole-desthio in rice fields and risk assessment of its dietary intake. J. Agric. Food Chem.，2019，67：6458-6465.

［55］Dong C，Hu J Y. Residue levels and dietary risk evaluation of prothioconazole-desthio and kresoxim-methyl in cucumbers after field application in twelve regions in China. Food Addit. Contam. Part A.，2023，40：566-575.

［56］石凯威，汤丛峰，李莉，等. 叶菌唑在小麦中的残留消解及膳食风险评价. 农药学学报，2015，17：307-312.

［57］Guo W，Chen Y L，Jiao H，et al. Dissipation，residues analysis and risk assessment of met-conazole in grapes under field conditions using gas chromatography-tandem mass spectrome-try. Qual. Assur. Saf. Crop.，2021，13：84-97.

［58］陈国峰，刘峰，张晓波，等. 苯醚甲环唑和嘧菌酯在水稻中的残留消解动态及残留分析. 中国稻米，2016，22：56-61.

［59］李艳杰，喻歆茹，余婷，等. 苯醚甲环唑在芹菜体系中的沉积与残留规律. 现代农药，2020，19：37-40.

［60］刘宇，邱水霞，刘凤娇，等. 苯醚甲环唑在青豆和大豆中的残留及 MRL 比对分析. 农药科学与管理，2022，43：22-29.

［61］Gao Q C，Hu J M，Shi L，et al. Dynamics and residues of difenoconazole and chlorothalonil in leafy vegetables grown in open-field and greenhouse. J. Food Compos. Anal.，2022，110：104544.

［62］张雪燕，代雪芳，毛佳，等. 苯醚甲环唑在三七中的残留及其膳食风险评估. 农药学学报，2013，15：91-97.

［63］邵宝林，于刚，宿白玉，等. 苯醚甲环唑在猕猴桃中的残留动态及安全性评价. 中国口岸科学技术，2020，44-47.

［64］王军，刘丰茂，温家钧，等. 苯醚甲环唑在茶叶中的残留量及其在茶汤中的浸出动态研究. 农药学学报，2010，12：299-302.

［65］毛江胜，陈子雷，李慧冬，等. 毒死蜱、吡虫啉、螺虫乙酯及其代谢物和苯醚甲环唑在梨中的残留消解动态. 农药学学报，2019，21：395-400.

［66］Dong M F，Ma L，Zhan X P，et al. Dissipation rates and residue levels of diflubenzuron and difenoconazole on peaches and dietary risk assessment. Regul. Toxicol. Pharmacol.，2019，108：104447.

［67］杨志富，欧晓明，李建明，等. 苯醚甲环唑和嘧菌酯在金银花中的残留消解及安全性评价. 农药，2021，60：601-605.

［68］凌淑萍，付岩，王全胜，等. 苯醚甲环唑和吡唑醚菌酯在西瓜中的残留分析及膳食风险评价. 食品安全质量检测学报，2021，12：1215-1223.

[69] 赵方方，张月，乐渊，等. 氟唑菌酰羟胺和苯醚甲环唑在香蕉上的残留分析及膳食风险评估. 热带作物学报，2021，42：1448-1454.

[70] Zheng Q，Qin D Q，Yang L P，et al. Dissipation and distribution of difenoconazole in bananas and a risk assessment of dietary intake. Environ. Sci. Pollut. Res. Int.，2020，27：15365-15374.

[71] 方丽萍，杜红霞，李瑞菊，等. 丙环唑、氟环唑在苹果中的残留及风险评估. 山东农业科学，2015，47：127-131.

[72] 叶倩，黄健祥，邓义才，等. 广州地区芥蓝、菜心和普通白菜中丙环唑和矮壮素残留及膳食暴露风险. 热带作物学报，2017，38：752-757.

[73] Zhao Z X，Sun R X，Su Y，et al. Fate，residues and dietary risk assessment of the fungicides epoxiconazole and pyraclostrobin in wheat in twelve different regions，China. Ecotoxicol. Environ. Saf.，2021，207：111236.

[74] Zhang Y，Zhou Y，Duan T T，et al. Dissipation and dietary risk assessment of carbendazim and epoxiconazole in citrus fruits in China. J Sci Food Agric.，2021，102：1415-1421.

[75] Zhang F Z，Wang L，Zhou L，et al. Residue dynamics of pyraclostrobin in peanut and field soil by QuEChERS and LC-MS/MS. Ecotoxicol. Environ. Saf.，2012，78：116-122.

[76] 李忠华，杨金慧，李迎东，等. 人参中吡唑醚菌酯和氟唑菌酰胺的残留分析及膳食风险评估. 农药，2020，59：445-449＋468.

[77] 张志恒，李红叶，吴珉，等. 百菌清、腈菌唑和吡唑醚菌酯在草莓中的残留及其风险评估. 农药学学报，2009，11：449-455.

[78] 倪春霄，吴燕君，赵月钧，等. 杀菌剂吡唑醚菌酯和氟唑菌酰胺在桑椹中的残留检测及膳食风险评估. 蚕业科学，2022，48：34-39.

[79] Malhat F，Saber E S，Shokr S，et al. Consumer safety evaluation of pyraclostrobin residues in strawberry using liquid chromatography tandem mass spectrometry（LC-MS/MS）：An Egyptian profile. Regul. Toxicol. Pharm.，2019，108：104450.

[80] 洪文英，吴燕君，章虎，等. 嘧菌酯和吡唑醚菌酯在黄瓜中的残留降解行为及安全使用技术. 浙江农业学报，2012，24：469-475.

[81] 陈武瑛，张德咏，陈昂，等. 4种小作物中嘧菌酯残留量的检测及膳食风险评估. 食品安全质量检测学报，2020，11：1715-1721.

[82] 吴绪金，许海康，安莉，等. 5种果蔬中嘧菌酯残留量检测及膳食摄入风险评估. 农药，2022，61：438-443.

[83] 段劲生，朱玉杰，孙海滨，等. 超高效液相色谱-串联质谱法测定稻田中肟菌酯及其代谢物的残留. 中国农学通报，2017，33：57-62.

[84] 王素琴，沈莹华，于福利. 苯醚甲环唑和嘧菌酯在石榴中的残留行为与合理使用评价. 现

代农药，2017，16：41-44＋51.

[85] 李若同，胡继业. 马铃薯中噻虫胺和嘧菌酯的残留和膳食风险评估. 现代食品科技，2022，38：303-309.

[86] Wang C W，Wang Y，Wang R，et al. Dissipation kinetics，residues and risk assessment of propiconazole and azoxystrobin in ginseng and soil. Int. J. Environ. Anal. Chem.，2017，97：1-13.

[87] 徐永，梁赤周，虞淼，等. 嘧菌酯在枇杷中残留及消解动态. 农药科学与管理，2017，38：28-34.

[88] 杨振华，魏朝俊，贾临芳，等. 嘧菌酯在草莓与土壤中的残留动态研究. 农业环境科学学报，2013，32：697-700.

[89] 梁京芸，王玉涛，刘涛，等. 嘧菌酯在苹果和土壤中的消解规律研究. 山东农业科学，2015，47：106-109＋119.

[90] 周启圳，何翎，刘丰茂，等. 嘧菌酯和丙环唑在大豆上残留分布及降解动态研究. 农业资源与环境学报，2022，39：1263-1270.

[91] 陈燕，蔡灵，杨丽华，等. 嘧菌酯和戊唑醇在水稻上的残留行为及膳食安全风险评估. 农药，2020，59：209-214＋222.

[92] 李春勇，王霞，金静，等. 嘧菌酯在甜菜根上的残留行为及膳食摄入风险评估. 农产品质量与安全，2020(04)：74-79.

[93] 李春勇，金静，王霞，等. 嘧菌酯在洋葱中的残留量及消解动态分析. 现代农药，2021，20：38-41.

[94] 李瑞娟，刘同金，崔淑华，等. 小麦中嘧菌酯残留及膳食摄入风险评估. 麦类作物学报，2017，37：978-984.

[95] Chai Y D，Liu R，Du X Y，et al. Dissipation and residue of metalaxyl-M and azoxystrobin in scallions and cumulative risk assessment of dietary exposure to hepatotoxicity. Molecules，2022，27：5822.

[96] 李若同，胡继业. QuEChERS-高效液相色谱-串联质谱法检测吡噻菌胺、肟菌酯及代谢物在番茄中的残留及长期膳食风险评估. 农药学学报，2022，24：572-580.

[97] 李文博，苏龙. 肟菌酯及其代谢产物在苹果中的残留与膳食风险评估. 湖南农业大学学报：自然科学版，2023，49：94-99＋120.

[98] Luo X S，Qin X X，Liu Z Y，et al. Determination，residue and risk assessment of trifloxystrobin，trifloxystrobin acid and tebuconazole in Chinese rice consumption. Biomed. Chromatogr.，2020，34：e4694.

[99] Sharma K K，Tripathy V，Rao C. et al. Persistence，dissipation，and risk assessment of a combination formulation of trifloxystrobin and tebuconazole fungicides in/on tomato. Regul.

Toxicol. Pharmacol.，2019，108：104471.

[100] 毕风兰，何东兵. 基于高效液相色谱法检测氟唑菌酰羟胺在小麦上的残留量. 江苏农业科学，2022，50：151-155.

[101] Bian C F，Luo J，Gao M Z，et al. Pydiflumetofen in paddy field environments：Its dissipation dynamics and dietary risk. Microchem. J.，2021，170：106709.

[102] 隋程程，尤祥伟，李义强，等. QuEChERS 与高效液相色谱-串联质谱联用快速检测动物源产品中苯并烯氟菌唑残留. 农药学学报，2017，19：659-664.

[103] 傅强，黄颖婕，付启明，等. 啶酰菌胺在马铃薯中残留量的膳食摄入风险评估. 现代农药，2018，17：40-42.

[104] 连少博，王霞，吕莹，等. 豆瓣菜中啶酰菌胺残留及膳食摄入风险评估. 农药学学报，2020，22：504-509.

[105] Niu J H，Hu J Y. Dissipation behaviour and dietary risk assessment of boscalid，triflumizole and its metabolite(FM-6-1)in open-field cucumber based on QuEChERS using HPLC-MS/MS technique：Determination of boscalid，triflumizole and FM-6-1 in cucumber. J. Sci. Food Agric.，2018，98：4501-4508.

[106] Lv L，Su Y，Dong B Z，et al. Dissipation residue behaviors and dietary risk assessment of boscalid and pyraclostrobin in watermelon by HPLC-MS/MS. Molecules，2022，27：4410.

[107] Chen X X，He S，Gao Y M，et al. Dissipation behavior，residue distribution and dietary risk assessment of field-incurred boscalid and pyraclostrobin in grape and grape field soil via MWCNTs-based QuEChERS using an RRLC-QqQ-MS/MS technique. Food Chem.，2019，274：291-297.

[108] 杨莉莉，金芬，杜欣蔚，等. 啶酰菌胺在草莓和土壤中的残留及消解动态. 农药学学报，2015，17：455-461.

[109] 姜桦韬，尤祥伟，张广雨，等. QuEChERS-液相色谱-串联质谱法检测糙米中氟唑环菌胺的残留. 农药学学报，2018，20：124-128.

[110] Patel B V，Chawla S，Gor H，et al. Residue decline and risk assessment of fluopyram ＋ tebuconazole(400SC)in/on onion(*Allium cepa*). Environ. Sci. Pollut. Res.，2016，23：20871-20881.

[111] Yang Y Y，Yang M，Zhao T，et al. Residue and risk assessment of fluopyram in carrot tissues. Molecules，2022，27：5544.

[112] Ahammed S T，Hingmire S，Patil R，et al. Dissipation kinetics and evaluation of processing factor for fluopyram ＋ tebuconazole residues in/on grape and during raisin preparation. J. Food Compos. Anal.，2023，120：105292.

[113] Mohapatra S，Siddamallaiah L，Buddidathi R，et al. Dissipation kinetics and risk assessment of fluopyram and tebuconazole in mango(*Mangifera indica*). Int. J. Environ. A-

nal. Chem.，2018，98：229-246.

[114] 冯达. 氟吡菌酰胺和肟菌酯在人参上残留消解及膳食风险评估. 长春：吉林农业大学，2020.

[115] Feng Y Z, Zhang A J, Pan J J, et al. Residue dissipation and dietary risk assessment of flu-opyram and its metabolite（M25）in melon. Int. J. Environ. Anal. Chem.，2022，102：7633-7646.

[116] 常培培，贺洪军，张自坤，等. 16％多抗霉素 B 在西瓜和土壤中的残留及消解动态. 果树学报，2019，36：359-365.

[117] 张春荣，郭钤，孔丽萍，等. 固相萃取/超高效液相色谱-串联质谱法测定白术中井冈霉素和丙环唑残留量. 浙江农业学报，2022，34：2750-2758.

[118] 程功. 除草剂丙炔氟草胺残留分析及环境降解行为研究. 沈阳：沈阳农业大学，2018.

[119] 张双，刘娜，程功，等. 丙炔氟草胺在大豆和土壤中的残留及消解动态. 农药学学报，2018，20：487-494.

[120] 中华人民共和国家卫生健康委员会，中华人民共和国农业农村部，国家市场监督管理总局. 食品安全国家标准 食品中农药最大残留限量（GB 2763—2021）. 北京：中国农业出版社，2021.

[121] European Union. https://food. ec. europa. eu/plants/pesticides/eu-pesticides-database_en.

[122] WHO/FAO. Inventory of evaluations performed by the Joint Meeting on Pesticide Residues （JMPR）. https://apps. who. int/pesticide-residues-jmpr-database/pesticide? name.

[123] Lin H F, Liu L, Zhang Y T, et al. Residue behavior and dietary risk assessment of spine-toram（XDE-175-J/L）and its two metabolites in cauliflower using QuEChERS method cou-pled with UPLC-MS/MS. Ecotoxicol. Environ. Saf.，2020，202：110942.

[124] Li H X, Zhong Q, Luo F J, et al. Residue degradation and metabolism of spinetoram in tea：A growing, processing and brewing risk assessment. Food Control，2021，125：107955.

[125] 郝佳伟，董田，高少康，等. 黄芪中氟啶虫酰胺和除虫菊素残留量及膳食风险评估. 农药，2021，60：591-595.

[126] 石凯威，汤丛峰，李薇，等. 新型农药氟啶虫酰胺在苹果中的残留消解及膳食风险评估. 农药，2015，54：674-677.

[127] Zhang T, Xu Y, Zhou X, et al. Dissipation kinetics and safety evaluation of flonicamid in four various types of crops. Molecules. 2022，27：8615.

[128] 羊河，许海康，周娟，等. 螺虫乙酯及代谢物在石榴上的残留检测和膳食风险评估. 现代农业科技，2022，23：100-105.

[129] 宋彦，肖涛，汪红，等. 食荚豌豆和豌豆中螺虫乙酯及其代谢物残留和膳食摄入风险评估. 食品安全质量检测学报，2021，12：636-645.

[130] 吴绪金，马欢，汪红，等. 甜椒中螺虫乙酯主要代谢产物及残留量膳食摄入评估. 中国瓜菜，2021，34：42-48.

[131] 郭明明，李兆群，刘岩，等. 双丙环虫酯对小贯小绿叶蝉的防治效果及残留评价. 茶叶科学，2022，42：358-366.

[132] Hou X A, Qiao T, Zhao Y L, et al. Dissipation and safety evaluation of afidopyropen and its metabolite residues in supervised cotton field. Ecotoxicol. Environ. Saf., 2019, 180：227-233.

[133] Xie J, Zheng Y X, Liu X G, et al. Human health safety studies of a new insecticide：dissipation kinetics and dietary risk assessment of afidopyropen and one of its metabolites in cucumber and nectarine. Regul. Toxicol. Pharmacol., 2019, 103：150-157.

[134] Zhang Y, Wang M R, Silipunyo T, et al. Risk assessment of triflumezopyrim and imidacloprid in rice through an evaluation of residual data. Molecules, 2022, 27：5685.

[135] Cheng C Y, Hu J Y. Residue levels of chlorantraniliprole and clothianidin in rice and sugar cane and chronic dietary risk assessment for different populations. Microchem. J., 2022, 183：107936.

[136] 史梦竹，李建宇，刘文静，等. 6种杀虫剂在上海青中的残留消解动态及膳食风险评估. 食品安全质量检测学报，2021，12：646-652.

[137] Paramasivam M, Selvi C, Chandrasekaran S. Persistence and dissipation of flubendiamide and its risk assessment on gherkin(*Cucumis anguria* L.). Environ. Monit. Assess., 2014, 186：4881-4887.

[138] 韩帅兵，张耀中，于淼，等. 氟苯虫酰胺在大白菜中的残留、消解动态及长期膳食风险评估. 农药科学与管理，2022，43：46-53+66.

[139] Ma D C, Yang S, Jiang J G, et al. Toxicity, residue and risk assessment of tetraniliprole in soil-earthworm microcosms. Ecotoxicol. Environ. Saf., 2021, 213：112061.

[140] Chen G F, Liu F, Zhang X B, et al. Dissipation rates, residue distribution and dietary risk assessment of isoprothiolane and tebuconazole in paddy field using UPLC-MS/MS. Int. J. Environ. Anal. Chem., 2022, 102：5200-5212.

[141] FAO/WHO. Pesticide residues in food. report of the joint meeting of the FAO panel of experts on pesticide residues in food and the environment and the WHO core assessment group on pesticide residues. Rome，2010.

[142] Lin H F, Dong B Z, Hu J Y. Residue and intake risk assessment of prothioconazole and its metabolite prothioconazole-desthio in wheat field. Environ. Monit. Assess., 2017, 189：236.

[143] Lin S K, Yang L P, Zheng Q, et al. Dissipation and distribution of pyraclostrobin in bananas at different temperature and a risk assessment of dietary intake. Int. J. Environ.

Anal. Chem.，2020，102，5798-5810.

[144] Zhao H L，Zhao Y，Hu J Y. Dissipation，residues and risk assessment of pyraclostrobin and picoxystrobin in cucumber under field conditions. J. Sci. Food Agric.，2020，100：5145-5151.

[145] Anastassiadou M，Brancato A，Carrasco Cabrera L，et al. Review of the existing maximum residue levels for penflufen according to Article 12 of Regulation(EC)No 396/2005. EFSA Journal，2019，17：5840.

[146] 王永芳，陈其勇，俞子萱，等. LC-MS/MS 测定大豆中苯并烯氟菌唑残留量. 中国粮油学报，2022. https://kns. cnki. net/kcms/detail//11. 2864. ts. 20221207. 1058. 003. html.

[147] European Food Safety Authority(EFSA)，Bellisai G，Bernasconi G. et al. Modification of the existing maximum residue level for sedaxane in potatoes. EFSA Journ.，2022，20：7371.

6 展　望

6.1　农药膳食风险评估的差异对食品安全的影响及挑战

农药膳食风险评估关注的是通过植物、动物和环境代谢，以及不同的食品加工方式，最终残留在食物中的农药是否会对人体健康造成有害的影响。以美国、欧盟和中国为研究主体，我们探讨和比较了美国、欧盟和中国的农药膳食风险评估的差异性。由图 6-1 可知，对于花粉和蜂产品中的残留水平测试，仅欧盟进行相关测试，中国和美国暂未考虑。对于动物中代谢的试验，试验物种存在差异，欧盟、美国和中国开展家禽、反刍动物的试验，而欧盟和美国还会进行鱼类的相关试验。农药最大残留限量（maximum residue limit，MRL）作为食品安全监控体系的重要标准，有利于规范农药的使用，保护消费者的健康和安全[1-2]。中国同美国、欧盟等发达地区农药残留限量标准差距较大。首先，残留限量标准数量少，一些高毒农药未纳入标准体系之中。在已有的残留限量标准中，产品归类较为笼统，很多都按照食品大类来划分，例如"柑橘类水果、甜瓜类水果"等，实际应用性较弱。而美国残留限量标准划分更细更广，仅樱桃一种水果就可分为甜樱桃、酸樱桃、卡普林樱桃等多类，每类适用的残留限量标准不同。其次，美国等发达国家农药最大残留限量值更为严格，以苹果中的农药残留限量为例，戊唑醇在美国的残留限量为 0.05mg/kg，而在中国的限量为 2mg/kg，其残留限量标准是美国的 40 倍。

目前存在的问题：①美国、欧盟从国家法律层面对农药残留限量标准的制定程序和后续的风险管理做出了具体规定。相比美国和欧盟，中国关于农药残留规定的法律层次较低，效力差，执行力受到影响。②美国、欧盟在制定残留限量标准时充分考虑了婴儿、幼儿、孕妇、素食者等敏感群体[3]，该类人群耐药性不及普通公众，应制定较高的残留限量标准。③美国、欧盟的农药残留限量标准数量更多，涉及农药和食品范围更广，残留限量值更低更严格，且农药残留限量标准是根据实际情形不断进行修正的。虽然存在上述问题，中国残留限量标准的制定和实施一直在不断完善，2021版残留限量标准全面覆盖我国批准使用的农药品种和主要植物源性农产品，高风险农药品种监管力度持续加大，蔬菜等特色小宗作物限量标准显著增加，并且农药残留限量配套检测方法标准更加完善。

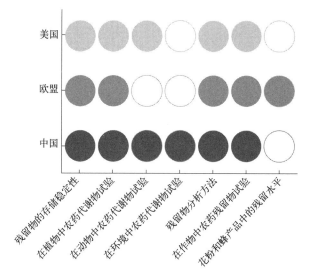

图 6-1　膳食风险评估试验的差异性

6.2　国内外农药毒理学试验的差异及挑战

根据各个国家的最新农药登记指南可知，在全球范围内，大多数国家均采用双重风险评估，即毒理学（健康影响）和环境影响的试验[4-5]。一般来说，在 20 世纪 80 年代初，大部分毒理学（健康影响）和环境影响的试验指南最初是根据经济合作与发展组织（Organization for Economic Cooperation and Development，OECD）20 世纪 80 年代初的试验指南来制定的[6]。随着科学技术的不断提升以及管理要求的变化，现有的农药登记指南会定期审查、替换或删除，如基于动物福利管理要求，欧美发达国家毒理学试验替代方法快速增加。农药登记的毒性试验指南在不断发展，尽管这些毒性试验是根据经合组织的试验指南进行的，但不同国家在毒性试验的细节上可能存在一定的差异性。基于毒理学（健康影响）试验，相较于其他国家而言，美国环境保护署（Environmental Protection Agency，EPA）免除了农药单一活性成分和制剂的急性经皮毒性试验[7]；在光毒性、免疫毒性和伴侣动物安全试验上，中国暂时欠缺这些试验，尚未考虑到这些毒性对人体健康的影响和危害（见图 6-2）。综合以上可知，美国、欧盟和中国这些国家在毒理学试验的种类上存在差异性。

随着科学和实验技术的进步，并考虑到实验成本和时间，美国环境保护署研究、比较了农药的大鼠急性经口和经皮的试验结果，发现对于 99% 的农药，如果不考虑急性经皮毒性试验结果，仅依据急性经口试验的毒性数据进行分类，也能得到等同或更保守的毒性标签。鉴于此，美国环境保护署决定豁免急性经皮毒性试验，此举预计每年减轻约 750 只试验动物的负担，同时也可以节约美国环境保护署、工业界以及试验室的资源。随着美国率先提出豁免政策，其他国家或许也应考虑并提出豁免政策，从而缩短农药的登记时间和登记成本。

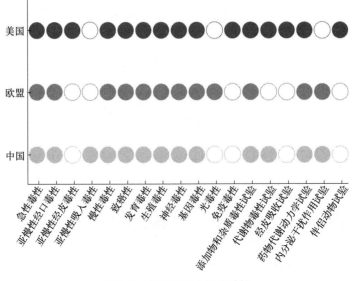

图 6-2　毒理学试验的差异性

6.3　国内外农药环境影响试验的差异及挑战

基于环境影响试验，我们收集并比较了美国、欧盟和中国的试验资料（见图 6-3）。对于鸟类毒性试验，除了鸟类急性经口毒性试验、短期饲喂毒性试验、繁殖试验这三种试验，欧盟相较于中国和美国，还需要进行亚慢性毒性试验。关于土壤生物的毒性试验，如蚯蚓、土壤微生物等，相较于美国和中国，欧盟还考虑

到 *Folsomia candida* 和 *Hypoaspis aculeifer* 这两类土壤生物的毒性试验。家蚕是我国农业生态系统中对于农药具有敏感反应的重要经济昆虫，也是非靶标类的代表昆虫之一。关于家蚕的毒性试验，仅中国考虑到对家蚕的不利影响，而美国和欧盟尚未涉及此类试验。在其他水生生物的毒性试验方面，美国更重视这些试验，其双壳类动物的毒性试验种类多于中国、欧盟。在无数受危害的非靶标生物中，藻类占有很大比例，而且敏感度高。在藻类毒性方面，中国、美国和欧盟都进行了绿藻的毒性试验，而美国还进行蓝藻毒性试验，欧盟进行硅藻毒性试验。总而言之，中国、美国和欧盟对环境影响试验的差异具体体现在测试的种类和物种上。

目前存在的问题，在测试生物数量方面，由于现阶段生态保护目标的差异，中国要求测试的生物类型及测试物种均少于美国及欧盟的要求，比如暂未规定对底栖生物、海洋生物影响的资料要求，对鱼类和鸟类的测试种类数量也相对较少。在测试物种方面，除了中国特有生物物种（如家蚕）和部分天敌生物（如赤眼蜂）外，鱼类、鸟类、蜜蜂、蚯蚓、大型溞、绿藻等在物种方面国内外要求基本一致。应持续提升和完善农药环境影响试验方法体系，从而符合国际标准。

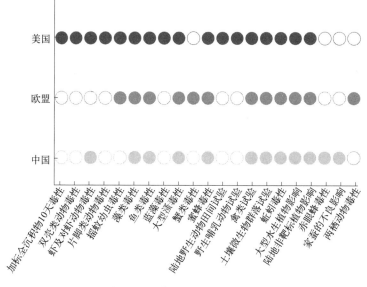

图 6-3　环境影响试验的差异性

随着人们生活水平的提升，消费者对食品安全的要求越来越高，目前农产品存在农药残留污染、重金属污染等问题。我们可以开发环境友好型的农药、规范农药的合理使用、加强农药登记把关以及有规划地开展农药面源污染监测，同时引导传统农业向绿色、无污染的现代农业发展，从而引导农药对人们发挥积极健康的作用，保证食品更安全，让消费者更放心。我们发展绿色、无公害农业，转变传统农业结构，促进农业产业升级，这些举措会促进食品安全和生态环境安全，也将有利于保障人们的健康。

参考文献

[1] Ambrus Á，YangY Z. Global harmonization of maximum residue limits for pesticides. J. Agric. Food Chem.，2016，64(1)：30-35.

[2] Zhang M，Zeiss M R，Geng S. Agricultural pesticide use and food safety：California's model. J Integr. Agric.，2015，14(11)：2340-2357.

[3] Naidenko O V. Application of the food quality protection act children's health safety factor in the U. S. EPA pesticide risk assessments. Environ. Health，2020，19(1)：16.

[4] Benbrook C，Perry M J，Belpoggi F，et al. Commentary：Novel strategies and new tools to curtail the health effects of pesticides. Environ. Health，2021，20(1)：87.

[5] Damalas C A，Eleftherohorinos I G. Pesticide exposure，safety issues，and risk assessment indicators. Int. J. Environ. Res. Public Health，2011，8(5)：1402-1419.

[6] Sewell F，Lewis D，Mehta J，et al. Rethinking agrochemical safety assessment：A perspective. Regul. Toxicol. Pharm，2021，127：105068.

[7] EPA，US. Guidance for waiving acute dermal toxicity tests for pesticide formulations & supporting retrospective analysis. https：//www. epa. gov/sites/default/files/2016-11/documents/acute-dermal-toxicity-pesticide-formulations_0. pdf.